Gerald Holton

Themata

Zur Ideengeschichte der Physik

Facetten der Physik

Physik hat viele
Facetten: historische, technische
soziale, kulturelle, philosophische und
amüsante. Sie können wesentliche und
bestimmende Motive für die Beschäftigung
mit den Naturwissenschaften sein. Viele
Lehrbücher lassen diese „Facetten der
Physik" nur erahnen. Daher soll
unsere Buchreihe ihnen
gewidmet sein.

Prof. Dr. Roman Sexl
Herausgeber

Eine Liste der erschienenen Bände
finden Sie auf den Seiten 189 bis 192

Gerald Holton

Themata

zur Ideengeschichte der Physik

Springer Fachmedien Wiesbaden GmbH

Dieses Buch enthält den unveränderten Nachdruck des im Verlag Vieweg im Jahre 1961 erschienenen Bandes 115 der Reihe „DIE WISSENSCHAFT" mit dem Titel „Aufsätze und Vorträge über Physik und Erkenntnistheorie".

Beigefügt ist eine Liste mit Errata (S. 184)

Die Bilder wurden von Dr. Karl von Meyenn zur Verfügung gestellt.

Ursprünglich erschienen bei Friedr. Vieweg & Sohn Verlagsgesellschaft mbH, Braunschweig 1984

ISBN 978-3-528-08585-8 ISBN 978-3-322-88800-6 (eBook)
DOI 10.1007/978-3-322-88800-6

Inhaltsverzeichnis

Einleitung

In den letzten Jahren ist eine neue Betrachtungsweise in der Wissenschaftsgeschichte entstanden – eine Betrachtungsweise, die ihre fruchtbaren Ideen aus weit auseinanderliegenden Gebieten sucht, die von Wissenschaftsphilosophie und -soziologie bis hin zur Psychologie und Ästhetik reichen. Vielleicht wird bald ein neuer Name für dieses erweiterte Forschungsgebiet erforderlich sein; noch wesentlicher sind jedoch seine neuen Fragestellungen, Begriffe und Modelle.

Anhand spezifischer Fallstudien aus der Physik soll in diesem Buch gezeigt werden, in welcher Beziehung die traditionellen Ansichten über die Denkweise von Wissenschaftlern revisionsbedürftig sind.[1] Dazu mußte ich einige neue Begriffe einführen, wie beispielsweise den Begriff „thematischer Inhalt" der Wissenschaft. Der thematische Inhalt steht gewissermaßen orthogonal zu den empirischen oder analytischen Inhalten der Wissenschaft. Ich werde zeigen, daß Themata eine dominante Rolle in der Entstehung, Durchsetzung oder Ablehnung wissenschaftlicher Ergebnisse spielen. Zahlreiche unpublizierte Dokumente aus dem wissenschaftlichen Nachlaß Albert Einsteins erlauben es, dies besonders am Beispiel der Entstehung der speziellen Relativitätstheorie im Detail nachzuweisen.

Die Entstehungsphase

Bevor wir uns näher mit der Problematik der Themata beschäftigen, müssen wir zunächst darauf hinweisen, daß wir die „Entstehungsphase" wissenschaftlicher Arbeiten erst heute zu verstehen beginnen. Einstein hat wiederholt auf die Bedeutung, aber auch auf die Schwierigkeit derartiger Untersuchungen hingewiesen: „Wissenschaft als ein existierender, abgeschlossener [Wissensschatz] ist das objektivste, unpersönlichste [Ding], das die Menschen kennen; [aber] Wissenschaft in der Phase des Entstehens, als Ziel, ist genauso subjektiv und psychologisch bedingt wie alle anderen menschlichen Bestrebungen". An anderer Stelle beschrieb Einstein die Entstehungsphase mit den suggestiven Worten „persönlicher Kampf".

Einstein steht mit seiner Meinung über die Bedeutung der Entdeckungsphase im völligen Gegensatz zu vielen anderen Wissenschaftlern, Historikern und Philosophen. Eine typische Stellung nimmt Hans Reichenbach ein: „Der Wissenschaftstheoretiker interessiert sich nicht für die Denkprozesse, die zu wissenschaftlichen Entdeckungen führen..., das heißt, er ist nicht am Kontext der Entdeckung, sondern an dem der Rechtfertigung interessiert." Auch Wissenschaftshistoriker haben der Entstehungsphase nicht viel Aufmerksamkeit gewidmet, da sie außerhalb der Sphäre der Wissenschaft liegend, zunächst als ungeeignete Problematik für systematische Untersuchungen erscheinen mag. Die wenigen Wissenschaftstheoretiker, die sich mit diesen Problemen beschäftigt haben, haben sie üblicherweise als „metawissenschaftliche Probleme" bezeichnet, die sich zwar durchaus in der Grundlage der Wissenschaft verbergen, aber nicht an ihr teilhaben.

Naturwissenschaftler haben traditionell dazu beigetragen, den persönlichen Entdeckungszusammenhang zugunsten des Rechtfertigungszusammenhanges zu unterdrücken und abzuwerten. Meist stimmen sie noch immer mit Robert Hookes Entwurf der Statuten der Royal Society überein: „Aufgabe der Royal Society ist es, die Kenntnisse der Natur zu erweitern ... sich aber nicht mit Theologie, Metaphysik, Moral, Politik, Grammatik, Rhetorik oder Logik zu beschäftigen." Wissenschaftliche Veröffentlichungen tendieren im allgemeinen dazu, diese Haltung zu verstärken. Viele dieser Veröffentlichungen sind Rekonstruktionen, die eine schrittweise Entwicklung mit einfachen Zusammenhängen zwischen Experiment, Theorie und tradierten Begriffen vortäuschen.

Signifikanterweise trifft dies aber gerade auf einige der bedeutendsten und einflußreichsten Arbeiten nicht zu. In ihnen treten alogische und nichtlineare Elemente klarer hervor, die dann im Gegensatz zu der logischen Begriffsbildung stehen. In vielen Fällen wird die Rolle von Vorurteilen, Vorlieben, Temperamentsunterschieden, intuitiven Sprüngen, Zufällen, Pechsträhnen ebenso sichtbar, wie die unglaubliche Zähigkeit, mit der einige Ideen trotz gegenteiliger experimenteller Ergebnisse aufrechterhalten wurden, aber auch wie Theorien einfach ignoriert wurden, die einige experimentelle Rätsel schnell gelöst hätten. Immer wieder sind zwei qualifizierte Wissenschaftler angesichts der „gleichen" Beweislage zu diametral entgegengesetzten Schlüssen gekommen. Dies alles läßt sich nur schwer in den konventionellen Vorstellungen über Wissenschaftler unterbringen. Doch ist es für jeden offensichtlich, der inmitten des Wissenschaftsbetriebes lebt.

Im allgemeinen haben Naturwissenschaftler diese Tatsachen nur widerstrebend in ihren Veröffentlichungen, auf die sich Außenstehende normalerweise berufen, offen diskutiert. Erst in jüngster Vergangenheit waren mehr und mehr Wissenschaftler bereit, sich von gut informierten Historikern interviewen zu lassen und ihnen ihre Skizzen, Notizen, Forschungsinstrumente, Briefe und andere Dokumente zugängig zu machen. Dadurch fokussiert sich das Interesse nun auf neue fruchtbare Forschungsgebiete und läßt eine humanistischere Haltung gegenüber dem Wissenschaftswachstum entstehen. Langsam aber sicher reift so die Untersuchung der persönlichen Entdeckungszusammenhänge heran.

Auf diesen Seiten finden sich einige erste Schritte in dieser Richtung. Dabei sind zwei Tendenzen zu unterscheiden. Zunächst müssen wir die zwei Bereiche der Naturwissenschaft klarer voneinander abgrenzen, nämlich den Aspekt des persönlichen Kampfes und die öffentlichen, institutionellen Aspekte. Nur die „öffentliche Wissenschaft" genügt dem oben zitierten Edikt der Royal Society. Ein Naturwissenschaftler, dessen externe Rechtfertigung einer Arena entstammt, in der seine Veröffentlichungen von primärer Bedeutung sind, ist in der Regel nur wenig motiviert, sich mit der „privaten Wissenschaft" auseinanderzusetzen, mit der Arena, in der sich seine eigenen kreativen Prozesse von Tag zu Tag abspielen. In seinen Diskussionen über Wissenschaft wird er sich üblicherweise des Vokabulars der „öffentlichen Wissenschaft" bedienen, das sorgfältig von allen privaten Emotionen und Elementen gesäubert ist. Dadurch wird er zum Verbündeten derjenigen Historiker und Wissenschaftstheoretiker, die aus anderen Gründen (einschließlich der Tatsache, daß auch sie in der Welt der öffentlichen Wissenschaft leben) die Entstehungsphase der Forschung ignorieren wollen.

Sobald man diese beiden Bereiche der Naturwissenschaft voneinander trennt, kann man im Bereich der „privaten Wissenschaft" arbeiten, ohne dabei in Widerspruch zu Aussagen zu geraten, die sich auf die „öffentliche Wissenschaft" beziehen. Damit erklärt sich der scheinbare Konflikt zwischen dem oft alogischen Entdeckungsprozeß und der hochgradigen logischen Durchdringung der physikalischen Begriffe; auch wird man bereit, ohne die Schwierigkeiten zu unterschätzen, den beiden Bereichen der Naturwissenschaft verschiedene Regeln zuzuerkennen. Ich zweifle nicht, daß auch für den Bereich der „privaten Wissenschaft" gesicherte Erkenntnisse gewonnen werden können. Obgleich viele Wissenschaftler auf derartige Bestrebungen gelegentlich herabschauen mögen, so ist es doch tröstlich, daß die besten unter ihnen – beispielsweise Einstein oder Bohr – dies nicht taten. Auch brauchen wir uns nicht auf diese Zeugen zu beschränken, wenn wir die Schwierigkeiten, aber auch die Notwendigkeit einer derartigen Unternehmung verstehen wollen. Der Philosoph und Psychologe William James meinte bereits im Jahre 1880 in einem Zusammenhang, der von der Philosophie auch auf andere Wissenschaftszweige übertragen werden kann:

„Was immer wir auch vorgeben mögen, so ist es doch stets der ganze Mensch in uns, der philosophische Meinungen formt. Intellekt, Wille, Geschmack und Leidenschaft arbeiten hier ebensosehr wie in allen praktischen Dingen zusammen, wobei die Leidenschaft in Glücksfällen nicht nur im kleinlichen Triumph über den nächsten Philosophen zu suchen ist. Die absurde Abstraktion eines Intellekts, der alle seine Beweisgründe verbal formuliert und ihre Wahrscheinlichkeit in einem gewöhnlichen Bruch sorgfältig abschätzt, bei dem die Größe des Zählers und des Nenners allein überwältigend wirken würde, ist als Idealfall so ungeeignet, wie in der Wirklichkeit unmöglich. Unglaublicherweise geben sogar aktive Philosophen vor, daß irgendeine Philosophie jemals ohne die Hilfe persönlicher Vorurteile, des Glaubens oder einer Eingebung konstruiert werden kann oder konnte. Wie mag es ihnen gelungen sein, ihren Sinn den Fakten des menschlichen Lebens gegenüber so abzutöten, daß sie nicht merken, wie jeder Philosoph oder Naturwissenschaftler, der jemals in der Entwicklung des Denkens zählte, einen Standpunkt in einer Art stummer Überzeugung einnahm, die Wahrheit müsse in einer Richtung und nicht in der anderen liegen, und in einem vorläufigen Vertrauen, daß dieser oder jener Begriff sich als fruchtbar erweisen würde?[2]"

Die thematische Komponente

Während die Existenz tiefwurzelnder Vorurteile in der „privaten Wissenschaft" nicht abgeleugnet werden kann, standen doch einige ihrer Aspekte mehr als drei Jahrhunderte lang im Kreuzfeuer der Philosophie; machen sie es doch rätselhaft, wieso wissenschaftliche Arbeit überhaupt gelingen kann. Würden derartige Vorurteile die Suche nach objektiven Wahrheiten nicht behindern? Wie kann Wissenschaft ihre Richtung ändern und doch ihre Kontinuität bewahren? Wie ist es der Gemeinde der Wissenschaftler gelungen, einen hochorganisierten Korpus an Wissen anzuhäufen, obwohl dieser oder jene Forscher persönliche Schranken aufweist?

In einigen Kapiteln dieses Buches behandle ich eine besondere Art von Vorurteilen, die ich „thematisch" genannt habe. Da das Konzept der thematischen Analyse vielleicht nicht weithin bekannt ist, möchte ich die Rolle der Themata in der wissenschaftlichen Arbeit etwas detaillierter besprechen.

Ein wissenschaftlicher Begriff oder eine Aussage muß sowohl empirische als auch analytische Bedeutung haben. Wir können die Behauptung moderner Wissenschaftstheoretiker des Empirismus oder Positivismus in den Worten zusammenfassen, daß diejenigen Begriffe oder Aussagen „sinnlos" sind, die keine empirische oder analytische Bedeutung haben, – daß also diese beiden Dimensionen die Ebene aufspannen, in der sich jede sinnvolle wissenschaftliche Aktivität abspielt. Dies ist in Kürze der Inhalt von Newtons öffentlichen Äußerungen gegen das Postulat inhärenter Eigenschaften und okkulter Prinzipien. Es ist aber auch die Grundlage von Humes Ermahnungen und den beständigen Attacken von Compte und Mach und ihren Gefolgsleuten; von Lockes Temperamentsausbrüchen gegen die Doktrin inhärenter Prinzipien; von J.S. Mills Zurückhaltung gegen den Intuitionismus der schottischen Schule; der beschränkten Rolle, die Ayer der Philosophie zuschreibt: nach Ayer besteht die Funktion der Philosophie darin „die Aussagen der Wissenschaft zu klären, indem sie ihre logischen Beziehungen analysiert und die Symbole, die darin auftreten definiert." Auch die Furcht vieler moderner Wissenschaftler, die meinen, daß jenseits dieser Ebene die Sümpfe des Obskurantismus lauern, gründet darauf.

Es ist tatsächlich einer der großen Vorteile der konventionellen Wissenschaftsauffassung, daß sie viele Fragen, wie beispielsweise über die Realität wissenschaftlicher Kenntnisse, nicht zuläßt. Die Existenz derartiger Fragen wird nicht abgeleugnet, sie brauchen aber bei wissenschaftlichen Diskussionen nicht berücksichtigt zu werden, da die möglichen Antworten weder falsifizierbar noch verifizierbar sind und damit keine ihrer Komponenten auf die phänomenologische Dimension empirischer (beobachtbarer) Tatsachen projiziert werden kann, und es keine etablierten logischen Regeln (jenseits der

Grammatik) gibt, mit deren Hilfe die analytischen Dimensionen der Aussagen auf ihre Konsistenz überprüft werden können.

In der Tat ist diese Haltung einer der Gründe für das rapide Wachstum der Wissenschaft seit Anfang des 17. Jahrhunderts. Die bewußte Beschränkung der Debatte auf diese zwei Dimensionen engt sie auf die „öffentliche Wissenschaft" ein, deren Feststellungen nachvollziehbar und allgemein verifizierbar oder falsifizierbar sind. Dies hilft, ausgedehnte Konflikte oder Zweideutigkeiten ebenso zu unterdrücken, wie autoritäre Vorlieben eines persönlichen Geschmacks. Diese Haltung hat auch dazu beigetragen, bestimmte metaphysische Aussagen zu eliminieren, die vorgaben empirisch oder analytisch zu sein. Damit hat sie auch beigetragen, eine innerlich starke und erfolgreiche Berufsgruppe zu kreieren.

Diese Erfolge können aber die verwirrende Tatsache nicht verbergen, daß auch andere Elemente wissenschaftliche Aktivitäten sowohl auf personellem, als auch auf institutionellem Niveau beeinflussen und daß sogar in der Wissenschaft Vorurteile unvermeidbar erscheinen, die weder verifizierbar noch falsifizierbar sind. Ihre Existenz wurde seit langem erwähnt und ihre Eigenschaften wurden von verschiedenen Gesichtspunkten analysiert[3], vieles blieb aber noch ungesagt. Die konventionelle Ansicht erlaubt es uns nämlich weder zu verstehen, wie der individuelle Wissenschaftler zu jenen Produkten gelangt, die später in die empirisch-analytische Ebene eingepaßt werden, noch wie die Wissenschaft als historisches Unternehmen wächst und sich dabei verändert. In seinem einflußreichen Buch *„Scientific Explanation"* hat der Philosoph R.B. Braithwaite ein ziemlich typisches Geständnis dafür abgelegt, daß eine Erklärung derartiger Zusammenhänge nicht nur jenseits des Bereiches der Wissenschaft, sondern auch jenseits der Philosophie liegt:

„Die Geschichte der Wissenschaft ist die Geschichte der Entwicklung wissenschaftlicher Systeme, die ausgehend von solchen, die nur wenige Verallgemeinerungen enthalten ... zu imposanten Strukturen mit Hierarchien von Hypothesen gewachsen sind ... Die Probleme, die aus dieser Entwicklung entstehen, sind vielfältig. Es gibt historische Probleme, sowohl bezüglich der Gründe für den individuellen Wissenschaftler neue Ideen zu entdecken, als auch bezüglich der allgemeinen Akzeptanz wissenschaftlicher Ideen. Die Lösung dieser historischen Probleme involviert die individuelle Denkpsychologie und die Wissenschaftssoziologie. *Mit keiner dieser Fragen werden wir uns hier beschäftigen.*"[4]

Wenn wir uns mit diesen Fragen hier beschäftigen wollen, müssen wir – um zu unserer Analogie zurückzukehren – eine dritte Dimension einführen, die der Themata. Diese fundamentalen, stabilen und weitverbreiteten Vorurteile sind auf Beobachtung und analytische Überlegungen weder zurückführbar, noch aus ihnen herleitbar. Sie finden sich oft in der anfänglichen oder weiterführenden Motivation wissenschaftlicher Arbeit und auch in dem Endprodukt, zu dem der Forscher gelangen will. Während also eine zweidimensionale Sicht der Wissenschaft für die meisten Anliegen der „öffentlichen Wissenschaft" genügen mag, ist erst im dreidimensionalen Raum eine vollständigere Analyse – sowohl historisch, als auch philosophisch oder psychologisch – wissenschaftlicher Aussagen und Abläufe möglich.

Die Untersuchung des Auf- und Abstiegs thematischer Vorurteile ist aus dieser Sicht eine der interessantesten Aufgaben des Historikers. Einige Themata wachsen langsam, als Konsequenz einer Folge lokaler Erfolge. Ein Beispiel dafür die das Thema der exakten Erhaltungssätze, wie beispielsweise der Massen- oder Energieerhaltung, die chemische Reaktionen besser als die frühere Verwendung materieller „Prinzipien" erklären konnte, wie das Säureprinzip zum Beispiel die Entstehung von HCl. Die Ideen der Chemiker über materielle Veränderungen wurden allmählich so erfolgreich, daß das Erklärungsschema, welches noch zu Newtons Zeit vorherrschte, nämlich die Beschreibung chemischer Reaktionen durch organische Verdauungsprozesse, eineinhalb Jahrhunderte später umgekehrt war und diese Verdauungsprozesse durch chemische Reaktionen erklärt wurden.[5] Andere Themata setzten sich rascher durch, vielleicht als Ergebnis erstaunlicher Virtuosenstücke, wie beispielsweise das Konzept einer kausalen, mechanistischen Welt, das zumindest das äußere Ergebnis von Newtons Weltsystem war. Dagegen sind andere Themata verschwunden und heute als Erklärungen unakzeptabel – Ideen wie beispielsweise die Entsprechung zwischen Mikrokosmos und Makrokosmos, inhärente Prinzipien, teleologische Zwänge, Fernwirkungen, raumerfüllende Medien, orgasmische Deutungen, verborgene Mechanismen oder absolute Zeiten, Räume und Gleichzeitigkeiten.[6]

Dennoch sind andere Themata langlebig und scheinbar stabil. Wie rasch sich auch die Front der Elementarteilchenphysik heute verschieben mag, so bleibt sie doch der antiken Suche nach den elementaren Bausteinen der Materie verpflichtet – einer Suche, die allen Wissenschaftlern bis zu den Zeiten Thales zurück einleuchtend erschien. Dies ist nichts als eine Festlegung *a priori*, die verdient, thematisch genannt zu werden.

Fast stets findet sich zu jeder thematisch geformten Theorie in allen Wissenschaften auch eine Theorie, die ihr Antithema voraussetzt. Dabei gibt es manchmal einander entgegengesetzte Dyaden, gelegentlich sogar Triaden. Als Beispiel sei hier die Elementarteilchenphysik erwähnt: Während einige neuere Theorien alle Hadronen aus Quarks konstruieren, gibt es Publikationen, in denen die Natur als aus einer unendlichen Anzahl von Strata mit verschiedenen Qualitäten bestehend angesehen wird, wobei jedes Stratum seinen eigenen Gesetzen der Physik gehorcht und stets in der Mitte von Entstehung und Vernichtung steht. Wiederum eine andere Sicht der Materie findet sich in Arbeiten von G.F. Chew, der darüber spekuliert hat, daß die heutigen Ideen über Elementarteilchenphysik in völlig neue Richtungen gelenkt werden müssen: „Ein derartiger zukünftiger Schritt wäre weit tiefgreifender als jeder „hadron bootstrap", und einer Konfrontation mit den herkömmlichen Begriffen der Beobachtung und vielleicht sogar des Bewußtseins ausgesetzt. Unser gegenwärtiger Kampf ... ist deshalb vielleicht nur ein Vorläufer einer völlig neuen Form intellektueller menschlicher Anstrengungen, einer Form, die nicht nur außerhalb der Physik angesiedelt sein wird, sondern auch nicht einmal „wissenschaftlich" genannt werden kann."

Trotz aller momentaner Siege für die eine oder die andere Seite erscheinen die dialektischen Prozesse zwischen Themata und Antithemata und den Anhängern zweier oder mehrerer Theorien, die ihnen verpflichtet sind, als fast unvermeidbar – vielleicht zählen sie zu den mächtigsten Triebkräften der Forschung.

Derartige quasi-ästhetische Urteile sind Formen thematischer Urteile, die tiefe psychologische Wurzeln aufweisen. Sie sind oft Grundlagen für die Wahl wissenschaftlicher Forschungsrichtungen (wenn beispielsweise eine *Ad-hoc*-Hypothese akzeptiert und eine andere abgelehnt wird, oder wenn eine ganze Wissenschaftsrichtung gebilligt oder verurteilt wird), obgleich dies nur selten öffentlich zugegeben wird. Beispielsweise schrieb Heisenberg an Pauli im Jahre 1926: „Je mehr ich über den physikalischen Teil der Schrödingerschen Theorie nachdenke, desto abscheulicher finde ich ihn." Ungefähr gleichzeitig meinte Schrödinger andererseits über Heisenbergs Formulierung der Quantenmechanik: „Ich war abgeschreckt, wenn nicht gar abgestoßen", und Fermi schrieb an Enrico Persico im selben Sinne über „die formalen Ergebnisse in der Zoologie der spektroskopischen Terme, die Heisenberg erzielt hat. Meinem Geschmack nach haben sie die Tendenz übertrieben, jedes Verständnis der Dinge aufzugeben." Zumindest seitdem Kopernikus seine Theorie als „dem Geiste gefällig" verteidigte, wurden Terme und Attribute im Alltagsleben der Wissenschaftler gebräuchlich, die zwar von großer motivierender Bedeutung sind, aber dennoch keiner Analyse auf der empirisch-analytischen Ebene zugänglich sind.

Die Durchsicht der Artikel in typischen wissenschaftlichen Zeitschriften führt uns auch auf andere Themata, die ebenso grundlegend für große Bereiche der heutigen Forschung sind, wie sie es auf anderen Gebieten in der Vergangenheit waren: die Effizienz der Geometrie als Erklärungsmittel; die bewußte und unbewußte Beschäftigung mit Symmetrien; die Verwendung der Themata von Evolution und Devolution, die aus dem gewöhnlichen Lebenszyklus stammen mögen, aber zu grundlegenden Werkzeugen wissenschaftlicher Weltanschauung wurden (sowohl in psychologischen und soziologischen Forschungen wie in der Genetik und Astrophysik). Die interdisziplinäre und internationale Verbreitung derartiger grundlegender Themata hat etwas wie eine wissenschaftliche Vorstellungswelt geschaffen, die von allen Wissenschaftlern geteilt wird und zu engen Bindungen zwischen ihnen führt, die schließlich erst die interdisziplinären Ansätze ermöglichen, welche viele neue Entwicklungen charakterisieren.

Ohne den Inhalt der folgenden Kapitel vorwegnehmen zu wollen, wird es nützlich sein, hier noch einige andere Eigenschaften der Themata kurz zu besprechen. Einerseits stellt sich die Frage nach ihrem Ursprung. Sie sind sicherlich nicht unzugängliche synthetische *a-priori*-Urteile im Sinne des

18. Jahrhunderts; auch ist es nicht notwendig, sie mit Platonischen, Keplerschen oder Jungschen Archetypen zu assoziieren, oder mit Bildern, Mythen (im selten verwendeten abwertenden Sinn), oder mit nicht weiter zurückführbaren intuitiven Einsichten. Auch braucht kaum besonders betont zu werden, daß die thematische Analyse keine Ideologie, keine metaphysische Schule, kein Eintreten für Irrationalität, keinen Angriff auf die unbezweifelbare Effektivität empirischer Daten und Experimente darstellt, und auch keinen Versuch, Wissenschaftler belehren zu wollen. Auch ist sie kein theoretischer Rahmen, in dem so unterschiedliche Begriffe wie Paradigmen oder Forschungsprogramme untergebracht werden können.

Wahrscheinlich werden spätere Untersuchungen zum Ursprung der Themata am besten von Studien über die Natur der Wahrnehmung oder vielleicht auch von der psychologischen Entwicklung der Begriffswelt bei Kindern ausgehen. Ohne verläßliche Resultate scheint es aber heute am besten zu sein, wie ein Volkskundler, Ethnologe oder Anthropologe vorzugehen und nach immer wiederkehrenden allgemeinen Themata in den Aktivitäten individueller Wissenschaftler und des gesamten Berufsstandes zu suchen, sowie ihre Rolle in der Entwicklung der Wissenschaft zu präzisieren.

Auch das Alter und die geringe Zahl der Themata ist bemerkenswert – und dies um so mehr, da sich die Reichweite neuerer Theorien, Erfahrungen und Experimente im Laufe der Jahrzehnte ungeheuer erweitert hat, während sich die Anzahl und Art der wichtigsten thematischen Elemente nur wenig veränderte. Seit Parmenides und Heraklit hat das Themapaar der Konstanz und Veränderung um Anhänger geworben; seit Pythagoras und Thales hält die Debatte über die Effektivität mathematischer oder aber materialistischer und mechanistischer Modelle an. Die (üblicherweise verborgenen) Annahmen, die die Arbeit aller Wissenschaftler durchdringen, schließen seit langem auch die Themapaare von Erfahrung und symbolischem Formalismus ebenso ein, wie Komplexität und Einfachheit, Reduktionismus und Holismus, Diskontinuität und das Kontinuum, hierarchische Struktur und Einheit, die Verwendung von Mechanismus oder teleologischer sowie anthropomorpher Ansätze.

Diese Themapaare oder -tripel haben zusammen mit wenigen anderen – bestimmt weniger als hundert – im Laufe der Geschichte ausgereicht, um die große Vielzahl der Entdeckungen abzudecken. Sowohl die Natur als auch unser Vorrat an Vorstellungswerkzeugen sind durch eine bemerkenswerte Sparsamkeit auf grundlegendem Niveau charakterisiert, die sich mit Fruchtbarkeit und Flexibilität in der praktischen Arbeit paart. Nur gelegentlich (beispielsweise bei Niels Bohrs Einführung der Komplementarität) erscheint es als erforderlich, ein qualitativ neues Thema in die Wissenschaft einzuführen. Falls die Vergangenheit uns hier als Führer dienen kann, werden die meisten heute gebräuchlichen Themata die Debatte beherrschen, solange es Wissenschaftler gibt, die Fragen an die Natur stellen – und die sich untereinander befragen.

Die Arbeit jedes Forschers beruht auf der seiner Vorgänger und Kollegen und der Unterstützung durch wissenschaftliche Institutionen. Ich möchte hier zumindest symbolisch einigen von den vielen danken, die direkt oder indirekt zur Entstehung dieses Buches beigetragen haben: Miss Helen Dukas und dem Nachlaß von Albert Einstein danke ich für die Genehmigung, aus den Schriften Einsteins zu zitieren; Prof. Erik Erikson, Arthur I. Miller und John Stachel haben durch viele nützliche Diskussionen beigetragen; die National Science Foundation und das National Endowment for the Humanities haben meine Forschungen unterstützt; die Harvard University Press, Cambridge University Press, The American Scholar, The American Philosophical Society und die American Academy of Arts and Sciences haben die Bücher und Zeitschriften publiziert, in denen die vorliegenden Artikel ursprünglich erschienen sind.

Dr. Ernst Streeruwitz und Prof. Roman Sexl haben die Übersetzung und die deutsche Ausgabe des Buches durch Vieweg betreut. Schließlich möchte ich nochmals meiner langjährigen Assistentin, Miss Joan Laws, für ihre geduldige Zusammenarbeit danken, die vom ersten Entwurf bis zur gedruckten Seite reichte.

Anmerkungen

[1] Einige Fallstudien stammen aus zwei meiner Bücher, nämlich *Thematic Origins of Scientific Thought: Kepler to Einstein* (Harvard University Press, Cambridge, Mass. 1973) und *The Scientific Imagination: Case Studies* (Cambridge University Press, Cambridge 1978).

[2] William James, *The Will to Believe, and Other Essays in Popular Philosophy* (Longmans, Green & Co., New York 1897), S. 92–93.

[3] Ludwig Wittgenstein, *Tractatus Logico-Philosophicus* (Routledge & Kegan Paul, London 1961), 6.3211, 6.33, 6.34, 6.35; oder Stephen Toulmin, *Foresight and Understanding* (Indiana University Press, Bloomington, Indiana 1961, S. 100).

[4] Braithwaite, *op. cit.*, S. 20–21; Hervorhebung von G.H.

[5] Siehe Toulmin, *op. cit.*, S. 69.

[6] Selbstverständlich sind nicht alle Themata positiv zu bewerten. Wie Bacon bei seiner Diskussion der vier Idole, die den wissenschaftlichen Geist gefangen nehmen können, warnt, haben sich einige als Ablenkungen und Bremsen des Wissenschaftswachstums erwiesen.
Auch haben nicht alle Wissenschaften gleichermaßen profitiert. Der holistische Gesichtspunkt, der zu Beginn des 19. Jahrhunderts eingeführt wurde, war vielleicht für die Physik von Nutzen, aber im allgemeinen der Biologie hinderlich. Auch muß die Verpflichtung eines Wissenschaftlers für ein gegebenes Thema nicht unveränderlich sein. Gelegentlich wechseln auch Wissenschaftler ihre Loyalität zu einem Thema.

I Thematische Vorstellungen in der Wissenschaft

Über die Art der Konstruktion wissenschaftlicher Theorien gibt es heute geteilte Meinungen. Dennoch dürfen wir die Beschreibung der hypothetisch-deduktiven bzw. induktiven Wissenschaftsmethode, die uns der Physiker Friedrich Dessauer gibt, als typisch für die Gegenwart ansehen. Sein Schema[1] gibt sowohl die übliche professionelle als auch die laienhafte Auffassung wieder. Dessauer unterscheidet fünf Schritte der Theorienbildung:

(1) Zunächst wird eine Hypothese als provisorische Behauptung in den Raum gestellt, die durch Induktion aus der Erfahrung und aus zuvor etabliertem Fachwissen gewonnen wurde. Ein Beispiel aus der Experimentalphysik ist die beobachtete große Absorption von Ultraschall beim Durchgang durch Wasser und ähnliche Flüssigkeiten. Sie könnte auf eine Umstrukturierung der Molekülanordnung durch die Schallwelle bedingt sein.

(2) Diese Hypothese wird nun präzisiert und strukturiert, wobei beispielsweise mathematische oder physikalische Analogien zeigen können, wie die Energie der Schallwelle durch Molekülgruppen absorbiert wird.

(3) Aus der strukturierten Hyptohese werden nunmehr logische Schlüsse und Vorhersagen gezogen, die experimentell überprüfbar sein könnten. Bei einer Drucksteigerung sollte beispielsweise das Absorptionsvermögen der Molekülgruppen für Schallwellen stark abnehmen.

(4) Die (aus der Analogie gewonnenen) Vorhersagen werden nun mit Beobachtungen oder experimentellen Ergebnissen verglichen.

(5) Stimmen die so gewonnenen Folgerungen innerhalb der erwarteten Fehlergrenzen mit den „Beobachtungstatsachen" überein und gilt dies nicht nur für die zunächst gewonnenen Folgerungen, sondern auch für alle anderen, wie beispielsweise das Verhalten bei konstantem Druck, aber wechselnder Temperatur oder ähnliche Effekte in anderen Flüssigkeiten, so wird „für das gewonnene Ergebnis Allgemeingültigkeit postuliert". Damit wird die Hypothese oder die ursprüngliche Behauptung wissenschaftlich „etabliert".

Nach allgemeiner Auffassung muß jede hypothetische Aussage bis dahin mit aufgeschlossener Skepsis vertreten werden. Der Wissenschaftler „tut dies nicht lehrend, nicht behauptend, nicht verkündend, sondern er hält diese Meinung offen, er unterbreitet sie dem Gericht der Natur selbst zur Entscheidung, mit dem Willen, sich dieser Entscheidung ohne Widerstreben anzuvertrauen", berichtet Dessauer. Demnach ist die induktive Methode „die Fundamentalmethode der ganzen neuen Zeit, aus der all unser Wissen und Können über die Natur hervorging".

Diese Beschreibung stimmt gut mit einer verbreiteten Charakterisierung der Unterschiede zwischen Naturwissenschaftlern und Humanisten überein. Demnach griffen Wissenschaftler grundlegenden Entscheidungen nicht aus ästhetischen oder intuitiven Überlegungen voraus; sie legten ihre Einstellungen auch nicht *a priori* fest, sondern ließen sich nur durch die Tatsachen und die sorgfältige Anwendung induktiver Methoden leiten. Es erstaunt daher nicht, daß hier, wie auch in den meisten anderen Diskussionen, kein Wort über den Ursprung der ersten Induktionsreihe oder über die unvermeidlichen *Auswahlkritierien* wissenschaftlicher Entscheidungsprozesse verloren wurde. Es schien ja genau so unwichtig und fruchtlos, darüber zu spekulieren, wie zum Beispiel über die „Wirklichkeit" der Endergebnisse.

Diese Darstellung der wissenschaftlichen Vorgangsweise ist nicht falsch; sie kann beispielsweise einige Eigenschaften der Wissenschaft in ihrer Rolle als öffentliche Institution gut beschreiben. Wenn wir aber die Handlungen und Entscheidungen der tatsächlich am Wissenschaftsprozeß Beteiligten verstehen wollen, so reichen die oben beschriebenen Kategorien und Schritte nicht aus, da sie etwas Wesentliches ausklammern: Beim Aufbau einer wissenschaftlichen Theorie sind mehr oder weniger explizite Entscheidungen erforderlich, wie beispielsweise die Anwendung gewisser Hypothesen oder Auswahlkriterien, die nicht im oben angegebenen Sinn wissenschaftlich „gültig" und universell akzeptiert sind[2]. Dies hat zur Folge, daß die Unterscheidung zwischen wissenschaftlichem und humanistischem Vorgehen, die zwar in vieler Beziehung unzweifelhaft und wirklich existiert, weit weniger eindrucksvoll erscheint, wenn man die Erstellung wissenschaftlicher Theorien sorgfältig untersucht. Dies wird vor allem dort offensichtlich, wo explizite und implizite Entscheidungen am aufschlußreichsten sind, nämlich in der Erstellung, Überprüfung und Annahme oder Verwerfung von Hypothesen.

Hypotheses non fingo!

Um diesen Punkt so konkret wie möglich zu illustrieren, wollen wir einen Fall heranziehen, der lange als abgeschlossen galt. Das Buch III von Newtons „Principia mathematica philosophiae naturalis" sollte die Prinzipien und mathematischen Methoden, die in den Büchern I und II entwickelt worden waren, auf die „Einrichtung des Weltsystems" anwenden. Das Buch beginnt mit einem Abschnitt, der ebenso überraschend wie kurz ist, nämlich den vier Regeln des philosophischen Denkens, den *Regulae philosophandi.* Sie sind zumindest in der dritten Auflage aus dem Jahre 1726 enthalten und besagen – in freier Formulierung – etwa folgendes:

I. Die Natur ist dem Wesen nach einfach; deshalb sollten nicht mehr Ursachen zur Erklärung der Naturdinge zugelassen werden, als zur Erklärung der Beobachtungstatsachen notwendig sind. Dies ist die Hypothese oder Regel der Einfachheit und *verae causae.*

II. Deshalb muß ähnlichen Folgeerscheinungen, soweit möglich, auch der gleiche Grund zugeordnet werden. Dies ist das Prinzip der Gleichförmigkeit der Natur.

III. Eigenschaften, die allen Körpern in unserer Umgebung zukommen, müssen versuchsweise auch allen Körpern im allgemeinen zugesprochen werden. Dies ist eine Umformulierung der beiden ersten Hyptohesen und wird zur Bildung von Universalien benötigt.

IV. Wissenschaftliche Annahmen, die sich aus dem Induktionsprozeß ergeben, müssen als wahr oder zumindest annähernd wahr betrachtet werden, bis Phänomene oder Experimente zeigen, daß Korrekturen notwendig sind oder Ausnahmen auftreten. Diese Regel besagt, daß durch das Experiment untermauerte Annahmen nicht durch den bloßen Vorschlag gegenteiliger Hypothesen widerlegt werden sollten.

Mit Recht wurde festgestellt, daß diese erkenntnistheoretischen Regeln keinesfalls „Modelle logischer Kohärenz" darstellen[3]. Sie haben eine komplexe Vorgeschichte, wobei die erste Ausgabe der *Principia* (1687) nur die beiden ersten Regeln enthält, die dort als Hypothesen I und II bezeichnet werden. Als Newton, Kontroversen zunehmend abgeneigt, seine Korrekturen für die dritte Auflage vornahm, fügte er die polemische Regel IV hinzu, die als Gegenangriff gegen die hypothesenbeladenen Geschoße der Kartesianer und Leibnizianer gedacht war.

Newton war einmal sogar geneigt, noch weiter zu gehen. In seinen Studien zu Newtons Manuskripten entdeckte Alexander Koyré[4] eine ausführliche fünfte Regel, deren Veröffentlichung Newton jedoch unterließ. Für unsere Zwecke sind die ersten und letzten Sätze dieser Regel wesentlich – und vermutlich auch der Grund, warum sie unveröffentlicht blieb:

„Regel V. Was nicht aus den Dingen selbst entnommen werden kann, sei es durch die Sinne oder durch Denkprozesse, ist als Hypothese zu betrachten. ... Was weder anhand der Erscheinungen aufgewiesen noch aus ihnen durch induktive Argumente gewonnen werden kann, bezeichne ich als Hypothese."

Der Gebrauch des Wortes „Hypothese" erscheint uns, wie auch Newtons Zeitgenossen, Schülern und Anhängern in diesem Zusammenhang entschieden abwertend. Hatte doch Newton 1704 seine „Opticks" mit dem Satz eröffnet: „Ziel dieses Buches ist es nicht, die Eigenschaften des Lichtes durch Hypothesen zu erklären, sondern sie anzuführen und durch Vernunft und Experiment zu beweisen."

Dies ist der Ausgangspunkt der berühmten Erklärung *„Hypotheses non fingo"*, die sich in der zweiten Auflage der *Principia* von 1713 findet. Dieser Slogan ist weit bekannter als die Tatsache, daß das gesamte Werk Newtons und sogar die letzte Ausgabe der *Principia* selbst zahlreiche implizite und explizite Hypothesen enthält. Wir übersehen auch leicht, daß ein Verbot von Hypothesen selbst wieder eine logische Hypothese von beachtlicher Komplexität darstellt.

Es ist deshalb nicht merkwürdig, daß Newton seine fünfte Regel wieder fallen ließ, wo doch seine neuzeitlichen, empiristischen Jünger von Cortez bis Dessauer sie sofort akzeptieren würden? Es ist wichtig, Newtons Motive dafür zu kennen, um den Preis zu kennen, den wir für unser philosophisches Erbe entrichten müssen, für ein Erbe nach den Siegern in einem philosophischen Streite des 17. Jahrhunderts, in dem es um die Auffassung von Wissenschaft ging.

Von den vielen Facetten der Antwort ist eine wohlbekannt: Die Jünger eines Meisters sind oft bestrebt, diesen zu verbessern, und der Meister selbst entdeckt manchmal, daß er nicht ganz so schnell ins gelobte Land gelangen kann oder will wie seine Umgebung. (So war es auch nicht Cortez, sondern seine Verwalter, die, unbeaufsichtigt in Mexiko zurückgelassen, den Sieg allzu sehr auskosteten und das Abschlachten der Azteken mit all seinen unheilvollen Konsequenzen auslösten.)

Zunächst ist festzuhalten, daß Newton in einem Entwurf seines *Scholium generale* nur schrieb ,,Ich folge keinen Hypothesen" (*Hypotheses non sequor*), dies aber endgültig zu dem berühmten ,,Ich erfinde keine Hypothesen" (,,*Hypotheses non fingo*") umformulierte. Hier ist ,,erfinden" im Sinne von ,,willkürlich formulieren, willkürlich erfinden" gemeint, was aber spätere Übersetzer wie Samuel Clark oder Andrew Motte unbeachtet ließen, so daß der Eindruck entstand, Newton habe jede Art von Hypothese überhaupt abgelehnt. Hier und anderswo schossen Newtons Nachfolger weit übers Ziel hinaus und schienen nach einem Baconschen Gewißheitsgrad in der Wissenschaft zu suchen, von dem Newton wußte, daß es ihn nicht gibt.

In der Tat hat Newton gewisse Hypothesen als schädlich entlarvt und verworfen; er wußte andere als harmlos zu tolerieren und – wie jedermann – die verifizierbaren und falsifizierbaren Hypothesen zu nutzen. Eine Kategorie von Hyptohesen war für Newton in der Naturphilosophie sogar unvermeidbar, eine Kategorie, die mit den kartesianischen Hypothesen gemeinsam hat, weder anhand der Erscheinungen aufweisbar, noch aus ihnen durch induktive Beweisführung ableitbar zu sein, um dies in den Termen der von Newton unterdrückten fünften Regel zu formulieren. Die Notwendigkeit, solche unverifizierbare und unfalsifizierbare, aber doch nicht ganz willkürliche Hypothesen benützen zu müssen, ist eine beschämende Vorstellung, die noch nie in den Rahmen einer rein positivistischen Wissenschaftstheorie gepaßt hat. Denn weder beobachtbare Fakten noch logische Argumente entscheiden über die Anwendung derartiger Hypothesen.

Bei Newton finden sich zwei offensichtliche Beispiele dieser Kategorie von Hypothesen, die ich aus später zu erörternden Gründen als ,,Themata" oder ,,thematische Hypothesen" bezeichnet habe. Sie sind in seiner Theorie der Materie und in seiner Gravitationstheorie enthalten. So gesteht Newton im ersten Entwurf seines *Scholinm generale* (geschrieben im Januar 1712) offen seine Unfähigkeit ein, die Hypothese der Gravitationskräfte mit beobachteten Erscheinungen zu verknüpfen: „Ich habe die Ursache der Gravitation noch nicht enthüllt, noch habe ich es unternommen, sie zu erklären, da ich sie aus den Phänomenen nicht verstehen kann. Sie entsteht nicht aus der Zentrifugalkraft eines Wirbels, da sie nicht zur Achse eines Wirbels, sondern zum Zentrum eines Planeten hinweist."[5] A. Ruppert Hall and Marie Bois Hall meinen dazu in ihrem Buch „*Unpublished Scientific Papers of Sir Isaac Newton*": „In einem Sinn ist dies offensichtlich richtig, und genau in diesem Sinn entzieht dies der Ito-Hypothese die Grundlage. In einem anderen Sinn ist dies aber falsch. Newton wußte, daß Gott die Ursache der Gravitation ist, genau wie aller anderen Naturkräfte."[6]

Dies war tatsächlich die zentrale Annahme der Newtonschen Gravitationstheorie. Die Halls meinen weiter: „Daß diese Feststellung sowohl wahr als auch falsch sein mußte, war Newtons Dilemma: Trotz seiner zuversichtlichen Erwartungen fügten sich Physik und Metaphysik (oder vielmehr die Theologie) nicht glatt aneinander. Letzten Endes konnten die Mechanische Naturauffassung und Newtons Gottesbegriff nicht miteinander versöhnt werden. ... Vor die Wahl gestellt, wählte Newton Gott und nicht Leibniz."

Daß Newton sich nicht überwinden konnte, diese Hypothese in die *Principia* aufzunehmen, erstaunt nicht, da sie auf Gründen basiert, die mit den Zielsetzungen seines Buches „*Mathematische Prinzipien der Naturphilosophie*" unvereinbar sind. Außerdem wird eine thematische Hypothese um so überzeugender, je länger andere mit den Phänomenen verknüpfte Hypothesen fruchtlos bleiben. Die thematische Hypothese ist deshalb oft ein Ausdruck der Ohnmacht, ein Ausdruck dafür, daß die Suche nach Alternativen fruchtlos geblieben ist. Der Zeitpunkt der Zuflucht zu thematischen Hypothesen kommt dann, wenn man wie Newton gestehen muß „Aus den Erscheinungen konnte ich es nicht erklären..."

Bei der Betrachtung der Physik eines Menschen wie Newton oder auch seiner erkenntnistheoretischen Position müssen wir über die expliziten und offensichtlichen Komponenten hinausgehen, über die im Grunde operationalistische und relativistische Physik der beobachtbaren Ereignisse. Was seine Arbeit für Newton selbst bedeutend machte, war, daß seine Physik eine von Gott durchwaltete, reale Welt zum Gegenstand hatte: Gott selbst steht gleichsam als Puppenspieler hinter den Kulissen und bewegt an unsichtbaren Fäden die Marionetten, die Seine Gedanken in Seinem großen *Sensorium* ausführen. Dies aber ist eine Behauptung, die Newton nicht für Freund und Feind offen und angreifbar darstellen wollte, wenngleich diese Zurückhaltung eine eigenartige Spannung in seinen *Principia* und anderen Schriften erzeugte. Bei der Lektüre Newtons fällt auf, wie sehr die großen Probleme für ihn unter der Oberfläche alle zusammenhängen. Diese Probleme waren a) die Ursache der

Schwerkraft, deren Existenz er „allein aus den Erscheinungen gewonnen" hatte; b) die Existenz anderer Kräfte, die kurzreichweitigen Kräfte zur Erklärung der Kohäsion und der chemischen Erscheinungen; c) das Wesen von Raum und Zeit, das er als „*Sensorium Gottes*" bezeichnete; d) schließlich, aber nicht letztlich, die Beweise für die Existenz Gottes. Indem nämlich gezeigt wird, daß die letzten Ursachen für die aufgewiesenen Kräfte und Bewegungen nur bei Gott liegen können und daß derart der Gottheit nicht nur Eigenschaften, sondern auch ein „Herrschaftsgebiet" zukommt.

In Newtons Physik ist das als Hypothese postulierte „*Sensorium Gottes*" der Punkt, über den hinaus es unwesentlich und unangemessen gewesen wäre, weitere Fragen zu stellen. Gerade dies ist eine wichtige Funktion thematischer Hypothesen, die ihrem Wesen nach weder verifizierbar noch falsifizierbar sind. Thematische Hypothesen dienen nämlich als Brücken über den Abgrund der Ignoranz und stehen damit im Gegensatz zu anderen Arten von Hypothesen, die – nach Aristoteles – Behauptungen sind, die „vom Lernenden geglaubt" werden könnten, letztlich aber doch beweisbar seien. Als Wissenschaftler können und müssen wir uns deshalb nicht fragen, warum wir mit Descartes an einer „unentrinnbar glaubwürdigen" Annahme festhalten, auch nicht, warum wir Übereinstimmungen zwischen bestimmten Beobachtungen und den Vorhersagen eines Modells wahrnehmen können; wir müssen mit Niels Bohr auch nicht fragen, warum wir fähig sind „die Regelmäßigkeiten der Natur auf Grund reiner Zahlen verstehen zu können". . .

Themata: Leitmotive der Wissenschaft

Das einfache Rezpt für die schrittweise Konstruktion wissenschaftlicher Theorien haben wir nun weit hinter uns gelassen. Wir wollen nunmehr schematisch betrachten, was die Analyse wissenschaftlicher Theorien mit Hilfe von Themata der konventionellen Analyse voraus hat.

Unabhängig davon, welche wissenschaftlichen Aussagen die verschiedenen Wissenschaftstheorien als „sinnlos" ansehen, so stimmen sie doch darüber überein, welche Arten von Aussagen nicht sinnlos sind, nämlich Aussagen über empirische Tatbestände (die letztlich meßbar sind) und Aussagen über logische oder mathematische Verfahren (die letztlich Tautologien sind).

Sicherlich gibt es dabei erwähnenswerte Schwierigkeiten. So werden etwa empirische Tatbestände in der modernen Wissenschaft nicht einfach „beobachtet", sondern sind – nach Heisenberg – heute nur über den Umweg einer Meßtechnik und den Umweg einer Theorie zu erhalten. Im wesentlichen lassen sich diese beiden Arten „sinnvoller" Aussagen klar unterscheiden. Wir wollen sie als *empirische* bzw. *analytische* Aussagen bezeichnen und sie als x- bzw. y-Achse eines Achsenkreuzes versinnbildlichen. Damit können wir die beiden Dimensionen üblicher wissenschaftlicher Diskurse in Form einer Analogie darstellen. Dies erweist sich solange als nützliche Terminologie, solange wir uns der Grenzen jeder Analogie bewußt bleiben.

Wissenschaftliche Begriffe, wie beispielsweise die Kraft, können wir nun in dieser x-, y-Ebene einordnen, ebenso wie Aussagen oder Hypothesen, wie beispielsweise „Röntgenstrahlen bestehen aus hochenergetischen Photonen" oder das „Gesetz der allgemeinen Schwerkraft". Die Begriffe entsprechen dabei Punkten der Ebene, die Gesetze und Aussagen Linien, die Begriffe verbinden.

Als Beispiel betrachten wir die Kraft. Dieser Begriff hat sowohl eine empirische x-Dimension, da Kräfte qualitativ aufweisbar und quantitativ meßbar sind, beispielsweise durch die beobachtbare Ablenkung von Körpern. Der Begriff hat aber auch eine analytische y-Dimension, da Kräfte den mathematischen Regeln der Vektorrechnung gehorchen, die beispielsweise die Addition von Kräften festlegt.

Betrachten wir nun eine Aussage (bzw. eine Hypothese oder ein Gesetz). Das Gesetz der allgemeinen Schwerkraft hat eine empirische Dimension, d.h. eine x-Komponente, die beispielsweise im Experiment von Cavendish sichtbar wird, in dem schwere Körper einander meßbar anziehen. Dieses Gesetz hat aber auch eine analytische oder y-Komponente, da die Vektorrechnung die Handhabung von Kräften im euklidischen Raum festlegt.

Hier ist ein Einschub am Platz, um den Eindruck zu vermeiden, die x- und y-Komponenten hätten irgendeine absolute Bedeutung. Es wäre sogar besser, den Begriff „heuristisch-analytisch" für die y-Dimension einzuführen, um anzudeuten, daß es prinzipiell unendlich viele mögliche logische und mathematische Systeme gibt, von denen sich einige wechselseitig ausschließen, die wir unseren Untersuchungen zugrundelegen könnten. Auf der x-Achse scheinen wir nicht dieselbe Wahlfreiheit zu haben, beliebige Entscheidungen auf Grund heuristischer Überlegungen zu treffen. Zumindest *prima facie* scheinen wir auf die Erscheinungen in der Welt beschränkt zu sein, die uns umgibt und nicht mit einer Vielfalt einander ausschließender Welten, denen wir uns nach Belieben zuwenden können. Allerdings können wir uns zumindest in Gedanken ganz andersartige Welten vorstellen, wo einerseits ein unendlich reichhaltiges Reservoir an Erscheinungen einander widersprechende Phänomene enthält, wie beispielsweise Steine, die nach einem Zufallsgesetz manchmal fallen und manchmal emporsteigen, und wo andererseits unsere mathematischen und logischen Hilfsmittel stark eingeschränkt sind, beispielsweise auf die aristotelischen Syllogismen und die elementare Arithmetik. Dann werden wir gezwungen, aus allen möglichen Beobachtungen diejenigen auszuwählen, die durch skalare Größen dargestellt werden können, und wir würden Kräfte, Beschleunigungen und Drehmomente unberücksichtigt lassen müssen. In diesem Fall würde die x-Dimension diejenige der heuristisch-empirischen Aussagen sein.

In gewisser Weise *sind* wir sogar in unserer „realen" Welt in dieser Situation. Andeutungsweise wird dies sichtbar, wenn wir an die große Anzahl von Erscheinungen denken, die heute für uns wichtig sind, aber vor wenigen Jahren noch unbekannt waren[7]; oder wenn wir an die ständigen Veränderungen der Allegorien (z.B. der Allegorie der Bewegung selbst) denken, die sich von der aristotelischen Begriffswelt, die Bewegung mit jeder Art von Veränderung gleichsetzt, bis zur modernen, stark abgeschwächten Auffassung von Bewegung erstreckt, die nunmehr als zeitliche Änderungsrate von Abständen betrachtet wird.

Dies wird uns auch bewußt, wenn wir an die verschiedenen „Erscheinungen" denken, die in bestimmten Epochen gar nicht als wissenschaftswürdig empfunden wurde. Dies galt z.B. für Wärme und Schall in der Physik Galileis, oder in der modernen physikalischen Wissenschaft für alle Einzelerscheinungen, die keine experimentelle Kontrolle oder Wiederholbarkeit zuzulassen scheinen. Wir sind immer von weit mehr „Erscheinungen" umgeben, als wir untersuchen können, so daß wir zahlreiche Phänomene auf jedem Niveau der Wissenschaftsentwicklung ignorieren müssen.

Die Auswahl an möglichen *analytischen* Systemen ist prinzipiell ebenfalls sehr groß. Jeder Punkt, jedes Objekt könnte für kinematische Zwecke zum Zentrum der Welt erklärt werden. In der Praxis ist die Auswahl beschränkter. Tatsächlich liegt der Grund, warum die Wissenschaft bis ins späte 19. Jahrhundert von der Einzigartigkeit unserer Welt so überzeugt war, in der Tatsache, daß die damals verfügbaren analytischen Systeme so einfach waren und lange Zeit hindurch ohne grundlegende qualitative Änderungen und Alternativen geblieben sind. So konnte Newton im Vorwort der *Principia* sagen: „Die Geometrie hat demnach ihre Basis in der praktischen Mechanik, und sie ist derjenige Teil der allgemeinen Mechanik, welche die Kunst, genau zu messen, aufstellt und beweist." Dieser Eindruck trug zu dem Gefühl bei, die Welt, vorgegeben und analysierbar im Rahmen der damaligen x- und y-Komponenten, sei einmalig und *a priori* existent. Der Mathematiker bezeichnet eine Situation, in der eine mögliche Vielfalt von Lösungen auf eine oder wenige schrumpft, als „degeneriert". Erst nach dem Aufkommen der nichteuklidischen Geometrie beginnt man die Willkürlichkeit der y-Dimension unserer wissenschaftlichen Analyse zu erkennen. Auch setzt eine gewisse Aufgeschlossenheit der Behauptung gegenüber ein, die Wahl der x-Elemente sei willkürlich. Vielleicht ist es diese Einsicht, die dem gegenwärtigen Agnostizismus bezüglich der Frage nach der „Wirklichkeit" der Welt und ihrer Beschreibung in der x-y-Ebene zugrundeliegt.

Ob die x-, y-Achsen nun willkürlich sind oder nicht, jedenfalls haben sie seit dem 17. und 18. Jahrhundert den Inhalt der gesamten Wissenschaft und Gelehrsamkeit überhaupt bestimmt. Dies kommt auch in einer berühmten Stelle bei David Hume zum Ausdruck, in der er meint, daß nur dasjenige der Betrachtung würdig ist, was – in unserer Terminologie – entlang der x- und y-Achse analysiert werden kann:

„Nehmen wir einen beliebigen Band zur Hand, sei es über Theologie oder auch die Schulmetaphysik. Wenn wir uns fragen, ob er irgendwelche abstrakte Argumente über Zahlen oder Quantitäten enthält, so ist die Antwort nein. Enthält er irgendwelche experimentelle Überlegungen über Tatsachen oder Kriterien? Nein. Werft ihn in die Flammen, denn er kann nur Sophisterei und Illusion enthalten."

Verlassen wir nun die x-y- oder Dependenz-Ebene[8], begeben wir uns unleugbar in gefährliche Gefilde. Denn nur allzu oft sind die Zweifel der Denker, die versuchen, konsequent in der x-y-Ebene zu leben, berechtigt, wenn es um die Aussagen ihrer sensibleren Kollegen geht. Falls die Gebiete über- bzw. unterhalb dieser Ebene überhaupt existieren, könnten sie leicht schwammig oder sumpfig sein, auch wenn sich einige illustre Geister in diese Region begeben haben, wie etwa Dijksterhuis einmal meinte:[9]

„Intuitive Einsichten in das Innere der Natur bergen immer die Gefahr in sich, daß sie zwar anziehend, aber dennoch unfruchtbar sind; ob sie wirklich etwas Wahres enthalten, kann nur die empirische Kontrolle lehren, und die Phantasie, die für die Wissenschaft ein so unentbehrliches Element ist, darf nie ohne Mißtrauen betrachtet werden."

Aber dennoch: das Bedürfnis, auf der Suche nach wissenschaftlichem Verständnis über die x-y-Ebene hinauszugehen, ist bereits von Kopernikus geäußert worden. Er meinte, daß letztlich entscheidende Kriterium für die Wahl einer wissenschaftlichen Hypothese sei nicht nur ihre Übereinstimmung mit den Beobachtungen, sondern auch, „daß sie mit gewissen Vorurteilen, den Axiomen der Physik übereinstimmen muß. Beispielsweise muß jede Himmelsbewegung kreisförmig und gleichförmig sein usw."[10] Bei genauer Betrachtung findet man sogar unter den axiomatischen modernen Philosophen und Wissenschaftlern eine Tendenz, die Notwendigkeit und Existenz nichtdependenter Dimensionen wissenschaftlicher Arbeit zuzugeben. So bezieht sich Betrand Russell[11] auf Fälle, „in denen die Grundsätze der Wissenschaft sich als Vorurteile erweisen, die weder empirisch noch logisch notwendig sind." In einer bemerkenswerten Passage gibt auch Karl R. Popper die Unmöglichkeit offen zu, sich auf klar verifizierbare Elemente in einer Wissenschaft zu beschränken:

„Unsere Wissenschaft ist kein System von gesicherten Sätzen, auch kein System, das in stetem Fortschritt einem Zustand der Endgültigkeit zustrebt.... *Wir wissen nicht, sondern wir raten.* Und unser Raten ist geleitet vom unwissenschaftlichen, metaphysischen (aber biologisch erklärbaren) Glauben, daß es Gesetzmäßigkeiten gibt, die wir entschleiern, entdecken können. Mit Bacon könnten wir die ‚... Auffassung, der sich jetzt die Naturwissenschaft bedient, ... Antizipation ..., leichtsinnige und voreilige Annahmen' nennen".[12] Man könnte ähnliche Meinungen verschiedener Wissenschaftler und Philosophen zitieren und analysieren. Diese Einsicht ist jedoch nie systematisch aufgearbeitet worden, obwohl es sich dabei um eine Hauptthese der gegenwärtigen Wissenschaftstheorie handeln dürfte. Als Ergänzung der Dependenz-Analyse schlage ich somit hier als neue Disziplin die *thematische Wissenschaftsanalyse* vor, analog den thematischen Analysen, die auf Gebieten außerhalb der Naturwissenschaften bereits Heimatrecht haben. Zusätzlich zur empirisch-phänomenologischen x-Dimension und zur heuristisch-analytischen y-Dimension definieren wir nun eine dritte Achse z. Diese dritte, die thematische Dimension stellt die grundsätzlichen Annahmen, Begriffe, methodischen Urteile und Entscheidungen dar, die selbst nicht aus objektiv beobachtbaren Tatbeständen oder logisch mathematischen oder anderen Überlegungen ableitbar sind. Die thematische Dimension verallgemeinert die Ebene, in der Begriffe und Aussagen bisher analysiert wurden, zu einem dreidimensionalen „Raum" – wenn wir diese Analogie gebrauchen dürfen – dem Propositionsraum, dem Raum der allgemeinen Gesetze und Lehrsätze. Begriffe wie Kraft, oder Gesetze wie das der allgemeinen Schwerkraft, können nunmehr als Punkte oder Linien in diesem dreidimensionalen Raum dargestellt werden und auf jede der drei Achsen projiziert werden.

Als Beispiel betrachten wir wiederum den Begriff der Kraft, dessen phänomenologische und analytisch-heuristische Komponenten wir bereits besprochen haben. Konzentrieren wir uns nun auf die thematische Komponente, so erkennen wir, wie ein „Potenzprinzip" historisch langsam heranwuchs. Es läßt sich unschwer von Aristoteles *ἐνέργειε* über die neuplatonische *anima motrix* und die aktive *vis*, die sich in Newtons *Principia* findet, bis zur Mitte des 19. Jahrhunderts verfolgen, wo „Kraft" noch im Sinne von Energie (Mayer und Helmholtz) verwendet wird. In Anbetracht der unablässigen Beschäftigung des menschlichen Geistes mit dem Thema des mächtigen, aktiven – man könnte auch sagen maskulinen – Prinzips, einer Beschäftigung, die es bereits vor und ganz unabhängig von jeder wissenschaftlichen Dynamik gab (ebenso seinen Gegenpol, das passive, beharrende Prinzip, auf das es wirkt), kann man sich kaum eine Wissenschaft denken, in der der Begriff der Kraft (und ihres Gegenspielers, der Trägheit) nicht auftritt.

Ohne thematische Analyse wären auch manche Konflikte schwer zu verstehen. Die scholastische Physik definierte „Kraft" durch eine Projektion auf die phänomenologische Dimension, die sich auf die Beobachtung kontinuierlicher irdischer Bewegungen gegen ständig auftretende Hindernisse konzentrierte; die Physik Galileis und Newtons definierte die Kraft anders, und zwar durch eine Projektion auf eine phänomenologische Dimension, die von einem Gedankenexperiment ausgeht, nämlich der Beschleunigung eines Objekts auf einer reibungsfreien horizontalen Ebene. Diese zwei Arten der Physik unterscheiden sich auch in den analytischen Dimensionen, beispielsweise ihrer Beschäftigung mit dem Betrage bzw. dem Vektorcharakter der Kraft. Auf beide Achsen projiziert, ergeben sich völlig unterschiedliche Kraftbegriffe. Aber die Gründe, warum die Naturphilosophen in den beiden Lagern des frühen 17. Jahrhundert dennoch glaubten, über ein und dieselbe Sache zu sprechen, lagen an ihrem gemeinsamen Bedürfnis, in ihre Physik dieselbe thematische Konzeption der *anima* oder *vis*, oder *Kraft*, einzubeziehen.

Ein zweites Beispiel einer thematischen Analyse betrifft nicht einen Einzelbegriff, sondern wissenschaftliche Aussagen. Ein offensichtliches thematisches Element tritt in den grundlegenden Erhaltungssätzen der Physik auf, beispielsweise dem Impulssatz, der in sinnvoller Form erstmals von Descartes aufgestellt wurde. Dazu meinte Dijksterhuis:

„Alle Veränderungen in der Natur bestehen aus Bewegungen von ... drei Arten von Teilchen. Die erste Ursache dieser Bewegungen liegt in Gottes *concursus ordinarius*, der ständigen Erhaltungstat. Er leitet die Bewegungen so, daß die *quantitas motus*, also der Impuls, konstant bleibt"[13].

Diese Beziehung $\Sigma mv = \text{const.}$ ist nach Descartes das „höchste Naturgesetz"[14]. Wie Descartes zeigt, entspringt dieses Gesetz aus der Unveränderlichkeit Gottes, kraft derer sogar Veränderungen so unveränderlich wie möglich ablaufen müssen.

Seitdem haben wir gelernt, den analytischen Inhalt des Erhaltungssatzes zu verändern – vom skalaren zum vektoriellen Gesetz und seinen Anwendungsbereich vom Stoß zwischen Alltagskörper auf andere Ereignisse, wie beispielsweise der Streuung von Photonen, zu erweitern. Dabei wurden dieser und andere Erhaltungssätze nicht in Zweifel gezogen, auch wenn die Beobachtungen dies manchmal schwierig machten[15]. Das *Thema der Erhaltung* wurde zum konstanten Leitmotiv, auch wenn sich die Sprache änderte. Heute meinen wir nicht mehr, daß die Erhaltungssätze aus der „Unveränderlichkeit Gottes" stammen. Mit der sonderbaren Mischung von Arroganz und Bescheidenheit, die heutige Wissenschaftler anstelle theologischer Terminologie setzen, behaupten sie, daß die Erhaltungssätze der physikalische Ausdruck für die Konstanz der Natur ist, die sie uns erst zugänglich macht.

Der starke Einfluß gewisser Themata auf den Wissenschaftler macht seine Bindung an manche Ansichten verständlich, mögen diese auch den akzeptierten Lehrmeinungen und sogar dem Augenschein widersprechen. Dies hat vielleicht am überzeugendsten Galileo Galilei ausgedrückt, als er zur Bewegung der Erde meint, daß man sich zunächst des überwältigenden Eindrucks erwehren muß, die Sonne sei es, die sich „offensichtlich" bewege. Am dritten Tag seines großen „Dialog über die beiden Weltsysteme" läßt Galilei Salviati sagen:

„Ich kann nicht genug die Geisteshöhe derer bewundern, die sich ihr [der pythagoräischen Ansicht] angeschlossen und sie für wahr gehalten, die durch die Lebendigkeit ihres Geistes den eigenen Sinnen Gewalt angetan derart, daß sie, was die Vernunft gebot, über den offenbarsten gegenteiligen Sinnesschein zu stellen vermochten ... Meine Bewunderung findet keine Grenzen, wie bei Aristarch und Kopernikus die Vernunft in dem Maße die Sinne hat überwinden können, daß ihnen zum Trotz die Vernunft über ihre Leichtgläubigkeit triumphiert hat".

Unter den Themata, die Galileis Werk durchziehen, und die dazu beitrugen, „die Sinne zu überwinden", finden wir das damals weit verbreitete

Thema einer einmal gegebenen realen Welt, die Gott von seinem himmlischen Tempel aus beaufsichtigt, das Thema einer Natur, die mathematischen Gesetzen gehorcht, ebenso wie die Thematik der geometrischen Form aller Dinge, welche deren Verhalten bestimmen soll. Aus diesem Grunde sagte Kopernikus übrigens, die Erde rotiere, „weil" sie sphärisch sei, und in seinem Gefolge ist Gilbert angeblich so weit gegangen, zumindest zu seiner eigenen Zufriedenheit experimentell zu beweisen, daß eine vorsichtig aufgehängte magnetische Kugel konstant rotiere. In ähnlicher Weise meint Sigmund Freud in „*Moses und der Monotheismus*" angesichts der überwältigenden Evidenz gegen die zentralen Behauptungen seines Buches im wesentlichen: „Man darf sich nicht durch das Beweismaterial in die Irre leiten lassen".

Themata: Die ewigen Fragen

Unsere Überlegungen haben Themata einen ebenso legitimen wie notwendigen Platz bei der Ausübung und im Verständnis von Wissenschaft zugewiesen wie Erfahrung und logischer Konstruktion. Unsere Analyse hat auch einige Themata und ihre Rolle im Wissenschaftsprozeß beschrieben, ebenso wie ein Ethnologe die Traditionen und Gebräuche verschiedener Völker darlegt. Dabei kann aber die Herkunft der Traditionen und der Themata vorläufig durchaus offen bleiben. Wir wollen hier nicht weiterzugehen versuchen. Weder sollen die Themata mit Archetypen im Sinne Platos, Keplers oder Jungs assoziiert werden, noch mit Mythen, auch nicht mit synthetischem Wissen *a priori* oder intuitiver Erkenntnis oder Galileis „Vernunft" oder auch mit realistischen, absolutistischen und irgendwelchen anderen Varianten der Wissenschaftstheorie. Ob derartige Assoziationen berechtigt sind oder nicht, wird bei anderer Gelegenheit zu untersuchen sein.

Auch soll das Auftreten von Themata nicht als Charakteristikum der neuzeitlichen Wissenschaft erscheinen. Im Gegenteil: thematische Komponenten treten von Anfang an auf, in den Schöpfungsmythen der Theogonie Hesiods und in der Genesis. Gerade in derartigen kosmologischen Spekulationen erkennt man die Beständigkeit der ewigen Fragen und die Beharrlichkeit gewisser vorgegebener Denkmuster bei der Festlegung und Lösung von Problemen. In der miletischen Kosmologie bilden diese Muster ein dreistufiges Schema:[16] (1) Eine primäre Einheit enthält in sich vereint all die Faktoren, die später getrennt auftreten werden. (2) Aus dieser Einheit lösen sich Gegenpole heraus. Diese Trennung führt schließlich zur Anordnung der großen Elementarmassen, die die Weltordnung bilden und zur Entstehung der Himmelskörper. (3) Die Gegensätze treten in Wechselwirkung oder vereinen sich gar, wobei meteorologische Phänomene entstehen, Leben auftritt usw.

Bemerkenswert an dieser Konzeption ist ihre Übertragbarkeit von der animistischen auf die physikalische Ebene, wo dieses kosmologische Rezept in den heute üblichen evolutionären Kosmologien Punkt für Punkt wieder zu finden ist. Die heutige Theorie des „Urknalls" geht von einem Strahlungs-Kernmaterie-Gemisch aus. Eine Expansionsphase führt zur Differenzierung und dem Auftreten der einfachsten chemischen Elemente; die schwereren Elemente entstehen schließlich in thermonuklearen Fusionsprozessen und bereiten damit die später erfolgende Bildung von Molekülen vor. Sogar der antike Gegenpol zur Evolutionskosmologie, die parmenidische Tradition, findet in der „Steady State"-Kosmologie ihre moderne Entsprechung.

Was bleibt, sind die Fragen – Fragen nach der Existenz von „Urmaterie", nach der Evolution, der Struktur, nach räumlicher und zeitlicher Unendlichkeit. Was bleibt, ist auch die Wahl zwischen alternativen Problemlösungen. Diese Stetigkeit der Themata weist die Kehrseite der ikonoklastischen Funktion der Wissenschaft auf. Denn die Wissenschaft hat seit ihrem Anbeginn auch ihre allgemeinere Themata erzeugende und verwendende Funktion. Bereits James Clark Maxwell war sich dieser Tatsache bewußt und meinte vor über einem Jahrhundert in einer Rede über molekulare Mechanik:

„Der Geist des Menschen wird durch viele schwierige Fragen verblüfft. Ist der Raum unendlich und in welchem Sinn? Ist die materielle Welt von unendlicher Ausdehnung und einheitlich mit Materie erfüllt? Gibt es Atome oder ist die Materie unendlich teilbar?

Die Diskussion derartiger Fragen dauert an, seitdem Menschen denken können und für jeden von uns entstehen diese Fragen von neuem. Sie sind für die Wissenschaft unserer Zeit ebenso wesentlich, wie für die Wissenschaft vor 500 Jahren."[17]

Denn thematische Fragen werden weder gelöst noch zur Seite gelegt. Der Atomismus des 19. Jahrhunderts triumphierte über die Kelvinschen Ätherwirbel. Doch dann entstehen Feldtheorien, in denen materielle Teilchen wiederum als Singularitäten aufgefaßt werden, diesmal in dem modernen Kontinuum, dem Feld. Die heutige Version der kosmologischen Zyklentheorie, die Anfang, Evolution und Ende kennt, scheint, durch Experimente untermauert, über die rivalisierende „Steady-State-Theorie" zu triumphieren; dennoch wird dieses Thema sicher irgendeinmal wieder aktuell werden. Denn im Gegensatz zu den physikalischen Theorien, in denen sie durch x-y-Begriffe ausgedrückt werden, können die Themata selbst weder bewiesen noch widerlegt werden. Sie kommen und gehen, hin- und hergerissen durch Zweckmäßigkeitsüberlegungen und intellektuelle Modeströmungen. Gelegentlich verschwindet ein großes Thema auch, oder ein neues taucht auf und versucht sich zumindest zeitweise zu etablieren.

Die Äußerung Maxwells ist sicher ungewöhnlich, aber es ist nicht schwer zu verstehen, warum Wissenschaftler nur selten derartige Worte finden. Man darf nicht vergessen, daß die Wissenschaft selbst ihre Stärke gerade durch die Einschränkung der Debatten der Betroffenen auf die x-y-Ebene erhält. Dies ist die Ebene der öffentlichen Wissenschaft[18], der zumindest zum Teil bewußten und verständlichen Formulierungen. Hier läßt sich ein gewisses Maß allgemeiner Übereinstimmung im Prinzip leicht erzielen, so daß Wissenschaftler fruchtbar miteinander zusammenarbeiten oder debattieren können, auf den Forschungen ihrer Vorgänger aufbauen und in mehr oder weniger eindeutiger Weise den Inhalt, die Problematik ihrer Gebiete in der Lehre verbreiten können. Gleichermaßen versuchen alle Disziplinen, die Wissenschaftlichkeit beanspruchen, ihre Begriffe, Aussagen und Problemstellungen auf die x-y-Ebene zu projizieren, um deren phänomologischen und analytisch-heuristischen Aspekt zu betonen.

Während es jedoch automatisierte, computergesteuerte Fabriken geben kann, kann es kein automatisches Labor geben. Liegt doch das Wesen des Automaten in seiner erfolgreichen Beschränkung auf die x-y-Ebene auf Kosten der z-Dimension. Deshalb erfinden auch Automaten nichts qualitativ Neues. Das Wesen des wissenschaftlichen Genies beruht dagegen gerade oft auf einer Sensibilität in der z-Richtung auf Kosten des Erfolges in der x-y-Ebene. Während nämlich die z-Dimension in der Forschungspraxis auch der exaktesten Wissenschaft niemals fehlt, ist sie doch eine Richtung, in der sich die meisten von uns ohne Ausbildung und ohne explizite oder bewußte Formulierung der Themata bewegen. In dieser Richtung unterscheiden sich Gegenstand und Medium der Kommunikation grundlegend von denjenigen, die speziell für die wohlkontrollierten wissenschaftlichen Diskurse in der x-y-Ebene entworfen wurden.

Es ist deshalb schwierig, Menschen zu finden, die in diesem Sinne zweisprachig sind. Es überrascht mich nicht, daß den meisten heutigen Wissenschaftlern jede Diskussion, die sich bewußt außerhalb der x-y-Ebene bewegt, unzulässig erscheint. Die wissenschaftlichen Genies unserer Zeit, Männer wie Einstein, Bohr, Pauli, Born, Schrödinger oder Heisenberg, haben es aber als notwendig und wichtig erachtet, gerade dies zu tun. Für die anderen, die große Mehrheit aller Wissenschaftler, hat sich die Diskussionsebene zusehends vom x-y-z-Raum auf die x-y-Ebene eingeengt. (Vielleicht durch dieses Beispiel angeregt, geschieht dies mehr und mehr auch auf anderen Wissenschaftsgebieten.) Die in der Wissenschaft tatsächlich verwendeten Themata bleiben heute weitgehend implizit, aber deshalb nicht weniger bedeutend. Um die Rolle einer Hypothese oder eines Gesetzes in der Entwicklung der Wissenschaft wirklich *voll* zu verstehen, müssen wir es auch als Verkörperung der unvergänglichen Motive oder Themata ansehen. Beispiele dafür sind das Thema der „Konstanz“ oder „Erhaltung“; der Quantifizierbarkeit, der Atomistik, des probabilisitischen Verhaltens, oder – um wieder auf Newton zurückzukommen – der gegenseitigen Durchdringung von Theologie und Physik. Damit können wir eine nützliche Unterscheidung treffen, wie sie meines Wissens bisher noch nicht versucht wurde. Newtons *öffentliche experimentelle* und *mathematische* Philosophie ist seine Wissenschaft auf der x-y-Ebene, während seine verschleierte und allgemeine *Natur*philosophie Wissenschaft im x-y-z-Raum darstellt[19].

Der thematische Olymp

Ich habe mich bisher vor allem auf die Physik beschränkt. Ebenso gut, oder vielleicht sogar besser, hätte ich jüngere Wissenschaftszweige behandeln können, die bisher noch über keinen so hoch entwickelten Korpus an Erscheinungen oder logischen Kalkülen und rationalen Strukturen verfügen. In diesen Fällen sind die z-Elemente nicht nur noch vordergründiger, sie werden auch freizügiger diskutiert – möglicherweise weil jedes neue Gebiet in seinen Anfängen noch deutlich die Spuren einer oder mehrerer genialer Menschen trägt. Sie sind es ja, die besonders anfällig für Themata sind und auch den nötigen Mut (oder Übermut?) besitzen, Entscheidungen auf Grund von Themata zu treffen.

Das war der Fall in der frühen Mechanik, Chemie, Biologie, aber auch bei der Relativitätstheorie und der Quantenmechanik. Ich vermute, daß eine ähnliche Situation auch die Anfänge der modernen Psychologie und Soziologie charakterisiert. Überdies wird auf diesen Gebieten, wie in den Naturwissenschaften in einer Umbruchphase, die Bedeutung und der Einfluß von Themata dadurch angezeigt, daß sie den Menschen Vorstellungen aufzwingen, die gewöhnlich als paradox, lächerlich oder schlicht empörend betrachtet werden. Einige Beispiele derartiger Absurditäten sind die sich bewegende Erde des Kopernikus, Giordano Brunos unendliche Vielzahl der Welten, Galileis Trägheitsbewegung von Körpern auf der Horizontalen, Newtons Gravitationskraft ohne mechanische Übertragung, Darwins Abstammung des Menschen vom „Affen", Einsteins Zwillingsparadoxon und maximale Signalgeschwindigkeit, Freuds Annahme einer kindlichen Sexualität oder Heisenbergs Unschärferelation. Das große Interesse der Öffentlichkeit an derartigen Debatten und deren Intensität sowohl unter Wissenschaftlern als auch unter erzürnten oder faszinierten Laien, ist ein Anzeichen für den Grad der Präsenz von Themata in unserem Bewußtsein.

Gerade in der Jugendphase jeder Wissenschaft tritt die thematische Komponente am deutlichsten hervor, noch vor dem Aufbau der komplexen hierarchischen Hypothesenstruktur, die Richard Braithwaite als symptomatisch für eine ausgereifte Wissenschaft bezeichnet. In dieser Phase ist die Verbindung von den Beobachtungstatsachen zu den allgemeinsten – und themareichen – Hypothesen nicht so lang wie in der Physik oder Chemie. Physiker sind gewohnt, ihre allgemeinsten und am stärksten mit Themata beladenen Hypothesen hinter den Wolken eines majestätischen Olymps zu verstecken und lächeln über die kurzen Beine der anderen Götteraltäre. Wenn ein Chemiker beispielsweise ein halbes Dutzend Ausschläge eines Geigerzählers als neues chemisches Element am Ende der Periodentafel interpretiert, dann durchläuft er implizit (und auf Aufforderung auch explizit) eine Stufenleiter hierarchisch verbundener Hypothesen, deren jede einige aufweisbare phänomenologische und heuristisch-analytische Komponenten enthält, bis er am

Ende zu den allgemeinsten thematischen Hypothesen gelangt. In Einklang mit seinen Kollegen darf er diese weder erforschen noch anzweifeln, diese Themata des Atoms, der Erhaltung, der Transformierbarkeit von Qualitäten, der ordnenden Rolle der ganzen Zahlen. Im Gegensatz dazu gingen die frühen Psychoanalytiker einen relativ kurzen und schmerzlosen Weg vom beobachteten Detailverhalten zu gewaltigen Prinzipien. Freud warnte einmal vor der „schlechten Gewohnheit der Psychoanalytiker ... Trivialitäten als Beweise anzusehen, wenn sie auch anders und weniger tiefschürfend erklärt werden können". Damit soll natürlich nicht eine Wissenschaft verdammt werden. Im Gegenteil, wir wollen hier den Unterschied zwischen Psychoanalyse und Physik zur Erklärung der Einstellung „exakter" Wissenschaftler anderen Schulen gegenüber heranziehen (oder auch der Psychologen verschiedener Schulen). Zugleich mag dies auch erhellen, warum Disziplinen wie Psychologie (und sicherlich auch die Geschichte) so aufgebaut sind, daß sie nicht in falscher Nachahmung der modernen Physik versuchen sollten, die Diskussion gewaltsam auf die x-y-Ebene einzuschränken. In diesen Gebieten sind Themata derartig vorherrschend und notwendig, daß der gesamte, dreidimensionale Propositionsraum akzeptiert werden sollte. Beispielsweise bin ich keinesfalls von der Schlußfolgerung des einflußreichen „*Essay on Philosophical Method*" von R. J. Collingwood beeindruckt, der meint:

„Der Naturwissenschaftler geht von der Annahme aus, daß die Natur rational ist und läßt sich davon auch nicht durch Schwierigkeiten ablenken, in die er hineingerät. Gerade weil er diese Annahme nicht nur als legitim, sondern auch als notwendig betrachtet, hat er den Respekt der ganzen Welt gewonnen. Wenn der Wissenschaftler verpflichtet ist, die Natur als rational anzusehen und jeden Mangel an Sinn als Mangel an Verständnis zu betrachten, so ist die entsprechende Annahme auch für den Historiker verpflichtend und nicht zuletzt, wenn er die Geschichte der Ideen verfolgt."[20]

Eine derartige Behauptung ist deshalb so gefährlich, weil sie so schwer – und nicht weil sie so leicht – zu widerlegen ist.

Themata als Brücke zwischen zwei Kulturen

Vieles könnte und sollte noch über Probleme der thematischen Wissenschaftsanalyse gesagt werden, so etwa über die Mechanismen der Themata-wechsel; oder über die Art, in der die Wahl einer thematischen Hypothese über unsere Blickrichtung in der x-y-Ebene ebenso wie über die Analyse des Entdeckten entscheidet; oder über die so erstaunlich geringe Anzahl von Themata, die im Laufe der Zeit die Entwicklung der Wissenschaft bestimmt haben; auch über die hier nur angedeutete Tatsache, daß die meisten und vielleicht alle dieser Themata nicht nur im wissenschaftlichen Zusammenhang auftreten, sondern ganz allgemein unserer Vorstellungskraft entspringen.

Abschließend sollte ich vielleicht nochmals betonen, wie sehr diese Begriffe uns helfen können, die übliche antithetische Gegenüberstellung von Natur- und Geisteswissenschaften zu überwinden. Die viel beklagte Trennung zwischen Naturwissenschaften und anderen Kulturerscheinungen hängt an der Übersimplifizierung, daß Wissenschaft nur in der Dependenzebene stattfindet, während kreative oder künstlerische Arbeit prinzipiell anderen Grundentscheidungen – ästhetischen, qualitativen, mythischen – entspricht. Diese Dichotomie wird wesentlich abgeschwächt, wenn nicht eliminiert, sobald wir einsehen, daß auch der Naturwissenschaft die Dependenzebene nicht ausreicht und nie ausgereicht hat.

Es ist sicher überflüssig, davor zu warnen, Wissenschaft und Nicht-Wissenschaft plötzlich als im Grunde gleich zu betrachten, nur weil dieselben thematischen Elemente in beiden periodisch auftreten. Vielmehr gibt es schätzenswerte und erhaltenswerte Unterschiede. Whitehead sprach einmal über die Notwendigkeit, nationale Differenzen nicht nur zu tolerieren, sondern zu begrüßen: „Der Mensch benötigt bei seinem Nachbarn etwas, das ihm hinreichend nahe steht, um verständlich zu sein, etwas, was hinreichend verschieden ist, um Aufmerksamkeit hervorzurufen, und etwas, was bedeutend genug ist, um Bewunderung zu erzeugen." Im gleichen Sinne sollten wir die Unterschiede begrüßen, die jedem Gebiet erst seine Identität verleihen, aber auch die verbindende Ähnlichkeit.

Kehren wir nochmals zu Newtons fünfter Regel zurück. Er wußte sicherlich, daß ihre Veröffentlichung unvereinbar mit seiner Arbeit und der der meisten großen Neuerer gewesen wäre. Wiederholen wir nochmals die letzten Worte der von ihm unterdrückten Regel: „Diejenigen Dinge, die weder auf Grund der Phänomene aufgezeigt werden können, noch aus ihnen durch Induktion folgen, betrachte ich als Hypothesen." Um dies gerechtfertigterweise zu veröffentlichen, hätte er noch etwas hinzufügen müssen – vielleicht folgendes: „Und derartige Hypothesen, nämlich thematische Hypothesen, haben auch in der Naturwissenschaft ihren Platz".

Anmerkungen

[1] Friedrich Dessauer, *Galilei, Newton und die Wendung des abendländischen Denkens*, Eranos-Jahrbuch 14 (Rhein-Verlag, Zürich 1946), S. 282–331

[2] Einige der hier gegebenen Argumente wurden erstmals in der *George Sarde Memorial Lecture* am 28. Dezember 1982 vor der amerikanischen *Association for the Advancement of Science* vorgetragen, andere in einer Ansprache an die amerikanische philosophische Gesellschaft am 14. November 1963. Siehe dazu auch meinen Artikel „*Über die Hypothesen, welche der Naturwissenschaft zu Grunde liegen*", Eranos-Jahrbuch 31 (Rhein-Verlag, Zürich 1963), S. 53–425

[3] Vergleiche Alexandre Koyré, „*Etudes Newtoniennes I – Les Regulae philosophandi*", *Archives Internationales d'Histoire des Sciences* **13**. 6 (1960). Siehe auch Kyorés *L'Hypothèse et l'expérience chez Newton, Bulletin de la Société Francais de Philosophie* **50**, 60–97 (1956)

[4] Koyré, *Etudes Newtoniennes I, loc. cit.*

[5] A Rupert Hall and Marie Boas Hall, *Unpublished Scientific Papers of Sir Isaac Newton* (Cambridge University Press, Cambridge 1962), S. 352

[6] *Ibid.*, S. 213. Genauer gesagt, ist bei Newton, wie Koyré festgestellt hat, die Ursache der Schwerkraft der Einfluß des „Geistes Gottes". Alexandre Koyré, *Von der geschlossenen Welt zum unendlichen Universum* (Suhrkamp, Frankfurt 1969), S. 210

[7] Umgekehrt können auch anfänglich wesentliche Observable unwichtig werden wie beispielsweise in der Chemie, wo die genaue Beobachtung der Form und Farbe der Flamme bei chemischen Reaktionen infolge der Phlogiston-Theorie aufgegeben wurde.

[8] Man kann die x-y-Ebene als Dependenz-Ebene bezeichnen, da die Bedeutung der Begriffe und Aussagen darin von ihrer sowohl empirischen als auch analytischen Relevanz abhängt (dependent ist). Die Dependenzanalyse ist deshalb das Studium der Bedeutung von Begriffen und Aussagen in den x- und y-Dimensionen. Dieser Term entspricht in einem verallgemeinerten Sinn der Operationsanalyse.

[9] Eduard Jan Dijksterhuis, *Die Mechanisierung des Weltbildes* (Springer, Berlin 1956), S. 388

[10] Zitiert nach Edward Rosen, *Three Copernical Treatises* (Dover Publications, New York 1959), S. 29

[11] Bertrand Russell, *Human Knowledge, Its Scope and Limits* (Allen & Unwin, London 1948), Teil 6, Kapitel 2

[12] Karl R. Popper, *Logik der Forschung* (Mohr, Tübingen 1971), S. 223

[13] Dijksterhuis, *op. cit.*, S. 410

[14] René Descartes, *Principia Philosophia II,* c. 36; Oeuvres 8, 62–65

[15] In ähnlicher Weise äußert sich auch Henri Poincaré in „*Wissenschaft und Hypothese*" über den Energiebegriff; siehe hierzu Abschnitt III, S. 60.

[16] Wir folgen hier F.M. Cornford, *Principium Sapientiae* (Cambridge University Press, London 1952), Kapitel 11.

[17] Zitiert in C.C. Gillispie, *The Edge of Objectivity: An Essay in the History of Scientific Ideas* (Princeton University Press, Princeton, New Jersey 1960), S. 477

[18] Der Unterschied zwischen privater und öffentlicher Wissenschaft wird bei Gerald Holton, „*On the Duality and Growth of Science*", *American Scientist* **41**, 89–99 (1953), diskutiert.

[19] Newton warnt in seinem *Scholium Generale* (*Principia*, 3. Auflage) „Hypothesen – seien sie nun metaphysische oder physische, mechanische oder diejenigen der vervorgenen Eigenschaften – dürfen nicht in die Experimentalphysik aufgenommen werden." Im vorangehenden Paragraphen, am Ende einer langen Passage über die Eigenschaften Gottes und sein Auftreten in der beobachteten Natur, schreibt Newton, „dies hatte ich von Gott zu sagen, dessen Werke zu untersuchen, die Aufgabe der *Naturlehre* ist."

[20] R.G. Collingwood, *An Essay on Philosophical Method* (Clarendon Press, Oxford 1933), S. 225–226.

II Keplers Universum: Seine Physik und Metaphysik

Die wichtigen Veröffentlichungen von Johannes Kepler (1571–1630) gehen denjenigen von Galilei, Descartes und Newton zeitlich voran und sind in vieler Beziehung auch aufschlußreicher[1]. Dennoch wurde Kepler oft vernachlässigt und mißverstanden[2]. Ein Grund dafür liegt vielleicht in der Mischung scheinbar inkongruenter Elemente wie Physik und Metaphysik, Astronomie und Astrologie, Geometrie und Theologie, die Keplers Werk charakterisiert. Sogar im Vergleich mit Galilei und Newton sind Keplers Schriften auffallend in der Art ihrer Vorurteile. Er ist viel offensichtlicher in einer Zeit verwurzelt, in der Animismus, Alchemie, Astrologie, Numerologie und Hexerei ernsthaft zu diskutierende Probleme darstellten. Seine Art der Darstellung erscheint heutigen Lesern unzugänglich und nur allzu oft den geraden Weg zu verlassen, der zu wichtigen Fragen der Physik führt. Dieser Eindruck entsteht aber nicht nur durch die unvermeidliche Verzerrung der historischen Distanz. Wir haben den asketischen Standard der Darstellung schätzen gelernt, die sich von Euklid ausgehend beispielsweise in den Büchern I und II von *Newtons Principia* finden[3] und werden instruiert, die Rätsel, Irrtümer und gelegentlich Glückssträhnen, die fast jeder wissenschaftlichen Arbeit zugrundeliegen, hinter unpersönlichen Formulierungen und Phrasen zu verstecken. Keplers bestürzende Offenheit und intensive emotionale Verstrickung zwingen ihn, uns einen detaillierten Bericht seines verschlungenen Arbeitsweges zu geben. Die Schönheit und Vielfalt dieser Welt überwältigt ihn so sehr, daß er sich insgesamt nicht wirklich auf irgendein Hauptproblem beschränken kann, das lösbar ist. Lange berichtet er von seinen Fehlschlägen und läßt dabei seinen Stolz über die Schwierigkeit seiner Aufgabe durchblicken. Seiner reichen Phantasie drängen sich oft übertriebene oder alltägliche Analogien zu jeder Lebenslage auf. Häufig unterbricht er seine wissenschaftlichen Gedanken, entweder mit der Mahnung an den Leser, seinen fast unlesbaren Bericht noch etwas länger zu folgen, oder mit trivialen Seitenbemerkungen und Wortklaubereien, oder auch mit persönlichen Anekdoten und entzückten Ausrufen über irgendeine neue geometrische Beziehung, eine numerische oder muskalische Analogie. Manchmal bricht er auch in Gebete oder in Poesie aus – Ausdruck einer heiligen Ekstase, wie er es nennt. Wir folgen ihm auf seinen Pionierpfaden, bei der Erforschung des sicheren Grundes, auf den unsere Wissenschaft später errichtet werden konnte und werden dabei in Bereiche geführt, die wir heute als unbrauchbares Sumpfgebiet betrachten.

Diese Charakteristika von Keplers Stil sind nicht einfach Idiosynkrasien. Sie spiegeln den vielseitigen Kampf bei der Entstehung der modernen Wissenschaft im frühen 17. Jahrhundert wider. Begriffe, die wir heute als sich wechselseitig ausschließend betrachten, finden wir hier Seite an Seite. Ein Hauptziel dieses Essays ist es, diese disparaten Elemente aufzufinden und dabei zu zeigen, wieviel Keplers Stärke gerade ihrer Gegenüberstellung verdankt: Wenn seine Physik scheitert, rettet ihn seine Metaphysik; wenn ein mechanisches Modell als Erklärung versagt, tritt ein mathematisches Modell an seine Stelle, und an den Grenzen seiner Wissenschaft lauert stets ein theologisches Axiom. Kepler versucht das klassische Weltbild durch den Begriff einer *universellen physikalischen Kraft* zu vereinheitlichen, ein Weltbild, das in himmlische und irdische Bereiche gespalten war. Fügt sich dieses Problem einer physikalischen Analyse aber nicht, dann kehrt er bereitwillig zu einem *vereinheitlichen Bild* zurück, in dem eine zentrale Sonne die Welt regiert, und zu einem *vereinheitlichenden Prinzip*, der alles durchwebenden mathematischen Harmonie. Am Ende scheitert er an seinem anfänglichen Projekt einer mechanischen Erklärung der beobachteten Planetenbewegungen, aber es gelingt ihm, zumindest eine Brücke zwischen der alten Auffassung der Welt als unveränderlichem *Kosmos* und dem neuen Verständnis zu schaffen, das die Welt als Spielball dynamischer und mathematischer Gesetze auffaßt. Dabei stößt er wie zufällig auf Hinweise, die Newton später für sein großes Weltgebäude benötigt.

Auf dem Weg zur Himmelsmaschine

Ein gesunder Instinkt für Physik und eine Bindung an die neu-platonische Metaphysik sind die beiden Leitlinien Keplers, die wir zunächst getrennt und dann in ihrer Verbindung betrachten müssen. Keplers physikalisches Genie wurde oft von Kritikern übersehen, die durch seine häufigen Exkursionen jenseits der heutigen Grenzen der Wissenschaft abgeschreckt wurden, obwohl seine *Dioptrik* (1611) und seine mathematischen Untersuchungen über Infinitesimale (in der *Nova Stereometria*, 1615) und über Logarithmen (*Chilias Logarithmorum*, 1624) auch heutigen Vorstellungen entsprechen. Sogar Keplers Nebenbemerkungen beweisen oft seine über den Zeitgeist hinausgehenden Einblicke. Ein Beispiel dafür ist seine glaubwürdige Behandlung der Projektilbewegungen auf der rotierenden Erde, äquivalent der Formulierung des Superpositionsprinzips für Geschwindigkeiten.[4] Ein anderes Beispiel ist seine Meinung zum Perpetuum mobile: „Was aber jene Sache anlangt, so glaube ich, daß man mit sehr guten Gründen beweisen kann, daß weder irgend eine niemals aufhörende Bewegung noch auch die Quadratur des Kreises – zwei von alters her große Geister quälende Probleme – je aufgefunden werden kann, noch von der Natur dargeboten wird."[5]

Von einer höheren Warte aus betrachtet liegt Keplers Genie freilich in seiner frühen Suche nach einer Physik des Sonnensystems. Er versucht erstmals aufgrund der irdischen Mechanik ein universelles physikalisches Gesetz zu finden, mit dem das gesamte Universum in seinen quantiativen Details verständlich wird. In den Weltbildern des Aristoteles und des Ptolemäus (und auch noch bei Kopernikus) bewegten sich die Planeten auf ihren jeweiligen Bahnen infolge von Gesetzen, die entweder rein mathematisch oder mechanisch in einem nicht-irdischen Sinne waren. Goldbeck weist darauf hin, daß Kopernikus selbst noch vor einer Vermischung himmlischer und irdischer Phänomene, vor einer „Zuschreibung irdischer Eigenschaften an die Himmelskörper", gewarnt hatte.[6] Kepler vermeidet diese kritische Unterscheidung von Anfang an. In seinem Jugendwerk *Das Weltgeheimnis* (*Mysterium Cosmographicum,* 1596) verwendet er nur ein einziges geometrisches Hilfsmittel, um die beobachtete Anordnung der Planeten als notwendig zu beweisen. Dabei stellt er die Erde den anderen Planeten gleich.[7] Otto Bryk meint dazu: „Das Wesentliche und das Bleibende lag darin, daß der ganze Weltenbau zum erstenmal einem einzigen Baugesetz unterworfen worden war; wohl nicht einem Kraftgesetz, wie Newton es aufzeigte, sondern nur einer unwirksamen Beziehbarkeit von Räumen, aber nun doch einem einzigen Gesetze."[8]

Vier Jahre später lernt Kepler von Tycho Brahe die Bedeutung exakter Beobachtungen. Die bloß näherungsweise Übereinstimmung zwischen astronomischen Beobachtungen und dem Weltenschema des *Mysterium Cosmographicum* erscheint nun nicht länger befriedigend. Sicherlich blieb Kepler seinem Jugendwerk stets verbunden und in der *Dissertatio cum Nuncio Sidereo* (1610) hoffte er sogar, daß Galileis neugefundende Jupitermonde die Lücken seines geometrischen Modells schließen würde. In einem anderen Teil seiner vielschichtigen Persönlichkeit spürt Kepler aber, daß ganz neue Methoden benötigt werden und beginnt eine neue Konzeption des Universums zu entwerfen. Bei der Arbeit an der „*Astronomia Nova*" legt Kepler 1605 sein Programm dar: „Ich bin viel mit der Erforschung der physikalischen Ursachen beschäftigt. Mein Ziel hierbei ist es zu zeigen, daß die himmlische Maschine nicht eine Art göttlichen Lebewesens ist, sondern gleichsam ein Uhrwerk (wer glaubt, daß die Uhr beseelt ist, der überträgt die Ehre des Meisters auf das Werk), insofern darin nahezu alle die mannigfaltigen Bewegungen von einer einzigen ganz einfachen magnetischen Kraft besorgt werden, wie bei einem Uhrwerk alle die Bewegungen von dem so einfachen Gewicht. Und zwar zeige ich auch, wie diese physikalische Vorstellung rechnerisch und geometrisch darzustellen ist."[9]

Wie eine Uhr sollte also die Himmelsmaschine von einer einzigen irdischen Kraft angetrieben werden! Dies ist in der Tat ein Ziel voll prophetischer Kraft. Im Jahre 1609 veröffentlicht trägt die *Astronomia Nova* den beziehungsreichen Untertitel *Physica Coelestis.* Dieses Buch wurde am bekanntesten durch die ersten beiden Keplerschen Gesetze der Planetenbewegung, es enthält aber vor allem auch eine Suche nach einem universellen Kraftgesetz, um die Bewegungen der Planeten – besonders des Mars – ebenso wie die Schwerkraft und die Gezeiten zu erklären. Die atemberaubende Konzeption einer vereinheitlichten Weltsicht ist hier vielleicht noch auffallender als bei Newton, aus dem einfachen Grund, daß Kepler keine Vorgänger aufweist.

Die Physik der Himmelsmaschine

Kepler erkennt zunächst, daß die Kräfte zwischen Körpern nicht durch ihre relativen Lagen und geometrischen Anordnungen bewirkt werden, wie dies Aristoteles, Ptolemäus und Kopernikus angenommen hatten, sondern durch mechanische Wechselwirkungen zwischen materiellen Objekten. Bereits im *Mysterium Cosmographicum* (Kapitel 17) verkündet er „*Nullum punctum, nullum centrum grave est*", und gibt dazu das Beispiel der Anziehung zwischen einem Magnet und einem Stück Eisen. In dem vier Jahre später veröffentlichten Buch William Gilberts „*De Magnete*" (1600) findet Kepler eine sorgfältige Darlegung der Tatsache, daß die Wirkung des Magneten den Polen zu entstammen schient, aber den Teilen dieses Körpers zuzuschreiben ist, nicht den Punkten.

In den geistreichen Einwänden, die Kepler seiner eigenen Übersetzung von Aristoteless *Περὶ συρανοῦ* hinzufügt, stellt er epigrammatisch fest „*Das Mittele is nur ein Düpfflin*", ein idealer Punkt, von dem keine Kraft ausgehen kann.

In der Einleitung zu der *Astronomia Nova*, der wir uns nun zuwenden, meint Kepler ganz explizit:

„Gleichgültig, ob ein magnetischer Punkt als Mittelpunkt der Welt bestehe oder nicht, – er kann schwere Dinge unmöglich einander nähern, und zwar weder tatsächlich, noch bloß begrifflich. Die Naturlehrer [Aristoteliker] werden behaupten, daß das in der Eigenschaft des Punktes liegt, der weder selbst ein Körper ist, noch anders als durch seine bloße Beziehung [zu anderen Punkten] begriffen werden kann."

Deshalb ist eine „wahre Lehre von der Schwerkraft" notwendig, die unter anderem folgenden Grundsatz enthält:

„Die Schwerkraft ist eine Eigenschaft der Körper, die wechselweise zwischen benachbarten Körpern besteht und auf ihre innige Vereinigung abzielt (ähnlich wie die magnetische Wirkung)."

Diese Vorahnung der universellen Gravitation ist keinesfalls ein Einzelfall glücklicher Intuition. Keplers Gefühl für die physikalische Situation ist bemerkenswert gut, wie die folgenden Grundsätze zeigen:

„Wenn die Erde nicht rund wäre, so würden die schweren [Massen] nicht von allen Seiten geradewegs zum Mittelpunkt der Erde, sondern zu verschiedenen Punkten auf verschiedene Seiten getrieben werden. Wenn zwei Steine an irgendeiner Stelle der Welt [Erde] einander nahegebracht würden, jedoch außerhalb des Kraftbereiches [Kraftfeldes] eines dritten benachbarten Körpers, so würden sie, ähnlich wie zwei magnetisierte Körper, an einem Ort in der Mitte zwischen beiden zusammentreffen; hierbei würde das Maß der Annäherung [nur] von dem Verhältnis der Massen abhängen."

Nach diesem Vorläufer der Impulserhaltung findet sich sogar ein erster Versuch einer gültigen Erklärung der Gezeiten aufgrund der Anziehung des Mondes.

Die Achillesferse von Keplers himmlischer Physik findet sich aber in dem ersten „Grundsatz", in seiner aristotelischen Formulierung des Trägheitsgesetzes, wo Trägheit als Tendenz zur Ruhe aufgefaßt wird – *causa privativa motus*:

„Jedes körperhafte Wesen ist, soweit es körperhaft ist, bestimmt, an jenem Orte zu verharren, an dem es sich einsam außerhalb des Wirkungskreises [Kraftfeldes] des benachbarten Körpers befindet."[10]

Dieser Grundsatz macht es ihm unmöglich, die Begriffe Masse und Kraft in nützlicher Weise zu definieren und entzieht ihm damit die entscheidenden Werkzeuge für den Übergang von der himmlischen Metaphysik der Antike zu der himmlischen Physik der Moderne. Ohne diese Begriffe ist Keplers Weltmaschine zum Untergang verurteilt, und er muß getrennte Kräfte für die Bewegung der Planeten entlang ihrer Bahnen und für die radiale Komponente ihrer Bewegung einführen.

Überdies nahm er an, daß die Kraft, die von der Sonne auf die Planeten wirkt und ihre Tangentialbewegung aufrecht erhält, umgekehrt proportional zum Abstand ist. Es ist interessant, dem Ursprung und den Folgen dieser Annahme nachzugehen. In Kapitel 20 des *Mysterium Cosmographicum* spekuliert Kepler nebenbei, ob die siderischen Bahnperioden der Planeten im Weltbild des Kopernikus für die entfernteren Planeten größer sein sollten, und welche Kraft dies erklären könnte:

Dieses suggestive Bild – dessen Ikonologie wir noch diskutieren müssen – führt Kepler jedoch nicht zum späteren $1/r^2$-Gesetz, da er an die Ausbreitung des Lichtes in einer Ebene, der Ekliptik, denkt. Die Lichtintensität nimmt deshalb bei entfernteren Bahnen mit dem Umfang linear ab. In seiner vor-Newtonischen Physik, in der die Kraft nicht der Beschleunigung, sondern der Geschwindigkeit proportional ist, findet Kepler bald eine Verwendung für sein $1/r$-Gesetz der Gravitation. Er benötigt es, um die Beobachtung zu erklären, daß die Geschwindigkeit eines Planeten auf seiner elliptischen Bahn umgekehrt proportional zu seiner Entfernung von der Sonne ist. Das zweite Keplersche Gesetz – das er *vor* den sogenannten ersten und dritten Gesetzen fand – erklärt sich daher physikalisch aus der Vereinigung verschiedener irriger Postulate.

Tatsächlich wird aus dem Zusammenhang klar, daß aus diesen Postulaten das zweite Keplersche Gesetz entsprang.[11] Nicht immer ist der Ausgang so glücklich. Tatsächlich verzögert die Hypothese über die physikalischen Kräfte, die auf die Planeten wirken, Keplers Weg zur Entdeckung der Ellipsenbahnen beträchtlich. Nachdem er zeigt, daß „die Bahn des Planeten [Mars] nicht ein Kreis, sondern eine ovale Figur ist", versucht er in Kapitel 45 der *Astronomia Nova* die Details der physikalischen Kraft zu bestimmen, die die „ovale" Bahn quantitativ erklären kann. Nach zehn Kapiteln voll mühseliger Arbeit muß er aber gestehen, daß „die physikalischen Gründe des 45. Kapitels nun in Rauch aufgehen". In einem bemerkenswerten 57. Kapitel macht er einen abschließenden und ziemlich verzweifelten Versuch zur Formulierung eines Kraftgesetztes. Kepler wagt es dabei sogar, magnetische Einflüsse und animalische Kräfte [*vis animalia*] in ihrer Wirkung auf das Planetensystem zu kombinieren. Dieser Versuch schlägt natürlich fehl. Das exakte Uhrwerk der Himmelsmaschine kann so nicht konstruiert werden.

Sicherlich gibt Kepler seine Überzeugung nicht auf, daß eine universelle Kraft im Universum existiert, die dem Magnetismus verwandt ist. In seinem Lehrbuch der Kopernikanischen Astronomie (1620) finden wir das Bild der Sonne als kugelförmiger Magnet mit einem Pol im Zentrum und dem anderen über die Oberfläche verteilt. Ein Planet, der selbst wie ein Stabmagnet mit fester Achse magnetisiert ist, wird auf seiner elliptischen Bahn um die Sonne abwechselnd angezogen und abgestoßen. Dies erklärt die radiale Komponente der Planetenbewegung. Die tangentiale Bewegung wurde bereits zuvor (in Kapitel 34 der *Astronomia Nova*) als Resultat eines Drehmomentes erklärt, das die magnetischen Kraftlinien der rotierenden Sonne auf die darüber hinweggleitenden Planeten ausüben. Aber das Bild bleibt qualitativ und unvollständig und Kepler kehrt zu seinem ursprünglichen Plan nicht zurück, zu zeigen, wie diese „physikalische Vorstellung rechnerisch und geometrisch darzustellen ist".[9] Auch bringt ihm seine langwierige Arbeit keine rechte Anerkennung ein. Galilei führt Keplers Werk in seiner Diskussion des Weltsystems nur an, um Keplers Vermutung herabzuwürdigen, daß der Mond die Gezeiten beeinflußt[12], obgleich Tycho Brahes Daten und Keplers darauf beruhende Arbeiten gezeigt hatten, daß das Kopernikanische System, das Galilei so leidenschaftlich verteidigte, den Beobachtungen der Planetenbewegung nicht entsprach. Auch Newton hüllt sich in den Büchern I und II der *Principia* in ein sonderbares Schweigen über Kepler und führt das dritte Keplersche Gesetz nur anonym als das 3/2-Gesetz ein und bezeichnet das erste und zweite Gesetz als „Die *Kopernikanische* Hypothese".[13] Keplers drei Gesetze wurden damit im wesentlichen zu empirischen Regeln – eine Auffassung, die Keplers ursprünglichen Ambitionen wohl diametral gegenübersteht.

Keplers erstes Realitätskriterium: Die physikalischen Funktionen der Natur

Ganz abgesehen von der Tatsache, daß Kepler bei seinem Versuch scheiterte, ein mechanisches Modell der Natur zu konstruieren, müssen wir nun fragen, warum er diesen Versuch überhaupt unternahm. Die Antwort ist, daß Kepler (ähnlich wie Galilei) eine neue philosophische Interpretation der „Wirklichkeit" etablieren wollte. Er war sich der Neuartigkeit und Schwierigkeit dieser Aufgabe völlig bewußt.

Kepler wollte „eine Philosophie oder Physik der Himmelsphänomene anstelle der Theologie oder Metaphysik des Aristoteles"[14] setzen. Dieses Ziel, den Einbau physikalischer Gesetze in die Astronomie, betrachteten Keplers Zeigenossen als neuartig und wahrscheinlich zwecklos. Sogar Michael Mästlin, Keplers geliebter Lehrer, der ihm die Kopernikanische Theorie erschlossen hatte, schrieb ihm am 1. Oktober 1616: „Wenn Ihr vom Mond schreibt, ihr hättet alle seine Ungleichheiten auf physikalische Ursachen zurückgeführt, so verstehe ich dies nicht ganz. Ich glaube aber, daß man hier die physikalischen Ursachen ganz aus dem Spiel lassen und Astronomisches nur nach astronomischer Methode mit Hilfe von astronomischen, nicht physikalischen Ursachen und Hypothesen erklären soll. Die Rechnung erheischt nämlich astronomische Unterlagen auf Grund der Geometrie und Arithmetik, die gewissermaßen ihre Schwingen sind, nicht physikalische Vermutungen, die den Leser eher verwirren als belehren."

Der Unterschied zwischen Keplers Auffassung einer „physikalischen" Grundlegung der Astronomie und der Methodologie seiner Zeitgenossen zeigt sich klar in der Gegenüberstellung zweier Briefe der größten Astronomen ihrer Zeit – Tycho Brahe und Kepler selbst. In einem Schreiben an Kepler vom 9. Dezember 1599 wiederholt Tycho die Hauptanliegen zweier Jahrtausende astronomischer Spekulation: „Daß die himmlischen Bewegungen eine gewisse Symmetrie einhalten und Gründe dafür vorhanden sind, warum die Planeten um diesen oder jenen Mittelpunkt in verschiedenen Entfernungen von der Erde oder der Sonne ihre Umläufe ausführen, leugne ich nicht. Allein die Harmonie und Ebenmäßigkeit der Anordnung ist a posteriori ... Und wenn es auch einem fürwitzigen Tüftler so vorkommen mag, daß die zusammengesetzten Kreisbewegungen am Himmel bisweilen eckige oder andere Figuren, zumeist längliche, ergeben, so geschieht dies zufällig und die Vernunft schreckt vor dieser Annahme zurück. Denn man muß die Umläufe der Gestirne durchaus aus Kreisbewegungen zusammensetzen; denn sonst könnten sie nicht ewig gleichmäßig und einförmig in sich zurückkehren und eine ewige Dauer wäre unmöglich, abgesehen davon, daß die Bahnen weniger einfach und unregelmäßiger wären und ungeeignet für die wissenschaftliche Behandlung ..."

Dieses Manifest antiken astronomischen Denkens hätte auch von Pythagoras, Plato, Aristoteles oder selbst Kopernikus stammen können. Dagegen nimmt Kepler einen neuen Standpunkt ein. In einem Brief an D. Fabricius vom 1. August 1607 klingt das große Leitmotiv der neuen Astronomie an: ,,Der Unterschied besteht allein darin, daß Ihr Kreise, ich körperliche Kräfte benütze.'' Im gleichen Brief verteidigt er seine Verwendung der Ellipse anstelle der Überlagerung von Kreisen bei der Darstellung der Marsbahn: ,,Wenn Ihr sagt, es sei nicht zweifelhaft, daß alle Bewegungen auf einem vollkommenen Kreis erfolgen, so ist dies für die zusammengesetzten, d.h. die wirklichen Bewegungen falsch. Sie erfolgen ja nach Kopernikus, wie gesagt, auf einer seitlich ausgebuchteten Bahn, nach Ptolemäus und Brahe zudem auf Spiralen. Wenn Ihr aber von Komponenten der Bewegungen redet, so redet Ihr von etwas Gedachtem, d.h. von etwas, was in Wirklichkeit nicht da ist. Denn nichts läuft am Himmel um, außer dem Planetenkörper selber, keine Bahn, kein Epizykel.'' Diese schlichten, modern anmutenden Feststellungen zeigen, daß sich für Kepler hinter dem Wort „wirklich" die Bedeutung „mechanisch" verbirgt und für ihn die wirkliche Welt eine Welt aus Objekten ist, die im Sinne des Vorwortes von Newtons *Principia* in mechanischer Wechselwirkung stehen:

,,Aus der [Schwer-] Kraft werden [....] vermittels mathematischer Sätze, die Bewegungen der Planeten, Kometen, des Mondes und des Meeres abgeleitet. Möge es gelingen, die übrigen Erscheinungen der Natur auf dieselbe Weise aus mathematischen Prinzipien abzuleiten!''[15]

Die Versuchung liegt nahe, Kepler als Naturphilosophen der mechanistischen Richtung zu betrachten, die später von Newtons Schülern vertreten wurde. Dies wäre aber falsch. Besonders nach dem Fehlschlag des Programmes der *Astronomia Nova* brach ein anderer Aspekt von Keplers Persönlichkeit durch. Obwohl er sich dessen wahrscheinlich nicht bewußt war, legte er niemals endgültig fest, ob die Realitätskriterien auf physikalischem oder metaphysischem Niveau zu finden sind. Die Worte „real" oder „physikalisch" drücken bei Kepler zwei verwobene Bedeutungskomplexe aus. An den Rand von Mästling Brief vom 1. Oktober 1616 schreibt Kepler seine eigene Definition von „physikalisch": „Ich nenne meine Hypothesen aus zwei Gründen physikalisch. Erstens, weil manche Leute behaupten, gar alle Hypothesen der Astronomie seien fiktiv; denn es gebe ja am Himmel keine Exzenter und Epizykel. Daher gehe ich darauf aus, nur solche Dinge anzunehmen, von den ich nicht zweifle, daß sie reell und somit physisch sind, wobei an die Natur nicht der Elemente, sondern des Himmels zu denken ist. Wenn ich die vollkommenen Exzenter und die Epizykel verwerfe, so tue ich es deswegen, weil sie rein geometrische Annahmen sind, für die ein entsprechender Körper am Himmel nicht existiert. Der zweite Grund, warum ich meine Hypothesen physikalisch nenne, ist ..., daß die Ungleichfömigkeit der Bewegung der Natur der Planetenkugeln entspricht, also physikalisch ist.'' Dies verlegt das Problem in die *Natur* der Himmel, in die *Natur* der Körper. Wie kann man dann erkennen, ob ein Postulat oder ein Begriff mit der Natur der Dinge übereinstimmt?

Dies ist die Hauptfrage, auf die Kepler zwei verschiedene Antworten bereit hat, die gleichsam aus den zwei Teilen seiner Seele zu stammen scheinen. Wir können eine dieser Antworten so formulieren: *Die physikalische reale Welt, welche die Natur der Dinge festlegt, ist die Welt der Phänomene, die durch mechanische Prinzipien erklärt werden können.* Dies können wir als Keplers erstes Realitätskriterium bezeichnen. Kepler nimmt darin die Möglichkeit einer umfassenden und konsistenten Dynamik an, die er nur fühlte und erst Newton in seinen Principia geben konnte. Kepler hat noch eine andere Antwort bereit, zu der er immer wieder zurückkehrt, wenn er an den Mängeln seiner Dynamik scheitert: *Die physikalische Welt ist die Welt der Mathematisch ausgedrückten Harmonien, die der Mensch im Chaos der Ereignisse entdecken kann.* Dies müssen wir nun im Detail untersuchen.

Keplers zweites Realitätskriterium:
Die mathematischen Harmonien der Natur

Das Fehlschlagen von Keplers Versuch, eine *Physica Coelestis* zu konstruieren, beeinträchtigte seine Auffassung der astronomischen Welt nicht. Es wäre auch sonderbar, wenn ein Mann mit seinem geistigen Hintergrund nicht eine Alternative zur mechanistischen Weltanschauung bereit hätte. Ihr Versagen scheint ihn nur selten zu beunruhigen, beispielsweise wenn er spekulieren muß, wie eine Seele oder eine innewohnende Intelligenz einen Planeten auf seiner Bahn um die Sonne halten würde. Auch als die Rotationsperiode der Sonne, die Kepler aus seinem physikalischen Modell hergeleitet hatte, sich als sehr verschieden von den Beobachtungen an den Sonnenflecken erwies, war Kepler charakteristischerweise nicht allzu erstaunt. Tatsächlich war Kepler trotz all seiner Versicherungen der mechanischen Erklärung der Himmelsphänomene nicht so verpflichtet wie beispielsweise Newton. Es war ihm noch ein anderer Weg zugänglich.

Sein zweites Kriterium, seine zweite Antwort auf das Problem der physikalischen Wirklichkeit, stammt aus der gleichen Quelle wie seine ursprünglichen Interessen an der Astronomie und die Faszination, die ein mathematisch beschreibbares Universum auf ihn ausübt. Es ist die von ihm häufig herangezogene Metaphysik, die in Plato und den neu-Platonikern wie Proclus Diadochus wurzelt: *Es ist das Kriterium der harmonischen Regularität in den deskriptiven Gesetzen der Wissenschaft.* Man darf dieses Kriterium nicht einfach als Reformulierung einer alten Doktrin oder als ästhetische Anforderung betrachten, die auch die moderne Wissenschaft stellt; Keplers Begriff der Harmonie war viel weitreichender und wesentlicher.

Ein konkretes Beispiel gibt das zweite Keplersche Gesetz, der „Flächensatz". Für Tycho, Kopernikus und die großen griechischen Astronomen, lag die harmonische Regelmäßigkeit der Planetenbewegungen in gleichmäßig durchlaufenen Kreissystemen. Kepler erkannte die Planetenbahnen – nach langen Kämpfen – aber als Ellipsen, auf denen sich die Planeten nicht gleichförmig bewegen. Die Ellipse ist nach einer Seite hin verschoben, und auch die Geschwindigkeit variiert von Punkt zu Punkt. Dennoch verbirgt sich in dieser doppelten Komplexität eine harmonische Regularität, die ihren Entdecker zu Ekstasen hinreißt – die Tatsache, daß der Radiusvektor von der Sonne zum Planeten in gleichen Zeiten gleiche Flächen überstreicht. Für Kepler ist dieses Gesetz von dreifacher Harmonie.

Zunächst steht es in *Einklang mit der Erfahrung*. Während Kepler trotz langer und harter Anstrengungen Tychos genaue Beobachtungen der Marsbahn nicht in ein klassisches Schema überlagerter Kreise bringen konnte, erklärte das Postulat einer elliptischen Bahn die Beobachtungen sofort. Kepler meint dazu: „Die Harmonien müssen sich nach der Erfahrung richten."[16] Wie schwierig muß es für Kepler, den eingefleischten Pythagoräer, gewesen sein, die Kreise aufzugeben und Ellipsen heranzuziehen! Ein großer Wissenschaftler, der sich durch seine Ergebnisse gezwungen sieht, seine hochgeschätzten und tief verwurzelten Vorurteile, die Basis all seiner früheren Arbeiten aufzugeben, um dem Diktat der quantitativen Erfahrung Genüge zu tun – dies war wahrscheinlich eines der größten Opfer in der Geschichte der modernen Wissenschaft. Kepler gewann die Stärke dazu aus seinem Glauben, daß er damit tiefere Einblicke in die Harmonien der Welt erlangen würde.

Der zweite Grund, den „Flächensatz" als harmonisch zu betrachten, ist die *Entdeckung einer Konstanz*, wenn es sich auch nicht einfach um eine Konstanz der Winkelgeschwindigkeit, sondern der Flächengeschwindigkeit handelt. Das typische Gesetz der antiken Physik war das Archimedische Hebelgesetz: Eine Beziehung von direkten Observablen in einer statischen Konfiguration. Sogar die Weltsysteme des Kopernikus und von Keplers *Mysterium Cosmographicum* ließen sich noch durch festgehaltene konzentrische Kreisbahnen veranschaulichen. Erwähnenswert ist auch, daß Galilei Keplers Ellipsen niemals verwendete, sondern bis zu seinem Ende ein wahrer Anhänger des Kopernikus blieb, dessen „Geist erschauderte", wenn er an die Überlagerung nicht kreisförmiger, nicht gleichförmiger Himmelsbewegungen dachte, und dies „einer Schöpfung für unwürdig hielt, die auf bestmögliche Art vollbracht wurde".

Mit Keplers erstem Gesetz und dem Postulat der Ellipsenbahnen war die alte Einfachheit zerstört. Das zweite und das dritte Gesetz etabliert das physikalische Gesetz der *konstanten* Flächenzunahme als ordnendes Prinzip in einer wankenden Welt. Wie in späteren Erhaltungssätzen der Impulsbegriff und das Calorikum, so ist auch die Flächengeschwindigkeit selbst weit von der unmittelbaren Beobachtung entfernt. Ein kühner Schritt war es, nach dieser Harmonie jenseits von Vorstellung und Vorurteil zu suchen.

Noch ein dritter, großartiger Sinn von Harmonie ist in dem Gesetz enthalten: der fixe Bezugspunkt des Flächensatzes, das „Zentrum" der Planetenbewegung, ist das *Zentrum der Sonne* selbst, während sogar bei Kopernikus die Sonne exzentrisch angeordnet war. Damit entdeckt Kepler ein wahrhaft heliozentrisches System und erfüllt so seinen instinktiven und fundierten Wunsch nach einem materiellen Objekt als „Zentrum", auf das schließlich alle physikalischen Effekte, die das System in geordneter Bewegung erhalten, zurückgeführt werden müssen.

Ein heliozentrisches und theozentrisches Universum

Für Kepler ist der letzte Punkt besonders wesentlich. Die Sonne in ihrer festen und beherrschenden Position im Zentrum des Planetensystems entspricht genau dem Bild, das immer hinter Keplers endlosen Zahlenreihen verborgen war – das Bild eines zentripetalen Universums, zur Sonne gerichtet und von der Sonne in vielfacher Weise geleitet: als mathematisches Zentrum bei der Beschreibung der Himmelsbewegungen, als zentrale physikalische Triebkraft für die Aufrechterhaltung der Bewegung und vor allem als metaphysisches Zentrum, als Tempel der Gottheit. Alle drei Rollen sind untrennbar miteinander verbunden. Denn die Einfachheit, die nunmehr im heliozentrischen System bei der Beschreibung der Planetenbewegungen erzielt war und die sogar Tycho bereitwillig zugab, und die treibende Kraft, die jeden Planeten auf seinem konstanten und ewigen Umlauf vorantrieb, wie Kepler und die Scholastiker dachten, läßt sicher erscheinen, daß diese gemeinsamen Bedürfnisse von einem gemeinsamen Zentrum aller Bahnen befriedigt werden. Deshalb muß ihr gemeinsames Zentrum und die ihm entsprechende Quelle ewiger Konstanz auch selbst konstant und ewig sein. Dies sind aber gerade die einzigartigen Attribute der Gottheit. Mit der für ihn charakteristischen Argumentationsweise aufgrund von Archetypen fügt Kepler diesem Argument weitere Konsequenzen und Analogien hinzu. Am berühmtesten ist der Vergleich der Weltall-Kugel mit der Dreieinigkeit: die Sonne, im Zentrum der Kugel und damit ihren beiden anderen Attributen, Oberfläche und Volumen vorausgesetzt, wird mit Gott dem Vater verglichen. Viele Variationen dieser Analogie treten in Keplers Schriften und seinen Briefen auf. Das Bild verfolgt ihn von Anfang an (vergleiche z. B. Kapitel 2 des *Mysterium Cosmographicum*) bis zu seinem Tod. Der übliche Hinweis auf eine „Sonnenverehrung"[17] erklärt dies nicht ausreichend. Zumindest müßte man zugeben, daß der überschwengliche Kepler ein Verehrter des Sonnensystems in all seinen Teilen ist.

Die Macht des Sonnen-Bildes kann auf den bekannten Einfluß der Neu-Platoniker wie Proclus (5. Jahrhundert) und Witelo (13. Jahrhundert) auf Kepler zurückgeführt werden. Die zeitgenössische neu-platonische Doktrin betrachtete Licht als „die Quelle jeder Existenz" und behauptete die „Einheit von Raum und Licht".[18] In moderner Terminologie ausgedrückt waren die Transformationseigenschaften von Raum, Licht und der Seele Hauptanliegen der Neu-Platoniker des 16. Jahrhunderts. Keplers Entdeckung eines wahrhaft heliozentrischen Systems steht nicht nur in perfekter Übereinstimmung mit der Auffassung von der Sonne als herrschender Größe, sondern gestattet es ihm auch erstmals, aus physikalischen Argumenten auf die zentrale Rolle der Sonne zu schließen.

Im Mittelalter war der „Ort“ Gottes, sowohl in der aristotelischen, wie auch in der neu-platonischen astronomischen Metaphysik, entweder jenseits der äußersten Himmelssphäre oder im gesamten Raum überhaupt. Denn nur diese beiden Alternativen räumen der Gottheit einen „Ort“ ein, von dem aus alle Himmelsbewegungen gleichwertig erscheinen. Kepler kann aber nun eine dritte Möglichkeit heranziehen: in einem wahrhaft heliozentrischen System kann Gott in das Sonnensystem selbst zurückgebracht werden, gleichsam im festen und gemeinsamen Bezugsobjekt thronend, das mit der Quelle alles Lichtes und dem Ursprung der physikalischen Kräfte zusammenfällt, die das System zusammenrücken. In *De Revolutionibus* hatte Kopernikus einen Teil dieses Bildes erblickt, wenn er nach der Beschreibung des Planetensystemes meint:

„In der Mitte des ganzen ruht die unbewegte Sonne. Wer würde in der Tat in diesem schönsten Tempel den Lichtspender in irgendeinem anderen Teil anbringen, als dort, wo er alle anderen Teile beleuchten kann.“

Kopernikus und Kepler waren sich aber völlig bewußt, daß die kopernikanische Sonne nicht wirklich „in der Mitte des ganzen“ ruhte. Deshalb frohlockte Kepler bei seiner Entdeckung, daß sich die Bahnebenen aller Planeten in der Sonne schneiden.

Die dreifache Bedeutung des heliozentrischen Bildes als mathematisches, physikalisches und metaphysikalisches Zentrum erklärt den Zauber, den es auf Kepler ausübt. Wie Wolfgang Pauli in einer bedeutenden Untersuchung „Über das Entstehen und die Entwicklung naturwissenschaftlicher Begriffe und Theorien anhand eines historischen Beispiels“ gezeigt hat, liegt darin der Schlüssel zur Motivation: „Weil er Sonne und Planeten mit diesem archetypischen Bild im Hintergrund anschaut, glaubt er mit religiöser Leidenschaft an das heliozentrische System“, dieser heliozentrische Glaube „veranlaßt ihn, nach den wahren Gesetzen der Proportion der Planetenbewegung als dem wahren Ausdruck der Schönheit der Schöpfung zu suchen.“[19]

Um dies nochmals zu betonen: die *Endversion von Keplers Physik des Himmels weist eine heliozentrische Kinematik, aber eine theozentrische Dynamik auf*, wobei teilweise auf den Eigenschaften Gottes aufbauende Harmonien die physikalischen Gesetze liefern, die auf spezifischen, quantitativen Kräften aufbauen. Diese Art von Physik ist am hervorstechendsten in Keplers letzter großer Arbeit, der *Harmonice Mundi* (1619). Dort wird das dritte Keplersche Gesetz der Planetenbewegung ohne jeden Versuch einer Herleitung aus mechanischen Prinzipien angekündigt, wogegen in der *Astronomia Nova* magnetische Vorgänge die Planeten nicht nur angetrieben, sondern beinahe besessen hatten. Wie in seiner frühesten Arbeit zeigt er, daß Naturphänomene mathematische Harmonien aufweisen. Er hatte zwar die mechanischen Triebwerke der Weltmaschine nicht ganz entdeckt, kann aber zumindest ihre Bewegungsgleichungen angeben.

Die Quelle von Keplers Harmonien

Da sie Keplers astronomische Arbeiten nur schwer mit physikalischer Wissenschaft in modernem Sinne in Zusammenhang bringen konnten, waren viele Forscher versucht, ihn vor der imaginären Grenzlinie zwischen klassischer und moderner Wissenschaft anzusiedeln. Ist es nicht nur ein kleiner Schritt von den Harmonien, die die Alten in den Kreisbewegungen und rationalen Zahlen fanden, zu den Harmonien, die Kepler in den elliptischen Bewegungen und Potenzgesetzen fand? Ist dies nicht bloß eine Verallgemeinerung einer etablierten Ansicht? Beides ist negativ zu beantworten. Für die Alten und die meisten von Keplers Zeitgenossen erschloß sich die Fürsorge Gottes in der Natur durch Gesetze, die entweder qualitativ oder doch in einem offensichtlichen Sinn im wesentlichen harmonisch waren. Die axiomatische Einfachheit von Kreisen und Kugeln und ganzen Zahlen bewies ihre göttliche Abstammung. Keplers Harmonien liegen aber gerade in der Tatsache, daß die Beziehungen *quantitativ* sind, nicht in einer spezifisch einfachen *Form* qualitativer Beziehungen.

Es ist genau diese Verschiebung, die wir nunmehr als Durchbruch zur späteren, modernen Auffassung mathematischer Naturgesetze erkennen. Während nach klassischer Auffassung die quantitativen Auswirkungen der Natur nur durch wenige Notwendigkeiten eingeschränkt waren, öffnet die neue Haltung, was auch immer ihre metaphysische Motivation sein mag, der Phantasie eine unendliche Vielfalt von Möglichkeiten. Während dem klassischen Denken die quantitativen Erfahrungsresultate nur zur Ausfüllung eines spezifischen Musters nach A-priori-Notwendigkeiten dienten, erlaubte es die neue Haltung, die Versuchsergebnisse in jedes beliebige Muster einzufügen, das die Natur aus der unendlichen Vielfalt von Möglichkeiten gewählt hat. Damit ist der Weg für die allgemeine Ansicht der meisten modernen Naturwissenschaftler bereitet, die die Welt harmonisch in einem vagen, ästhetischen Sinne empfinden, da der Geist im Chaos der Ereignisse eine mathematisch beschreibbare Ordnung entdecken kann – die von beliebiger Form sein mag.

Vielleicht war es unvermeidbar, daß die Fortschritte der modernen Wissenschaft die Harmonie der mathematischen Gesetze nunmehr in der Ästhetik anstelle der Metaphysik suchten. Kepler selbst wäre aber der letzte gewesen, der eine derartige Verallgemeinerung vorgeschlagen oder akzeptiert hätte. Seine Forderung von Harmonien in den quantitativen Eigenschaften der Natur beruht auf der gleichen Metaphysik, die ihm über das Versagen seiner physikalischen Dynamik des Sonnensystems hinweghalf. Ihre Quelle geht auf die Ursprünge der Naturphilosophie selbst zurück, auf die *Verknüpfung von Quantität mit Gottheit.* Nun können wir folgendes zeigen: Kepler glaubte, daß die Fähigkeit des Menschen, im Chaos der Ereignisse Harmonien und damit Realität zu entdecken, auf einen direkten Zusammenhang mit der letzten, grundlegenden Realität zurückzuführen ist, nämlich auf den Zusammenhang mit Gott und dem Geist des Menschen.

In einem frühen Brief eröffnet uns Kepler diese Hauptquelle seiner Lebensarbeit: „Wenn endlich mein Elefant geboren hat und in der Zwischenzeit meinem Buch [*Mysterium Cosmographicum*] von den Verteidigern der Heiligen Schrift nicht, wie ich befürchtete, Schwierigkeiten bereitet worden sind, so sage ich Gott dem Schöpfer frommen Dank dafür. Möge er es fügen, daß meine ergötzliche Spekulation überall bei den Vernünftigen in reichem Maß die von mir in der Öffentlichkeit angestrebte Wirkung ausübe, daß nämlich der Glaube von der Erschaffung der Welt durch diese äußere Stütze befestigt, der Gedanke des Schöpfers in seinem Wesen erkannt werde und seine unerschöpfliche Weisheit uns täglich heller erstrahle. Dann wird der Mensch endlich die Kräfte seines Geistes nach dem rechten Maß messen und einsehen, daß Gott, der alles in der Welt nach der Norm der Quantität begründet hat, auch dem Menschen einen Geist verliehen hat, der diese Normen erfassen kann. Denn wie das Auge für die Farbe, das Ohr für die Töne, so ist der Geist des Menschen für die Erkenntnis nicht irgendwelcher beliebigen Dinge, sondern der Größen geschaffen; er erfaßt eine Sache um so richtiger, je mehr sie sich den reinen Quantitäten als ihrem Ursprung nähert."[21]

Oberflächlich betrachtet kann man dies als eine andere Wiederholung des alten platonischen Prinzips ὅ θεὸς ἀεί γεωμετρέει betrachten und Kepler glaubt natürlich an „den Schöpfer, den wahren ersten Grund der Geometrie, der, wie Plato sagt, stets geometrisiert."[22] Kepler ist tatsächlich Platoniker und sogar gleichzeitig beiden neu-platonischen Traditionen verpflichtet (man könnte sie vielleicht besser neu-platonisch und neupythagoreisch nennen), derjenigen der mathematischen Physiker wie Galilei und derjenigen der mathematischen Mystiker der Florentinischen Akademie. Keplers Gott ist aber über den Bau der Welt nach einem mathematischen Modell hinausgegangen: Er hat auch den Menschen speziell mit einem Geist ausgestattet, „der Begriffe in sich trägt, die auf den Kategorien der Quantität aufbauen", damit der Mensch direkt mit der Gottheit verkehren kann: „Wir wollen daher über das Himmlische und Unkörperliche nicht mehr zu erforschen suchen, als uns Gott geoffenbart hat. Jene Gesetze liegen innerhalb des Fassungsvermögens des menschlichen Geistes; Gott wollte sie uns erkennen lassen, als er uns nach seinem Ebenbilde erschuf, damit wir Anteil bekämen an seinen eigenen Gedanken. Denn was steckt im Geiste des Menschen außer Zahlen und Größen? Diese allein erfassen wir in richtiger Weise, und zwar ist dabei, wenn es die Frömmigkeit zu sagen erlaubt, unser Erkennen von der gleichen Art wie das göttliche, wenigstens soweit wir in diesem sterblichen Leben etwas davon zu erfassen vermögen."[23]

Die Vorgangsweise zur Aufzeigung von Harmonien ist in Buch 4, Kapitel 1 der *Harmonice Mundi* explizit beschrieben. Kepler unterscheidet zwei Arten von Harmonien: nämlich solche in Sinneserscheinungen wie in der

Musik, und die „reinen" Harmonien, die beispielsweise „aus mathematischen Begriffen konstruiert werden." Das Gefühl der Harmonie entsteht durch eine Übereinstimmung der wahrgenommenen Ordnung mit dem entsprechenden inneren Archetypus (Urbild). Der Archetypus selbst ist Teil des Geistes Gottes und wurde der menschlichen Seele durch die Gottheit eingeprägt, als Er den Menschen in Seinem Bild schuf. Die Verwandtschaft mit Platos Lehre von den Idealen ist offensichtlich. Während die letzteren aber üblicherweise außerhalb der menschlichen Seele gesucht werden, residieren Keplers Archetypen innerhalb der Seele. Wie er am Ende dieser Diskussion zusammenfaßt, trägt die Seele „nicht ein Bild des wahren Paradigma, sondern das wahre Paradigma selbst ... Dadurch wird die Harmonie schließlich völlig zur Seele, ja sogar zu Gott."[24]

Damit haben wir die letzte Rechtfertigung von Keplers Suche nach mathematischen Harmonien gefunden. Die Untersuchung der Natur wird zu einer Untersuchung der Gedanken Gottes, den wir nur in der Sprache der Mathematik verstehen können. *Mundus est imago Dei corporea*, gerade so wie andererseits *animus est imago Dei incorporea*. Das Bindeglied für die Welt der Phänomene wird schließlich für Kepler nicht nur der Begriff der mechanischen Kräfte, sondern Gott selbst, der sich in mathematischen Gesetzen ausdrückt.

Keplers zwei Gottheiten

Ein Schlußwort mag der phsychologischen Haltung Keplers gewidmet sein. Die Wissenschaft war bekanntlich nicht Keplers ursprüngliche Bestimmung. Er war zunächst ein Student der Philosophie und der Theologie an der Universität Tübingen. Nur wenige Monate bevor er eine kirchliche Position erlangt hätte, wurde ihm plötzlich – gegen seinen Willen – von den Universitätsbehörden eine Stellung als Lehrer der Mathematik und Astronomie in Graz zugeordnet. Ein Jahr später schrieb Kepler während der Arbeit am *Mysterium Cosmographicum*: „Ich wollte ein Theologe werden; lange war ich in Unruhe: Nun aber sehet, wie Gott durch meine Bemühen auch in der Astronomie gefeiert wird."[25] In seinen späteren Schriften bezieht er sich mehrmals auf Astronomen als Priester der Gottheit im Buch der Natur.

Von seinen frühesten bis zu seinen spätesten Schriften behielt Kepler die Richtung und Intensität seiner religiösen und philosophischen Interessen bei. Sein ganzes Leben war kompromißlose Frömmigkeit; er war unablässig bestrebt, seine starken und nonkonformistischen Überzeugungen in der Religion und der Wissenschaft zu verteidigen. In den Aufruhren der Gegenreformation und dem beginnenden Dreißigjährigen Krieg ging er trotz großer Schwierigkeiten und Härten keinerlei Kompromisse in Glaubensfragen ein. Wegen seines unnachgiebigen Individualismus in religiösen Fragen wurde er von der Kommunion in der Lutherischen Kirche ausgeschlossen; wegen seiner

Weigerung, Katholik zu werden, wurde er aus seinem Heim und seiner Stellung in Graz vertrieben. So können wir ihm sicherlich Glauben schenken, wenn er schreibt: „Mit der Religion ist es mir Ernst, ich treibe kein Spiel mit ihr."[26] oder „In allen Wissenschaften gibt es nichts, was mich von meiner Anschauung abhalten könnte, nichts, was mich im geringsten abschrecken könnte, diese meine Anschauung offen zu bekennen, außer einzig und allein die Autorität der Heiligen Schrift, die von manchen übel verdreht wird."[27]

Wie uns seine Arbeiten immer wieder zeigen, ist Keplers Seele auch in dieser Beziehung durch ein doppeltes Bild geprägt. Denn nächst dem lutherischen Gott, der sich ihm direkt in den Worten der Bibel offenbart, steht der pythagoreische Gott, verkörpert in der Unmittelbarkeit der beobachteten Natur und den mathematischen Harmonien des Sonnensystems, dessen Entwurf Kepler selbst nachgezeichnet hatte – ein Gott „den ich bei der Betrachtung des Weltalls geradezu mit Händen greife".[28]

Dieser Ausdruck paßt wunderbar, denn so intensiv war Keplers Vision, daß darin Abstraktes und Konkretes zusammenschmolz. Hier finden wir den Schlüssel zu dem Rätsel Kepler, die Erklärung der scheinbaren Komplexität und Unordnung in seinen Schriften und Bindungen. In einem brillianten Bild sah Kepler drei grundlegende Themen und kosmologische Modelle vereint: *das Universum als physikalische Maschine, das Universum als mathematische Harmonie und das Universum als zentrale theologische Ordnung.* In dieser Einheit konnten Harmonien zu Kräften werden, durch die eine theozentrische Auffassung des Universums zu konkreten Resultaten von einschneidender Bedeutung für die Entstehung der modernen Physik wurde.

Anmerkungen

1 Keplers Werke sind in einer ausgezeichneten Gesamtausgabe zugänglich: Walter von Dyck und Max Caspar (Hrsg.), *Johannes Keplers gesammelte Werke* (München, ab 1937). Siehe auch Johannes Kepler, *Weltharmonik* (übersetzt und eingeleitet von Max Caspar, Oldenburg, München 1967) und Johannes Kepler, *Weltgeheimnis* (herausgegeben und eingeleitet von Max Caspar), Vieweg, Braunschweig 1985) und Johannes Kepler, *Warnung an die Gegner der Astrologie (Tertius interveniens)* (mit Einführung, Erläuterungen und Glossaren, hrsg. von Fritz Krafft, Kindler, München 1971).

2 Bezüglich Kepler Biographien siehe Max Caspar, *Johannes Kepler* W. Kohlhammer, Stuttart 1950); Erhard Oeser, *Kepler*, Musterschmid, Göttingen 1971); Walther Gerlach und Martha List, *Johannes Kepler, Leben und Werk* Piper, (München 1980). Dieses Buch enthält auch eine kurze Bibliographie.

3 Die Newtonsche Optik erinnert speziell in ihrem späteren Teil an Keplers Stil. Buch II, Teil IV, Beobachtung 5 enthält beispielsweise einen Versuch Teile des Lichtspektrums mit „Unterschieden in der Länge eines Monochords" zu verknüpfen.

4 Brief an David Fabricius vom 11. Oktober 1605.

5 Brief an Herwart von Hohenburg vom 26. März 1598. Dieser Brief entstand also sieben Jahre bevor Stevinus die Absurdität eines Perpetuum mobile in der *Hypomnemata Mathematica* (Leyden, 1605) andeutete. Einige von Keplers wichtigsten

Briefen finden sich bei Max Caspar und Walther von Dyck, *Johannes Kepler in seinen Briefen* (Oldenburg, München und Berlin 1930). Eine vollständigere Sammlung in der Originalsprache findet sich in den Bänden 13–15 der Neuausgabe von Keplers gesammelten Arbeiten. Diese Briefe wurden bei früheren Kepler-Studien nur unzureichend beachtet.

6 Ernst Goldbeck, *Abhandlungen zur Philosophie und ihrer Geschichte, Keplers Lehre von der Gravitation* (Max Niemeyer, Halle 1896), Band VI. Diese nützliche Monographie zeigt Keplers Rolle als Führer der mechanischen Astronomie. Das Zitat bezieht sich auf *De Revolutionibus*, erste Ausgabe, S. 3. Der Hauptpunkt, daß die Beschreibung der Phänomene bei Kopernikus die Erde gelegentlich anders als die anderen Planeten behandelt, ist kaum anzuzweifeln.

7 In Keplers Vorwort zu seiner *Dioptrice* (1611) nennt er sein früheres *Mysterium Cosmographicum* „eine Art Kombination von Astronomie und euklidischer Geometrie" und beschreibt seine Hauptergebnisse folgendermaßen: „Ich nahm die Dimensionen des Planetensystems der Kopernikanischen Astronomie gemäß an, die die Sonne unbeweglich ins Zentrum setzt und die Erde beweglich sowohl rund um die Sonne als auch um ihre eigene Achse macht. Ich zeigte, daß die Abstände der Planetenbahnen den fünf regulären pythagoreischen Körpern entsprechen, welche bereits von ihrem Urheber auf die Elemente der Welt verteilt worden waren, wenngleich sein Versuch mehr bewunderswert als glücklich oder legitim war ..." Das Schema der fünf umschriebenen regulären Körper war für Kepler ursprünglich die *Ursache* der beobachteten Anzahl (und Bahnen) der Planeten: *„Habes rationem numeri planetarium"*.

8 Johannes Kepler, *Die Zusammenklänge der Welten*, hrsg. von Otto J. Bryk, (Diederichs, Jena 1918) S. xxiii.

9 Brief an Herbert von Hohenburg vom 10. Februar 1605. Ungefähr zur gleichen Zeit schreibt er in ähnlicher Weise an Christian Severin Longomontanus bezüglich der Zusammenhänge zwischen Astronomie und Physik: „Ich glaube, daß beide Wissenschaften so eng miteinander verknüpft sind, daß die eine nicht ohne die andere Vollkommenheit erlangen kann."

10 Zuvor diskutiert Kepler die Anziehung des Mondes in einem Brief an Herwart vom 2. Januar 1607. Die relative Bewegung zweier isolierter Körper und den Begriff der Trägheit behandelt er in einem Brief an D. Fabricius vom 11. Oktober 1605. Siehe dazu auch Alexander Koyrè, *Galileo and the Scientific Revolution of the Seventeenth Century, The Philosophical Review* **52**, 344–345 (1943).

11 Nicht nur die Postulate sondern auch einige Details ihrer Verwendung innerhalb des Arguments sind falsch. Eine kurze Diskussion dieses konkreten Gebrauchs, den Kepler von der Physik der Astronomie macht, findet sich bei Max Caspar, *Johannes Kepler. Neue Astronomie* (Oldenburg, München und Berlin 1929), S. 3*–66*.

12 Gilileo Galilei, *Dialog über die beiden hauptsächlichsten Weltsysteme, das ptolemäische und das kopernikanische*, hrsg. von Roman Sexl und Karl v. Meyenn (Teubner, Stuttgart 1982)

13 Isaac Newton, *Mathematische Prinzipien der Naturlehre*, hrsg. von J.Ph. Wolfers (Wissenschaftliche Buchgesellschaft, Darmstadt 1963), S. 377. In Buch 3 bemerkt Newton bezüglich der Tatsache, daß das dritte Gesetz für die Jupitermonde gilt: „Dies ergibt sich aus den astronomischen Beobachtungen." (S. 381). Erst einige Seiten weiter (S. 384) schreibt er dann: „Dieses von Kepler gefundene [3/2-] Verhältnis ist bei allen außer Zweifel." Newtons Dankesschuld an Kepler geht am besten aus seinem Brief an Halley vom 14. Juli 1686 hervor: „Die doppelte Proportion [das $1/r^2$ Gesetz der Gravitation] lernte ich aus Keplers Theorem vor ungefähr zwanzig Jahren."

14 Brief an Johann Brengger vom 4. Oktober 1607. Dieses Bild eines Mannes, der die vorwiegend aristotelische Tradition verlassen möchte, ist vielleicht genauso bezeichnend wie das übliche, das Kepler als Kopernikaner in einer ptolemäischen Welt zeigt. Auch Keplers Einwand war nicht wirklich polemäisch. Denn nach Keplers eigener Meinung in den *Harmonice Mundi*, Buch 3 stimmen alle Astronomen darin überein, daß „ alle Planeten die Sonne umkreisen". Nicht das kopernikanische System, sondern das Tychonische ist damit gemeint, in dem die Erde fest ist und die bewegte Sonne als Zentrum der Bewegung der anderen Planeten dient.

15 *Ref. 13*, S. 2.

16 Zitiert in Kepler, *Weltharmonik*, hrsg. von Max Caspar (Oldenbourg, München und Berlin 1939), S. 55*

17 Siehe z.B. Edwin Arthur Burtt, *The Metaphysical Foundations of Modern Science* (Routledge & Kegan Paul, London 1924 und 1932), S. 47 ff.

18 Eine neuere Analyse neu-platonischer Lehren, die bedauerlicherweise auf Kepler nicht eingeht, findet sich bei Max Jammer, *Das Problem des Raumes* (Wiss. Buchgesellschaft, Darmstadt 1960). Die Beziehung zwischen Neu-Platonismus und Kepler wird von Thomas S. Kuhn, *Die kopernikanische Revolution* (Vieweg, Braunschweig 1981) diskutiert.

19 Wolfgang Pauli, *Der Einfluß archetypischer Vorstellungen auf die Bildung naturwissenschaftlicher Theorien bei Kepler, in Naturerklärung und Psyche* (Rascher-Verlag, Zürich 1952), S. 129.

20 Hedwig Zaiser, *Kepler als Philosoph* (Suhrkamp, Stuttgart 1932), S. 47.

21 Brief an Mästlin vom 19. Apirl 1597 (Hervorhebungen von G.H.) Die „numerologische" Komponente moderner physikalischer Theorien hat hier ihre Wurzeln.

22 *Harmonice Mundi*, Buch 3.

23 Brief an Herwart vom 9./10. April 1599. Galilei ist auf dieses Prinzip auch später zurückgekommen: „Daß die Pythagoreer die Zahlentheorie hochschätzten und Plato selbst das menschliche Verständnis und Denken in seinem Teilhaben an der Gottheit bewunderte, da es die Naturen der Zahlen verstand, weiß ich sehr wohl und ich teile diese Meinung auch fast." Siehe *de Santillana*, op. cit., S. 14. Descartes Bemerkung: „Man kann die mathematische Naturordnung für „Gott" setzen, wo immer ich auch den letzteren Ausdruck verwende," stammt aus der gleichen Quelle.

24 Eine Diskussion von Keplers mathematischer Erkenntnistheorie und ihrer Beziehung zum Neu-Platonismus findet sich bei Max Steck, *Über das Wesen des Mathematischen und die mathematische Erkenntnis bei Kepler, die Gestalt* (Max Niemeyer, Halle 1941), Band V. Diese nützlichen Materialien sind teilweise unter nazionalsozialistischen Doktrinen verborgen. Eine andere interessante Quelle ist Andreas Speiser, *Mathematische Denkweise* (Birkhäuser, Basel 1945).

25 Brief an Mästlin vom 3. Oktober 1595.

26 Brief an Herwart vom 16. Dezember 1598.

27 Brief an Herwart vom 28. März 1605. Dieser Brief enthält auch die Antwort auf die Frage, wie Kepler den Konflikt zwischen der Autorität der Bibel und der Autorität wissenschaftlicher Resultate bewältigte: „Damit will ich daher anfangen. Ich halte dafür, daß wir auf die Absicht der vom Geiste Gottes inspirierten Menschen schauen müssen. Diese gingen nirgends darauf aus, die Menschen in den natürlichen Dingen zu belehren, außer im ersten Kapitel der Genesis, über den übernatürlichen Ursprung der Dinge." Diese Ansicht, die später Galilei zugeschrieben wurde, ist in Keplers Einleitung zur *Astronomia Nova* weiterentwickelt.

28 Brief an Baron Strahlendorf vom 23. Oktober 1613.

III Die Ursprünge der speziellen Relativitätstheorie

1 Kontinuität oder Revolution?

Einsteins Arbeiten zur Relativitätstheorie weisen sowohl außergewöhnliche wie auch typische Züge auf. Der Aufstieg der Relativitätstheorie hat viele Aspekte mit dem Aufstieg anderer wissenschaftlicher Theorien unserer Zeit gemeinsam. Doch ist er zugleich viel mehr: Um ein anderes Werk zu finden, das in so reichhaltiger Weise die Beziehung zwischen Physik, Mathematik und Erkenntnistheorie illustriert, oder auch die Relationen zwischen Theorie und Experiment oder um eine Untersuchung mit dem gleichen Umfang an wissenschaftlichen, philosophischen und allgemeinen intellektuellen Folgerungen, müßte man bis auf Newtons *Principia* zurückgehen. Die Theorie der Relativität nimmt eine Schlüsselstelle, sowohl in der Wissenschaft, als auch in der Wissenschaftstheorie ein. Der Grund für ihre doppelte Bedeutung ist, daß Einsteins Werk nicht nur ein neues Prinzip der Physik lieferte, sondern, wie dies A. N. Whitehead sagte, „Ein Prinzip, eine Vorgangsweise und eine Erklärung." Entsprechend können die Kommentare über die historischen Ursprünge der Relativitätstheorie im allgemeinen in zwei Klassen eingeteilt werden, die jeweils hervorragende Proponenten aufweisen: die eine sieht die Relativitätstheorie als Mutante, als diskontinuierliche Veränderung in bezug auf die Arbeiten der unmittelbaren Vorgänger Einsteins; die andere sieht in ihr eine Ausarbeitung der damals aktuellen Forschungen vor allem von H. A. Lorentz und H. Poincaré.

Wir werden sehen, wie Einsteins Innovationen am besten durch eine Überlagerung beider Gesichtspunkte erklärt werden können. Sie bilden eine Diskontinuität der methodologischen Orientierung innerhalb einer historisch kontinuierlichen wissenschaftlichen Entwicklung. Einstein hat den Aspekt der Kontinuität oft betont, wie beispielsweise in einem Brief an Carl Seelig vom 11. März 1952: „Zwischen der Konzeption der Idee der Speziellen Relativitätstheorie und der Beendigung der betreffenden Publikation sind fünf oder sechs Wochen vergangen. Es würde aber kaum berechtigt sein, dies als Geburtstag zu bezeichnen, nachdem doch vorher die Argumente und Bausteine jahrelang vorbereitet worden waren, allerdings ohne die endgültige Entscheidung vorher zu bringen."[1]

Eine der Aufgaben dieses Aufsatzes wird es sein, die entscheidenden Vorgänge in diesen Jahren zu rekonstruieren und zu untersuchen was – oder wer – diese „endgültige Entscheidung" herbeiführte. Wie groß oder wie klein war der Einfluß der Arbeiten früherer Physiker? Gibt es einen starken Einfluß, der bisher übersehen worden ist? Welche Quellen sollte man für eine Analyse der Ursprünge der speziellen Relativitätstheorie (RT) heranziehen? In welchem Zustand war die Wissenschaft um 1905, welche Beiträge bereiteten die Grundlagen für die RT, und was wußte Einstein darüber? Inwieweit bauten seine Arbeiten bewußt auf Lorentz und Poincaré auf? Welche Resonanz fand die RT anfänglich unter den Wissenschaftlern? Was können wir über den Stil von Einsteins Arbeiten sagen? Gibt es überhaupt irgendwelche Aspekte, in denen der Inhalt der RT typisch für andere bedeutende wissenschaftliche Theorien ist? Welche methodologischen Prinzipien für die Wissenschaftsgeschichte könnten sich aus dieser Untersuchung ergeben?

Kontinuität in Einsteins Arbeit

Untersucht man Einsteins frühere Arbeiten zur RT und seine diesbezügliche Korrespondenz im Zusammenhang seiner anderen wissenschaftlichen Arbeiten, speziell derjenigen über die Quantentheorie des Lichts und der Brownschen Bewegung, die auch 1905 geschrieben und veröffentlicht wurden, so fallen zwei wesentliche Punkte auf: Während die drei epochalen Arbeiten von 1905, die den *Annalen der Physik* innerhalb von weniger als acht Wochen zugingen, sich scheinbar mit völlig verschiedenen Themen beschäftigen, zeigt ein näheres Studium,[2] daß sie tatsächlich alle aus dem gleichen allgemeinen Problem hervorgingen, nämlich den Fluktuationen des Strahlungsdrucks. Im Jahre 1905 wußte Einstein bereits – wie er später an von Laue[3] schrieb –, daß die Maxwellsche Theorie zu falschen Vorhersagen für die Bewegung eines kleinen Spiegels führt, der in einem „Planckschen Strahlungshohlraum" frei drehbar aufgehängt ist. Diese Tatsache verbindet die Überlegungen zur Brownschen Bewegung mit denjenigen über die Quantenstruktur der Strahlung, aber auch mit den allgemeineren Überlegungen Einsteins zu den „elektromagnetischen Grundlagen der Physik".[4]

Es zeigt sich, daß auch der Stil der drei Arbeiten im wesentlichen übereinstimmt und die typischen Züge von Einsteins damaligen Untersuchungen erkennen läßt. Jede Arbeit beginnt mit der Feststellung formaler Asymmetrien oder anderer Unzukömmlichkeiten, die vorwiegend ästhetischer Natur sind (und nicht etwa unerklärte experimentelle Tatsachen). Dann wird ein Prinzip vorgeschlagen – vorzüglich eines, das so allgemein wie der zweite Hauptsatz der Thermodynamik ist, den Einstein wiederholt als Analogon heranzieht –, aus dem die Beseitigung der Asymmetrie folgt und das zu weiteren experimentell überprüfbaren Vorhersagen führt.

Einsteins erste Arbeit über die Quantentheorie des Lichts beginnt in typischer Art: „Zwischen den theoretischen Vorstellungen, welche sich die Physiker über die Gase und andere ponderable Körper gebildet haben, und der Maxwellschen Theorie der elektromagnetischen Prozesse im sogenannten leeren Raume besteht ein tiefgreifender formaler Unterschied."[5] Ausgangspunkt der Arbeit ist also ein formaler Unterschied zwischen der theoretischen Darstellung zweier Gebiete der Physik, die sich nach Meinung der meisten Physiker so grundlegend unterschieden, daß ein derartiger Vergleich gar nicht nahegelegen hätte, so daß sich ihnen auch keine Diskrepanz aufdrängte. Die von Einstein aufgezeigte Diskrepanz besteht zwischen dem diskontinuierlichen oder diskreten Charakter der Teilchen und ihrer Energie einerseits und der kontinuierlichen Natur elektromagnetischer Felder und der mit ihnen beispielsweise in einer expandierenden Wellenfront verknüpften Energie andererseits. Die Diskussion des photoelektrischen Effekts, die besonders berühmt wurde, erfolgt erst am Ende der Arbeit und nimmt wenig mehr als zwei der insgesamt 16 Seiten ein. Die Möglichkeit einer experimentellen Überprüfung dieser Ansichten wird in einem einzigen Satz angegeben, der von typisch Einsteinscher Kürze ist: „Ist die abgeleitete Formel richtig, so muß II [das Stop-Potential], als Funktion der Frequenz des erregenden Lichtes in kartesischen Koordinaten dargestellt, eine Gerade sein, deren Neigung von der Natur der untersuchten Substanz unabhängig ist."

In der zweiten Arbeit des Jahres 1905[6] zeigt Einstein im zweiten Paragraphen, daß der Anwendungsbereich der klassischen Thermodynamik sogar bei makroskopischem beobachtbaren Volumen beschränkt sein könnte. Er schließt mit einem Ausdruck, der die Avogadrozahl als Funktion beobachtbarer Eigenschaften der Teilchenbewegung enthält und mit der Aufforderung: „Möge es bald einem Forscher gelingen, die hier aufgeworfene, für die Theorie der Wärme wichtige Frage zu entscheiden!" Charakteristischerweise berichtete Einstein dann im folgenden Jahr[7], daß er erst nach der Veröffentlichung dieser Arbeit auf die 1888 erfolgte Entdeckung der Brownschen Bewegung hingewiesen worden war, die auf Effekte führt, deren Existenz er als notwendige Konsequenzen der molekular-kinetischen Theorien hergeleitet hatte. Auch in „*Autobiographisches*" berichtet er, daß er die Arbeit des Jahres 1905 schrieb, „ohne zu wissen, daß Beobachtungen über die ‚Brownsche Bewegung' schon lange bekannt waren".[8]

Die dritte Arbeit des Jahres 1905[9] ist bekanntlich Einsteins erste Untersuchung zur Relativitätstheorie. Er beginnt wieder mit der Hervorhebung einer formalen Asymmetrie, nämlich der Beschreibung von Strömen, die durch die Relativbewegung zwischen Magneten und Leitern hervorgerufen werden. Die Arbeit zitiert nicht namentlich irgendwelche der wohlbekannten experimentellen Schwierigkeiten – und die Experimente von Michelson und von Michelson-Morley werden nicht einmal erwähnt – wenn sich Gelegenheit ergibt, sie aus der Relativitätstheorie zu erklären. Am Ende führt Einstein wieder kurz einige spezielle Vorhersagen möglicher Experimente an und beschreibt die Gleichung „nach der sich das Elektron in Übereinstimmung mit der hier dargestellten Theorie bewegen muß."[10]

Revolution als Rückkehr zur klassischen Reinheit

Das Studium der drei Arbeiten in ihrer Gesamtheit zeigt das Ausmaß, in dem die Einsteinsche Relativitätstheorie versucht, Probleme durch geeignete grundlegende Hypothesen oder *Postulate* zu lösen, und sich dabei auf die kleinste Anzahl möglichst allgemeiner Hypothesen zu beschränken – ein Ziel, das Einstein wiederholt formulierte.[11] In der Arbeit des Jahres 1905 zur Relativitätstheorie macht er außer den beiden zu „Postulaten" erklärten „Vermutungen" (Relativitätsprinzip und Prinzip der Konstanz der Lichtgeschwindigkeit) nur vier weitere Annahmen: eine davon ist die Isotropie und Homogenität des Raumes, die anderen betreffen drei logische Eigenschaften der Definition der Uhrensynchronisierung. Im Gegensatz dazu enthält H. A. Lorentz große Arbeit[12], die ein Jahr vor Einsteins Veröffentlichung erschien und typisch für die besten physikalischen Untersuchungen ihrer Zeit ist, nicht weniger als elf *Ad-hoc*-Hypothesen, obwohl Lorentz erklärte, daß er seine Untersuchungen auf „fundamentale Annahmen" und nicht auf „spezielle Hypothesen" aufbauen wolle. Diese *Ad-hoc*-Hypothesen sind die Beschränkung auf Geschwindigkeiten v, die wesentlich kleiner als die Lichtgeschwindigkeit c sind; *A-priori*-Festlegung der Transformationsgleichungen (also keine Herleitung aus anderen Postulaten); die Annahme eines stationären Äthers; die Annahme eines runden ruhenden Elektrons; die Annahme gleichförmiger Ladungsverteilungen; die Annahme einer rein elektromagnetischen Masse; die Annahme der Veränderung einer Dimension des bewegten Elektrons genau um den Faktor $(1-v^2/c^2)^{1/2}$; ferner wird die Übereinstimmung des Transformationsverhaltens der Kraft zwischen ungeladenen Teilchen und auch zwischen geladenen und ungeladenen Teilchen mit dem Transformationsverhalten elektrostatischer Kräfte gefordert; auch sollen alle Ladungen im Atom in einer bestimmten Anzahl getrennter „Elektronen" zu finden sein, wobei jedes dieser Elektronen nur mit anderen Elektronen im selben Atom in Wechselwirkung steht; und schließlich sollen sich bewegte Atome insgesamt genauso deformieren wie Elektronen. Deshalb stellte Einstein auch später fest, daß die Relativitätstheorie „aus der Elektrodynamik herausgewachsen ist als verblüffend einfache Zusammenfassung und Verallgemeinerung der früher voneinander unabhängigen Hypothesen, auf welchen die Elektrodynamik aufgebaut war".[13]

Dem Kenner der Entwicklung wissenschaftlicher Theorien offenbart sich hier ein bekanntes Thema: *Die sogenannte „Revolution", die Einstein nach landläufiger Meinung in der Physik des Jahres 1905 hervorrief, erweist sich im Grunde als Versuch, zu klassischer Reinheit zurückzukehren.* Diese Erkenntnis ist nicht nur ein Schlüssel einer neuen Bewertung von Einsteins Beitrag, sondern auch eine ziemlich allgemeine Charakteristik großer wissenschaftlicher „Revolutionen“. Während üblicherweise betont wird, wie sehr Einstein die Physik Newtons in grundlegender Weise herausforderte, wird üblicherweise die gleichermaßen korrekte Ansicht vernachlässigt, wonach es darin eine Anzahl von methodischen Übereinstimmungen mit früheren Klassikern gibt, wie beispielsweise den *Principia*.

Wir werden uns hier mit einer Aufzählung einiger wesentlicher Parallelen zwischen den beiden Werken begnügen: Am Anfang werden allgemeine Prinzipien postuliert, die nicht direkt aus dem Experiment folgen; die Darstellung beschränkt sich auf wenige grundlegende Hypothesen[14] ; erkenntnistheoretischen Regeln wird eine in der Wissenschaft ungewöhnliche Aufmerksamkeit geschenkt; beide Autoren sind philosophische Eklektiker; beide Werke sehen von der Benutzung mechanischer Modelle in einer Wissenschaft ab, die bis dahin durch derartige Modelle dominiert war[15] ; nur wenige spezifische experimentelle Vorhersagen werden gemacht; in beiden Fällen besteht der wesentlichste Einfluß der Untersuchung in der Darstellung eines neuen Gesichtspunktes.

Darüber hinaus ist aber auch die grundlegende Problematik beider Arbeiten gleich: nämlich die Natur von Raum und Zeit und die daraus folgenden Konsequenzen für die Physik. Es stimmen also die grundlegenden Haltungen in beiden Fällen weit mehr überein, als es zunächst den Anschein hat. Daß Newtons absoluter Raum und absolute Zeit keine sinnvollen Konzepte im Sinne einer operationellen Definition von Laborexperimenten waren, wurde natürlich nicht erst von Mach entdeckt, sondern von Newton bereitwillig zugegeben. Auch Einstein betonte bei seiner Ersetzung des absoluten Raumes und der absoluten Zeit Newtons durch ein unendliches Ensemble starrer Meterstäbe und idealer Uhren, daß er keine operationellen Definitionen für Laborexperimente geben wollte. Er selbst stellte fest, daß diese Ensembles bis zu einem bestimmten Grad „nicht einmal mit beliebiger Näherung“ realisiert werden können, auch könne die grundlegende Rolle des gesamten Begriffsystems sowohl aus faktischen, als auch aus logischen Gründen „mit gewissem Recht angegriffen werden.“[16] In einer Art endgültiger Säkularisierung der Physik verlegte die Relativitätstheorie daher lediglich den Ursprung der Raum-Zeit aus dem Sensorium von Newtons Gott in das Sensorium von Einsteins abstrakten Gedanken–Experimentator. Wir werden auf diesen Punkt noch zurückkommen.[17]

Whittakers Darstellung der Ursprünge von Einsteins Theorie

Nicht alle Forscher stimmen mit dieser Ansicht über Einsteins Originalität innerhalb einer alten Tradition überein. Als konkrete Illustration kann dabei ein aktueller Streitpunkt dienen: Inwieweit wurden Einsteins Ideen durch Arbeiten vorweggenommen, die zeitgenössische Physiker veröffentlicht hatten, inwieweit bauten sie sogar auf derartige Arbeiten auf? Von speziellem Interesse in dieser Beziehung ist ein Aufsatz, der 1955 von Sir Edmund Whittaker veröffentlicht wurde.[18] Whittakers Interesse an der Physik des 19. Jahrhunderts und der Äthertheorie ging bereits aus seinem früheren Buch „*A History of the Theories of Aether and Electricity*"[19] und seinen ausgezeichneten Beiträgen zur klassischen Mechanik hervor. Darüber hinaus hat Whittaker im zweiten Band seiner „*History*", der 1953 erschien und die Geschichte des Äthers bis 1926 verfolgte, Einsteins Relativitätsarbeit des Jahres 1905 weitgehend abqualifiziert, indem er schrieb, daß sie „die Relativitätstheorie von Poincaré und Lorentz mit einigen Erweiterungen darstellte und viel Aufsehen hervorrief".[20]

Diese Darstellung rief beträchtliche Kritik hervor, die – wie wir heute wissen – Whittaker zum Teil noch erreichte, während sein Buch noch als Manuskript vorlag, und zum Teil während seiner Arbeit an der Biographie Einsteins nach dessen Tod im Jahre 1955. Es ist deshalb bemerkenswert, daß Whittaker in seinem Nekrolog des Jahres 1955 seine frühere Bewertung nicht veränderte. Beispielsweise wiederholte er, daß Poincaré in einer Rede in St. Louis im September 1904[21] den Ausdruck „Relativitätsprinzip" geschaffen hatte. Whittaker fragt dann, welche Reformulierung der Physik im Einklang mit „Poincarés Relativitätsprinzip" erforderlich gewesen wäre und berichtet, daß bezüglich der Gesetze des Elektromagnetismus diese „Entdeckung 1903 von Lorentz gemacht wurde", wobei er eine Arbeit Lorentz' aus den *Proceedings of the Amsterdam Academy of Sciences* aus dem Jahre 1903 zitiert.[22] Whittaker zeigt, daß „die Grundgleichungen des Äthers im leeren Raum" invariant unter geeignet gewählten (das heißt Lorentz-) Transformationen sind und schließt mit dem bemerkenswerten Satz: „Einstein machte [in der Relativitätsarbeit des Jahres 1905] Poincaré's Relativitätsprinzip (unter Benutzung von Poincarés Namen) zu einer neuen Grundlage der Physik und zeigte, daß die Gruppe der Lorentz-Transformationen einen neuartigen Zusammenhang zwischen den physikalischen Eigenschaften von Körpern herstellt, die sich relativ zueinander bewegen."[23]

Eine nähere Überprüfung von Whittakers Analyse erweist sich als Schulbeispiel für den Einfluß der Vorgeschichte und Vorurteile eines Gelehrten. Kurz zusammengefaßt ergibt sich folgendes:

(1) Einsteins Relativitätsarbeit des Jahres 1905 war tatsächlich einer von zahlreichen Beiträgen vieler verschiedener Autoren zu dem allgemeinen Gebiet der Elektrodynamik bewegter Körper. Allein in den *Annalen der Physik* finden sich in den Jahren 1902 – 1905 acht Arbeiten, die sich mit diesem allgemeinen Problem auseinandersetzen. Wie wir bereits bemerkt haben, bestand Einstein stets auf der kontinuierlichen Verknüpfung seiner Arbeit mit derjenigen seiner Vorgänger. Den frühesten Anhaltspunkt dafür enthält ein Brief, in dem er im Frühling des Jahres 1905 seinem Freund Conrad Habicht

über verschiedene Untersuchungen berichtete. Ein Satz beschreibt die Entwicklung der Relativitätsarbeit: ,,Die vierte Arbeit liegt im Konzept vor und ist eine Elektrodynamik bewegter Körper unter Benützung einer Modifikation der Lehre von Raum und Zeit; der rein kinematische Teil dieser Arbeit wird Sie sicher interessieren."[24] Seelig zitiert auch eine spätere Bemerkung Einsteins, die in einem Satz seine oft wiederholte Haltung darstellt: ,,Bei der Relativitätstheorie handelt es sich keineswegs um einen revolutionären Akt, sondern um eine natürliche Fortentwicklung einer durch Jahrhunderte verfolgbaren Linie."[25] Im allgemeinen lehnte Einstein alle Bemerkungen über Revolutionen in der modernen Naturwissenschaft ab. Wie er einmal knapp bemerkte, könnte dadurch der Eindruck entstehen, daß die Wissenschaft durch Taten voranschreitet, die ,,Staatsstreichen in kleinen, unstabilen Republiken gleichen".[26]

Meint man andererseits mit Whittaker, daß Einsteins Relativitätsarbeit ,,viel Aufsehen hervorrief", so ist dies nur korrekt, wenn man von den ersten Jahren nach ihrer Veröffentlichung absieht. In dieser ersten Periode waren charakteristische Reaktionen entweder völliges Schweigen oder sie entsprachen der Bemerkung, die sich in der allerersten Arbeit in den *Annalen der Physik* findet, die Einsteins Untersuchungen über Relativitätstheorie überhaupt erwähnt: Es wird behauptet, daß die Einsteinsche Theorie durch Experimente widerlegt sei. Wir werden auf diese wichtige historische Tatsache noch eingehen.

(2) Die von Whittaker zitierte Abhandlung Poincarés aus dem Jahre 1904 schlägt bei näherer Betrachtung nicht etwa ein neues Relativitätsprinzip vor, sondern ist vielmehr eine sehr scharfsinnige und tiefschürfende, aber qualitative Zusammenfassung der Schwierigkeiten, welche die zeitgenössische Physik für sechs klassische Gesetze oder Prinzipe mit sich brachte. Darunter findet sich auch das Galilei-Newtonsche Relativitätsprinzip. Poincaré stellt folgende Liste auf: Der Energiesatz; der zweite Hauptsatz der Wärmelehre; das dritte Newtonsche Axiom; ,,Das Relativitätsprinzip, wonach die Gesetze der Physik die gleichen sein sollten, unabhängig davon ob ein Beobachter ruht oder sich gleichförmig bewegt ..."; die Erhaltung der Masse und das Prinzip der kleinsten Wirkung.[27] Bezüglich des Relativitätsprinzips beklagt Poincaré, daß es durch die Entwicklung der elektromagnetischen Theorie ,,angeschlagen sei", obgleich es, wie er feststellt, ,,durch die alltägliche Erfahrung bestätigt wird" und sich ,,mit gesundem Menschenverstand in unwiderstehlicher Weise aufdrängt." Poincarés Hauptziel ist es, die Notwendigkeit einer neuen Entwicklung zu erweisen, deren Umrisse er folgendermaßen skizziert: ,,Vielleicht sollten wir überhaupt eine völlig neue Mechanik konstruieren, von der wir bisher nur erste Anhaltspunkte haben und in der die Trägheit mit der Geschwindigkeit zunimmt und die Lichtgeschwindigkeit eine unüberschreitbare Grenze darstellt."[28] Poincarés ausgeprägte Intuition wird hier ebenso deutlich wie seine qualitative Argumentationsweise.

(3) Schwieriger ist es hingegen, Lorentz' Arbeit aus dem Jahre 1903 zu diskutieren, die Whittaker sowohl in seinem Buch als auch in seinem Memoir als diejenige Untersuchung hervorhebt, welche die meisten grundlegenden Details der Einsteinschen Relativitätstheorie vorwegnahm. Erstens existiert diese Arbeit nicht. Worauf sich Whittaker aber offensichtlich bezieht, ist eine Arbeit, die Lorentz 1904, also ein Jahr später, veröffentlichte. Da Whittaker üblicherweise sehr sorgfältig mit den von ihm zahlreich verwendeten Zitaten umging, bedeutet seine fehlerhafte Angabe, die das Zeitintervall zwischen den Untersuchungen von Lorentz und Einstein verdoppelt, vielleicht nicht nur einen Fehler. Sie ist zumindest ein symbolischer Fehler – symbolisch für die Art, in der die Vorurteile eines Biographen sein Material beeinflussen können.

(4) Whittaker meinte offensichtlich, daß Einstein die von Lorentz 1904 veröffentlichten Transformationsgleichungen verwendete. Er verzichtete deshalb auf zwei wesentliche Hinweise. Erstens hat Einstein selbst wiederholt betont, daß er Lorentz' Arbeit des Jahres 1904 nicht gelesen hatte (z. B. „Was mich betrifft, so kannte ich nur Lorentz' bedeutendes Werk von 1895 – „*La théorie électromagnétique de Maxwell*" und „*Versuch einer Theorie der elektrischen und optischen Erscheinungen in bewegten Körpern*" – aber nicht Lorentz' spätere Arbeiten, und auch nicht die daran anschließende Untersuchung von Poincaré. In diesem Sinne war meine Arbeit von 1905 selbständig."[29] Dem stimmten auch Einsteins Zeitgenossen, wie beispielsweise Sommerfeld zu und auch Lorentz[30] selbst. Dabei muß man sich auch vor Augen halten, wie schwierig es für einen fast unbekannten Beamten des Patentamtes in Bern gewesen wäre, Zugang zu den *Proceedings of the Amsterdam Academy* zu haben, in denen Lorentz seine Abhandlung des Jahres 1904 veröffentlicht hatte. Im Rijksarchief in Den Haag fand ich einen Brief von Laues; von Laue schrieb am 30. November 1905 erstmals an Lorentz. In diesem Brief klagt er als Assistent von Max Planck am Berliner Institut für Theoretische Physik: „Da die *Berichte der Akademie zu Amsterdam* hier schwieriger zu erhalten sind als andere Zeitschriften – es gibt sie nur in der königlichen Bibliothek und sie verleiht neuere Zeitschriften nur für einen Tag – nehme ich mir die Freiheit, Sie um die Übersendung eines Abdrucks Ihrer Veröffentlichung ‚*Electromagnetic Phenomena in a System Moving with Any Velocity Smaller Than That of Light*' zu ersuchen..."[31]

(5) Selbst wenn man sich nicht auf die Worte Einsteins und seiner physikalischen Zeitgenossen verlassen möchte, gibt es noch vier weitere Hinweise in Einsteins Arbeit zur Relativitätstheorie, die andeuten, daß er die Lorentzsche Abhandlung nicht gelesen hatte. Einstein schreibt die Transformationsgleichungen in einer zu Lorentz äquivalenten Form (die auch Voigt bereits 1887 angegeben hatte). Während aber Lorentz diese Gleichungen *a priori* angenommen hatte, um die Kovarianz der Maxwellschen Gleichungen im Vakuum zu zeigen, leitete Einstein diese Gleichungen aus den beiden Grundpostulaten der Relativitätstheorie her. Er brauchte daher nicht von der Lorentzschen Arbeit auszugehen.[32]

Zweitens zeigen Einsteins andere Hauptarbeiten des Jahres 1905, daß er in Anmerkungen durchaus die von ihm verwendeten Arbeiten anderer zitierte. Das Fehlen eines Zitats von Lorentz' Arbeit des Jahres 1904 ist deshalb ein weiterer, ernst zu nehmender Hinweis. Dies um so mehr, als Einstein im Haupttext derselben Arbeit Lorentz zweimal namentlich zitiert, und zwar bezüglich der Form, die Lorentz der elektromagnetischen Theorie in seiner früheren Arbeit, nämlich dem Buch des Jahres 1895 gegeben hatte.[33] Anzumerken ist vielleicht auch, daß die Annahme anmaßend wäre, ein junger Mann mit Einsteins Temperament und überkorrekter Ehrlichkeit, der – wie seine späteren Briefe zeigen – Lorentz tief verehrte, wichtige neue Ergebnisse des bedeutendsten Theoretischen Physikers auf seinem Arbeitsgebiet ohne entsprechende Literaturangabe verwendet haben sollte.[34]

Ferner weist Einstein im zweiten Paragraphen seiner Arbeit darauf hin, daß die „Gesetze der Elektrodynamik und Optik" sich „in allen Bezugssystemen als gültig erwiesen haben, in denen die Gleichungen der Mechanik gelten" wenn man sich auf Größen erster Ordnung in v/c beschränkt. Einer der Hauptpunkte von Lorentz' Untersuchung des Jahres 1904 war aber die Behauptung, diese Theorie auf die zweite Ordnung in v/c erstreckt zu haben. Ein vierter und letzter Hinweis, der aus Einsteins eigener Arbeit stammt, ist seine Wahl der Konventionen in den Ausdrücken für Kraft und Masse bei der Behandlung der Dynamik geladener Teilchen. Die von ihm gewählte Konvention[35] erweist sich weniger zweckmäßig als die von Lorentz vorgeschlagene, wie Planck im Jahre 1906 feststellen mußte.

(6) Ganz abgesehen von der Frage, ob Einsteins Relativitätsarbeit unabhängig von der Lorentzschen geschrieben wurde, ist es mindestens ebenso wesentlich, daß in einer kritischen Beziehung die Lorentzsche Arbeit nicht die Relativitätstheorie in dem Sinn darstellt, in dem wir diese Theorie seit Einstein verstehen. Lorentz grundlegende Annahmen sind nichtrelativistisch. Auch Max Born stellt fest, daß „Lorentz niemals beanspruchte, der Autor des Relativitätsprinzips zu sein"[36] und dieses in seinen Vorlesungen des Jahres 1910 sogar ausdrücklich als „Einsteins Relativitätsprinzip" bezeichnete. In Lorentz Aufsatz *„The Principle of Relativity of Uniform Translation"*, der Jahre 1922[37] (also sechs Jahre vor Lorentz' Tod) erschien, forderte er noch immer, daß der Raum eine „gewisse Substantialität aufweist. Man kann dann auch in aller Bescheidenheit die wahre Zeit als diejenige Zeit betrachten, die von Uhren angegeben wird, die in diesem Medium ruhen und die Gleichzeitigkeit daher als primäres Konzept betrachten." In seiner Arbeit des Jahres 1904 hat er auch das nichtrelativistische Additionstheorem für Geschwindigkeiten, $v = V + u$, postuliert und sogar in seinem Buch des Jahres 1922 betrachtet er die Lichtgeschwindigkeit nicht als die notwendigerweise höchst erreichbare Geschwindigkeit materieller Körper.

(7) Letztlich gibt es noch einen weiteren wichtigen Unterschied zwischen Lorentz' Leistungen und ihrer Darstellung durch Whittaker. Genau be-

trachtet gilt die Lorentzsche Theorie des Jahres 1904 nur für kleine Werte von v/c, da die Konstante l, die in diesem Bereich näherungsweise gleich 1 sein soll, in erster Ordnung in die Transformationsgleichungen für x und t eingeht. Auch sind die Maxwellschen Gleichungen bei nichtverschwindender Ladungsdichte in der Lorentzschen Behandlung nicht einmal bei kleinen Geschwindigkeiten vollständig kovariant, da im gestrichenen (bewegten) System ein Term im Ausdruck für div D′ verbleibt, nämlich $\mathrm{div}\, D' = [1 - (vu'_x/c^2)]\rho'$, der sich von dem entsprechenden Ausdruck $\mathrm{div}\, D = \rho$ im ruhenden System unterscheidet.[38] Wir haben ja bereits auf die große Anzahl von *Ad-hoc*-Hypothesen hingewiesen, die Lorentz einführen mußte, wodurch seine Theorie elektromagnetischer Phänomene der Allgemeinheit mangelte, die für grundlegende Begriffsbildungen typisch ist.

Versucht man, die Unterschiede zwischen der Lorentzschen und der Einsteinschen Relativitätsphysik kurz zusammenzufassen, so erscheint Lorentz dabei als tapferer und außergewöhnlicher Kapitän, der ein angeschlagenes Schiff gegen übermächtige experimentelle Strömungen zu behaupten sucht, während Einsteins Arbeit sich weigert, diese Strömung direkt zu bekämpfen – und lieber das Transportmittel wechselt.

Am Ende dieses Abschnitts möchte ich zu meiner anfänglichen Bemerkung zurückkehren: Die detaillierte Untersuchung historischer Situationen ist für mich ein wesentlicher erster Schritt für alle Diskussionen, die erkenntnistheoretische Überlegungen auf „Realsituationen" aufzubauen suchen. Dieser Schritt ist nicht immer leicht, aber die unparteiische Untersuchung historisch wichtiger Fälle ist die beste Methode, sich der Vorurteile bewußt zu werden, die allen intellektuellen Anstrengungen zugrunde liegen.

Das letzte Wort gebührt aber Einstein selbst: Im Jahre 1953, gerade als Whittaker den zweiten Band seiner *History of the Theories of Aether and Electricity* schrieb, sah Einsteins alter Freund Max Born in Edinburgh Whittakers Manuskript. Da er die Entwicklung der Relativitätstheorie praktisch von Anbeginn an kannte, war Born über diese irreführende Darstellung erstaunt und sogar etwas erbost. Erbittert schrieb er an Einstein, daß Whittaker darauf bestand, diese Version trotz der von Born bereitgestellten Gegenbeweise (einschließlich Übersetzungen einiger wichtiger deutscher Originalartikel, die er für Whittaker vorbereitet hatte) zu veröffentlichen. Obwohl Einstein wahrscheinlich etwas verletzt war, beruhigte er Born in einem Brief vom 12. Oktober 1953 dennoch: „Mach Dir keine Gedanken wegen des Buches Deines Freundes. Jeder verhält sich, wie es ihm richtig erscheint oder – deterministisch ausgedrückt – wie er muß. Wenn er andere überzeugt, so ist es ihre Sache. Ich selber habe jedenfalls bei meinen Bemühungen Befriedigung gefunden, aber ich halte es nicht für ein verständiges Geschäft, meine paar Ergebnisse als ‚Eigentum' zu verteidigen wie ein alter Geizhals die paar Kröten, die er mühsam zusammengerackert hat. Ich nehme ihm nichts übel.... Ich brauche ja das Ding gar nicht zu lesen."[39]

2 Poincarés Schweigen

Wir müssen nun noch etwas näher auf Henri Poincaré eingehen. Warum hat er die Relativitätstheorie, wie wir sie heute kennen, nicht formuliert? Warum war er Einsteins Formulierung gegenüber so wenig aufgeschlossen? Vom technischen Standpunkt her gesehen war Poincaré wahrscheinlich überhaupt am besten in der Lage, Einsteins Arbeiten zu verstehen und zu schätzen. Dennoch äußerte er sich bis zu seinem Lebensende im Jahre 1912 über die Einsteinsche Relativitätstheorie niemals im Druck (und zu seiner Quantentheorie des Lichts nur einmal, kurz und etwas abschätzig). Dieses frostige Schweigen war nicht bloße Nachlässigkeit — im Gegenteil, Poincaré hatte Einsteins Aussagen nur allzugut verstanden.

Hier liegt einer derjenigen Fälle vor, in denen ein prominenter Wissenschaftler vor dem vollen Verständnis und der vollen Ausnutzung einer wichtigen neuen Konsequenz seiner eigenen Arbeiten zurückschreckt oder sich zurückzieht, oder auch einer jener Fälle, denen sich ein Wissenschaftler in anscheinend unvernünftiger Art gegen die Arbeit anderer Forscher wendet, die wir heute als Mitstreiter für seine neuen Ideen betrachten. Ein bekanntes Beispiel für die erste Gruppe von Forschern stellt Galilei und seine Haltung zum Trägheitsgesetz dar, oder auch Planck bezüglich der frühen Quantentheorie. Beispiele der zweiten Art finden wir bei Galileis Haltung gegenüber den Kepler-Ellipsen, Daltons Ansichten über die Arbeiten von Gay-Lussac oder Plancks Meinung über Einsteins Photonen. Henri Poincarés Haltung bezüglich der Relativitätstheorie im allgemeinen und Einsteins Beiträgen dazu im besonderen, paßt auf beide Beschreibungen.

Welche Stellung nahm Poincaré ein? Um 1905 war Poincaré zugleich Professor für Mathematische Physik, für Astronomie und für Himmelsmechanik an der Universität zu Paris. Im Alter von 51 Jahren war er am Höhepunkt seines immensen Wissens und seiner außergewöhnlichen Karriere angelangt. Im Bericht über den Bolyai-Preis der Ungarischen Akademie der Wissenschaften, den er 1905 erhielt, wurde Poincaré als „unbestreitbar der führende und der wesentlichste Forscher unserer Zeit auf dem Gebiet der Mathematik und der Mathematischen Physik" bezeichnet.[40] Je näher man seine Schriften studiert, umso bemerkenswerter erscheint es, daß nicht er die heute bekannte Form der Relativitätstheorie entdeckte und darüber hinaus sogar unbeirrbar bis zum Tod gegen Einsteins Interpretation opponierte. Man könnte zahllose Stellen aus seinen Schriften zitieren, die an Einsteins Arbeiten erinnern, oder in der Schärfe ihrer Kritik darüber hinaus gehen, wenn er beispielsweise über H. A. Lorentz' Arbeiten schreibt, daß dieser nur „durch eine Anhäufung von Hypothesen" Erfolg hatte.[41]

Es ist nicht überraschend, daß Einstein und einige seiner Freunde aus dieser Zeit wiederholt betont haben, daß ihre Lektüre von Poincarés Buch „*Wissenschaft und Hypothese*" (1902) einen wichtigen Einfluß auf Einstein hatte.[42] Erinnern wir uns nur an Poincarés Ablehnung des absoluten Raumes, seine Einwände gegen absolute Bewegungen, seinen Hinweis auf das Prinzip der Relativbewegung[43] und auf ein „Relativitätsprinzip" und seine Suche nach physikalischen Gesetzen, die unter Transformationen forminvariant bleiben. Speziell sollte man diejenige Veröffentlichung lesen, über die Louis de Broglie sagte:

„In einem bemerkenswerten Artikel, der vor den Arbeiten Einsteins geschrieben wurde und in den *Rendiconti del Circolo Matematico di Palermo* erschien, in dem er die Dynamik des Elektrons eingehend studierte, hat er die Formeln der relativistischen Kinematik angegeben."[44]

Poincaré ging weiter als Lorentz und lehnte eine absolute Zeit und die „intuitive Kenntnis" gleichzeitiger Ereignisse an verschiedenen Orten [43] ab – obgleich er keine Diskussion der Gleichzeitigkeit für Beobachter in verschiedenen Bezugssystemen gab. Die Existenz des Äthers bezweifelt Poincaré aber fast nie, da er, wie Lorentz, die scheinbare Gültigkeit absoluter Gesetze in bewegten Bezugssystemen durch die Kompensation verschiedener Effekte erklärte und die Bevorzugung des Ätherruhsystems beibehielt.[45] Dabei sah er sich auch zu unbequemen Zugeständnissen gezwungen, wie beispielsweise in „*Wissenschaft und Hypothese*":

„Um dieser Beeinträchtigung der allgemeinen Gesetze der Mechanik zu entgehen, haben wir den Äther erfunden. ... Man muß also, wenn man nicht die ganze Mechanik ändern will, den Äther einführen, damit diese Wirkung, welche die Materie zu erleiden scheint, durch die Gegenwirkung der Materie auf irgend etwas wieder ausgeglichen wird. ... Man glaubt den Äther gleichsam mit dem Finger zu berühren."[43]

Auch hier sind die Argumente vorsichtig und unbestimmt. Ihre ausgefeilte Prosa zeigt gerade diejenigen Stellen auf, an denen Poincaré die größten Schwierigkeiten hatte. Ein wichtiges Beispiel dafür ist seine Diskussion von Zeit und Gleichzeitigkeit. Er definiert eine einheitliche Zeit, in dem er zu Newtons Sensorium zurückkehrt, „einem überlegenen Geist, einer Art großen Seele, die alles sieht und alles in ihre *Zeit einordnet*."[45] Diese Idee erscheint ihm unakzeptabel, da der unendliche Geist „wenn er wirklich existierte, für uns unergründlich bliebe"[46]. Poincaré weiß aber nicht, was er an ihre Stelle setzen soll und bleibt letzten Endes unentschlossen zwischen Relativität und Absolutheit.

Die Methode der kleinen Schritte und der Experimentizismus

Wir müssen diese Frage sowohl im allgemeinen, als auch in dem vorliegenden Spezialfall untersuchen. Von Natur und Anlage her war Poincaré den kleinen Schritten zugeneigt. In einer seiner letzten Vorlesungen (11. April 1912) drückte er sein bevorzugtes Programm – von dem er allerdings zugab, daß es nicht immer durchführbar war – in den folgenden Worten aus: „Die althergebrachten Theorien ruhen auf einer außerordentlich großen Anzahl von zahlenmäßigen Übereinstimmungen, welche nicht dem bloßen Zufall zugeschrieben werden können. Wir können daher nicht trennen, was diese Theorien vereinigt haben. Wir können die geschlossenen Reihen nicht durcheinander werfen, sondern wir müssen versuchen, sie zu erweitern und das will nun nicht immer gelingen.“[47]

Ein ähnliches Programm für „eine zufriedenstellendere Theorie der Elektrodynamik bewegter Körper“ formuliert: „Nehmen wir daher die Theorie von Lorentz, drehen und wenden sie in allen Richtungen, modifizieren sie schrittweise– und vielleicht wird sich dabei selbst alles seinen richtigen Platz finden.“[48]

Poincare benutzte die Methode der kleinen Schritte mit großem Erfolg. Sie war seinem Arbeitsstil angemessen, der einem der beiden Haupttypen physikalischer Forscher entspricht: Der eine Typ weist – wie Einstein – auf große Gebiete physikalischen Neulandes hin und eröffnet damit fruchtbare neue Arbeitsrichtungen. Andere Forscher hingegen – diese gehören zum anderen Haupttyp – bringen lange anstehende Probleme einer Lösung näher. Diese Art von Forschung hat auch Poincaré betrieben, wobei er die Physik von Newton, Maxwell und Lorentz immer wieder mit größtem Erfolg weiterführte.

Seine erste große Auszeichnung erhielt er im Jahre 1889 für seine Untersuchungen zum Dreikörperproblem. Darin beantwortete er das lange ungelöst gebliebene Problem „Kann das Newtonsche Gravitationsgesetz alleine alle astronomischen Phänomene erklären?“ mit einem „höchstwahrscheinlich ja“.[49] Seine Arbeiten enthielten beispielsweise auch eine Verbesserung der Stabilitätstheorie für die Saturnringe. Poincaré hatte auch Maxwells Untersuchungen in Frankreich bekannt gemacht (1888) und er sah seinen eigenen Beitrag zur Relativitätstheorie ausdrücklich in der Vervollkommnung der Lorentzschen Theorie. Er hat im Jahre 1900 gezeigt, wie die Einführung eines elektromagnetischen Impulses, der sich im Äther ausbreitet, sowohl die Impulserhaltung als auch die Lorentzsche Theorie aus Schwierigkeiten rettet, und darüber hinaus auch noch dem Äther konkreten physikalischen Inhalt gibt. Seine spätere Einführung des Ätherdrucks auf die Elektronen – die deren Stabilität und Verformung erklären sollte – führte diese Arbeitsrichtung noch weiter.

Poincaré war also, kurzgesagt, ein brillianter physikalischer Konservativer. In seinen Formulierungen entstanden die meist unbequemen Fragen der Relativität der Gleichzeitigkeit und der Zeit erst gar nicht. Die klassische Physik blieb der solide Fels, auf dem die notwendigen Änderungen ruhen sollten.

Ohne Poincarés enorme Leistungen zu leugnen, können wir sagen, daß Poincaré die „Krise der Physik“ als eine vorwiegend experimentelle Schwierigkeit sah, die weder erkenntnistheoretische Argumente noch eine grundlegende theoretische Reorientierung erforderte, geschweige denn eine Aufgabe der Ätherphysik. Dies ist gerade der Gegenpol zu Einsteins Haltung, wonach die neuen *experimentellen* Ergebnisse weder eine „Krise" hervorriefen, noch mehr als bloße Hinweise auf eine neue Richtung andeuteten.

Ein zweiter Teil unserer Antwort müssen wir in Poincarés konventionalistischer Erkenntnistheorie suchen. In einer interessanten Untersuchung hat M. Théo Kahan (ähnlich wie de Broglie in *Savant et Decouverts*) auf „seine konventionalistische Philosophie, die den Gesetzen der Geometrie und der Physik insgesamt den Charakter nützlicher Konventionen, ohne wirklich tiefgreifende Bedeutung zuschrieb" hingewiesen[50]. Während ich nicht leugne, daß auch dies eine Rolle spielt, scheint mir aber ein anderer damit scheinbar unzusammenhängender Aspekt von Poincarés Denken wesentlicher, nämlich sein Beharren darauf, daß das Relativitätsprinzip einfach eine *experimentelle Tatsache* ist.

In dem Aufsatz „*Raum und Zeit*" schrieb er beispielsweise: „Das physikalische Relativitätsprinzip haben wir als eine Experimentaltatsache bezeichnet, mit demselben Rechte wie die Eigenschaften des festen Körpers. Wie diese ist es einer unablässigen Revision unterworfen...."[51] Als Poincaré das Kapitel „*Mechanik und Optik*" seiner „*Wissenschaft und Methode*" schrieb, machte er ein bedeutendes Zugeständnis. Die Neuigkeit hatte ihn erreicht, daß die Ergebnisse des großen Experimentators Walter Kaufmann (1906) die Relativitätstheorie Lorentz' widerlegten (und damit auch diejenige von Einstein). Für Poincaré war das Relativitätsprinzip, auf das er seine eigenen großen Untersuchungen aufgebaut hatte, die im gleichen Jahr in den *Rendiconti* erschienen, sofort zweifelhaft und er schrieb nunmehr: „Das Relativitätsprinzip hatte also nicht die entscheidende Bedeutung, die man ihm zuzuschreiben versucht war."[52]

Gegensätzliche Themata

Einstein akzeptierte dagegen Kaufmanns Behauptungen nicht, leugnete sie aber auch nicht. Mit der charakteristischen Sicherheit eines Mannes, für den fundamentale Hypothesen weder von Experimenten noch von heuristischen (konventionalistischen) Festlegungen abhängen, wartete Einstein darauf, daß andere in den nächsten Jahren zeigten, daß Kaufmanns Daten keine eindeutige Interpretation zuließen – tatsächlich wies sein Versuchsaufbau ein unzureichendes Vakuumsystem auf.[53] Der entscheidende Unterschied zwischen Einstein und Poincaré war nämlich, daß er das Relativitätsprinzip im Jahre 1905 voll akzeptiert hatte, indem er es im Jahre 1905 von einer *Vermutung* zur *Voraussetzung* erhoben hatte. Für ihn war es offensichtlich eine thematische Behauptung oder thematische Hypothese. Und es sind genau derartige nicht-verifizierbare und nicht-falsifizierbare tiefschürfende thematische Hypothesen, die am schwierigsten vorzuschlagen oder zu akzeptieren sind.

Gerade derartige Hypothesen liegen den wichtigsten wissenschaftlichen Veränderungen und Streitfällen zugrunde. Ihre Entstehung, Herrschaft und Zerfall sind oft vernachlässigte Indikatoren der wichtigsten Entwicklungen in der Wissenschaftsgeschichte.

Auch Poincaré hat klar die Rolle von Themata in seinem Denken formuliert, beispielsweise in „*Wissenschaft und Hypothese*": „Da wir eine allgemeine Definition der Energie nicht geben können, so hat das Prinzip von der Erhaltung der Energie einfach die Bedeutung, daß es irgend *ein Etwas* gibt, das konstant bleibt. Also gut; wie nun auch die neuen Begriffe über das Weltall sein mögen, welche uns die zukünftigen Experimente geben werden, eines ist uns im voraus sicher: es wird ein Etwas geben, das konstant bleibt und das wir *Energie* nennen." [Wenn wir auch gewohnt waren, es Masse zu nennen].[54] Thematische Haltungen oder methodologische Themata sind Leitlinien wissenschaftlicher Arbeit, wie beispielsweise Erhaltungssätze, Extremalprinzipien, Unmöglichkeitsaussagen, Quantifizierungen oder logische Regeln. Die Entdeckung thematischer Unterschiede hilft auch, die Empörung oder die Hilfslosigkeit einem Paradoxon gegenüber zu verstehen, wenn ein neues Thema vorgeschlagen wird, das den herrschenden Themata entgegengesetzt ist – wie dies beispielsweise bei der Relativitätstheorie der Fall war. Poincarés Schweigen war vielleicht die höflichste Antwort darauf.[55]

Man könnte auch argumentieren, daß die Neigung zur Formulierung von Themata zumindest zeitweise einer bestimmten Art von genialer Leistung entspricht. Hier ist vielleicht am aufschlußreichsten das Protokoll der Solvay-Konferenz von 1911, bei der sich Einstein und Poincaré trafen. Die Relativitätstheorie stand nicht länger zur Debatte. Im Zentrum des Interesses stand vielmehr die Quantentheorie. Sie führte auf neue, schwerwiegende Probleme, wie beispielsweise die auf atomaren Niveau auftretenden Wahrscheinlichkeitsgesetze zu verstehen waren.

Gerade damals begann aber Einstein einem neuen Thema zu opponieren – er widersetzte sich den grundlegenden Wahrscheinlichkeitsgesetzen der neuen Theorie. Nun warnte er davor, eine so weit hergeholte Hypothese zu akzeptieren. Vom Standpunkt einer thematischen Analyse begann damit ein neues Kapitel in der Wissenschaftsgeschichte.

Jenseits von Poincaré und Lorentz

Die methodologischen Themata, die Einsteins Vorgehen in der ersten Dekade unseres Jahrhunderts zugrunde lagen, konnten Lorentz, Lodge, Poincaré, Larmor und viele andere nicht akzeptieren. Denn bis zu Einstein war das Relativitätsprinzip in eine Physik eingebaut, die auf einem zugrunde liegenden, aber unerreichbaren Absoluten aufbaute. In Newtons Werk wurde die Relativität durch den Hinweis auf einen Vorhang verständlich und respektabel, hinter dem – im Sensorium Gottes – die letztlich unerkennbaren Absoluta von Raum und Zeit sich verbargen. Gott bewegte die Körper, deren bloß relative Bewegung der Mensch erkennen konnte, wie ein verborgener Puppenspieler Marionetten bewegt, die seine Ideen ausführen. In der Physik des 19. Jahrhunderts, einschließlich der von Poincaré und Lorentz, verschob sich die Letztbegründung zum unentdeckbaren Äther, der damit gleichsam den Platz der im Wesen unerkennbaren Gottheit einnahm, die in den vergangenen beiden Jahrhunderten Ursprung und Quelle aller unbeantworteten Fragen war. Was Einstein im Jahre 1905 in einem knappen Satz niederlegte, indem er das Relativitätsprinzip von einer heuristischen Vermutung zu einem grundlegenden Prinzip erhob und damit den Äther als überflüssig erklärte, bedeutete die langerwartete Öffnung des Vorhanges – hinter dem sich nichts verbarg.

Die Forderung, daß das Absolute in der Wissenschaft als sinnlos betrachtet und der Äther, das letzte Refugium unüberprüfbarer Realität, abgeschafft werden sollten, war den meisten Wissenschaftlern der Zeit zu radikal. Ihre Schriften zeugen von der Empörung über diesen Umsturz in ihrer eigenen thematischen Orientierung, was vielleicht am klarsten in der Arbeit über „*Die Geometrisierung der Physik*" von Sir Oliver Lodge im Jahre 1921 klar wird. In dieser Kritik der Reltivitätstheorie schrieb er: „Zusammenfassend können wir sagen: In einem derartigen System gibt es keinen Platz für die Realität; nur Phänomene können beobachtet oder verifiziert werden und absolute Tatsachen bleiben unzugänglich. Wir haben kein Kriterium der Wahrheit; alle Erscheinungen sind gleichermaßen gültig; physikalische Erklärungen werden weder in Aussicht gestellt noch sind sie erforderlich: es braucht keine elektrische oder irgendwie anders geartete Theorie für den Aufbau der Materie zu geben. Die Materie ist tatsächlich eine im Geiste konstruierte Illusion, die aus lokalen Eigentümlichkeiten des Raumes stammt. Es ist unnotwendig, ein kontinuierliches Medium als universelles Verbindungsmittel ins Auge zu fassen, das Veränderungen von Punkt zu Punkt überträgt, die aus der Nachbarschaft jedes Teilchens gravitierender oder elektrisch geladener Materie stammen: ein kalter abstrakter Begriff der Raum-Zeit Mannigfaltigkeit erledigt all dies, oder zumindest alles, was die Gleichungen erzwingen. Als weiteres kleines Detail sei noch erwähnt, daß auch keine reale Fitzgerald-Kontraktion erforderlich ist, um das Nullergebnis des Michelson Experiments zu erklären.

.... Zweifellos ist die allgemeine Relativitätstheorie eine bemerkenswerte Errungenschaft – nicht als philosophische Theorie, sondern als erfolgreiche und umfassende Methode. Jeder gewöhnliche Physiker ist wohl von Bewunderung für ihre Gleichungen und die von den Hyper-Geometern entlehnten Kriterien, die vom Genius Einsteins neuen Anwendungen zugeführt wurden und in diesem Lande mit unerreichbarer Gründlichkeit und Klarheit von Eddington dargestellt wurden. Aber trotz aller Verehrung für Idole muß ein Physiker schließlich doch zur Vernunft kommen und den unerwünschten Einfluß überflüssiger Erscheinungen, und praktischer Messungen, geometrischer Hilfsmittel und wild ersonnener Ausdrucksweisen abschütteln. Er muß sich darauf besinnen, daß sein wirkliches Ziel die absolute Wahrheit ist, wie schwierig sie auch immer zu erreichen sein mag; daß seine Aufgabe es ist, zu entdecken, und nicht zu schaffen und daß unter, ober und rund um jede Erscheinung ein Universum voll von körperlicher, konkreter und absoluter Realität existiert."[56]

Dies war ein letzter Hilferuf gegen die Ersetzung des Themas des einmal geschaffenen, realen Universums durch ein ontologisch agnostisches Weltall, in dem wir uns nun einmal seit dem Jahre 1905 befinden.

Wissenschaftlicher Relativismus war nicht der einzige Weg, auf dem wir uns dem leeren Zentrum des Labyrinths genähert haben. Seit der Mitte des 19. Jahrhunderts machte die statistische Mechanik das makroskopische Verhalten der Materie mehr und mehr verständlich und erklärte es durch die Verknüpfung einer großen Anzahl von Molekülen, deren individuelle Einzelbewegungen aus technischen Gründen nicht vorhergesagt werden konnten. Zu diesem Bilde fügte die Quantenphysik dann hinzu, daß die Einzelereignisse auf dem subatomaren Niveau – wie beispielsweise die Bahn eines individuellen Photons, das durch einen Spalt hindurchtritt – *prinzipiell* unvorhersehbar sind, und nicht nur wegen experimenteller und numerischer Schwierigkeiten.

Und einen noch weiteren Weg gab es zur wissenschaftlichen Etablierung von individuellen „Ereignissen", die sich selbst rechtfertigen. Roger Cotes schrieb in seiner Verteidigung von Newtons Principia gegen die Angriffe der Cartesianer und Leibnizianer:

„Wer die Prinzipien der Naturlehre und die Gesetze der Dinge finden zu können glaubt, indem er sich allein auf die Kraft seines Geistes und das innere Licht seiner Vernunft stützt, muß entweder annehmen, die Welt sei aus einer Notwendigkeit hervorgegangen und die aufgestellten Gesetze aus derselben Notwendigkeit folgen lassen; oder er muß der Meinung sein, daß wenn die Ordnung der Natur durch den Willen Gottes entstanden sei, er, ein elendes Menschlein eingesehen habe, was als das Beste zu tun sei. Eine gesunde und wahre Naturlehre gründet sich auf die Erscheinungen der Dinge, welche uns, selbst wider unsern Willen und widerstrebend zu derartigen Prinzipien führen, daß man in ihnen deutlich die beste Ueberlegung und die höchste Herrschaft des weisesten und mächtigsten Wesens wahrnimmt. Diese Prinzipien werden aber deshalb nicht weniger zuverlässig sein, weil sie vielleicht einigen Menschen weniger willkommen sind. ... Dieser Menschen wegen braucht man die Naturlehre nicht umzustürzen, indem die Ordnung der Dinge nicht geändert werden will."[57]

Doch geschah dies, und sogar sehr bald, wie Koyré schreibt: „So wurde aus dem mächtigen, tatkräftigen Gott Newtons, der das Universum aus freiem Willen und freier Entscheidung tatsächlich »betrieb«, in rascher Folge eine erhaltende Kraft, eine *intelligentia supra-mundana*, ein »Dieu fainéant«.

Das unendliche Universum der neuen Kosmologie, unendlich in der Dauer wie in der Ausdehnung, in welchem sich ewige Materie in Übereinstimmung mit ewigen und notwendigen Gesetzen ohne Ende und Ziel bewegt, hat das Erbe aller ontologischen Attribute der Gottheit angetreten. Jedoch nur dieser – alle anderen nahm der abgeschiedene Gott mit sich hinweg."[58]

Was kann man in diesem gottverlassenen Universum im Grunde noch antreffen? Heisenberg hat geschrieben, daß „Veränderungen in den Grundlagen der modernen Naturwissenschaft vielleicht als Symptome der Verschiebung in den Grundlagen unserer Existenz angesehen werden können, die sich zugleich an vielen Orten manifestieren, sei es in Veränderungen unserer Lebensgewohnheiten oder unserer Denkgewohnheiten..." Und er weist besonders auf die darin bestehende Verschiebung hin, „daß erstmals in der Geschichte der Mensch sich nur selbst begegnet und keinen anderen Partner oder Feind findet." Selbst in der Wissenschaft, „ist der Gegenstand der Forschung nicht länger die Natur selbst, sondern vielmehr die Natur, die den Fragen des Menschen ausgesetzt ist, und auch in dieser Weise begegnet sich der Mensch hier selbst".[59]

Damit treffen wir auf eine der Hauptströmungen der heutigen Wissenschaftstheorie, die aus einer Vereinigung von Existenzialismus und Positivismus – den zweitstärksten philosophischen Bewegungen – stammt. Diese Hauptströmung erscheint mir als Ursache des Unbehagens, das viele befällt, die in der Wissenschaft eine trennende und entfremdende Komponente erblicken. Der Physiker und Mathematiker Hermann Weyl hat eine ähnliche Schlußfolgerung beredt dargestellt:

„Im Existentialismus kündigt sich eine philosophische Haltung an, die vielleicht besser mit der Struktur der modernen Wissenschaft verträglich ist als der Kantische Idealismus, in dem die erkenntnistheoretischen Positionen von Demokrit, Descartes, Galilei, Newton ihre volle philosophische Ausprägung gefunden zu haben schienen.

... Als Bertrand Russell und andere versuchten, die Mathematik auf reine Logik zurückzuführen, blieb noch ein Rest von Bedeutung, in Form der einfachen logischen Begriffe. Aber im Hilbertschen Formalismus entschwindet auch dieser Rest. Hingegen bedürfen wir der *Zeichen*, wirklicher Zeichen mit Kreide auf die Tafel oder mit der Feder aufs Papier geschrieben. Wir müssen verstehen, was es heißt, einen Strich hinter den anderen zu setzen; es wäre verkehrt, diese naiv und grob verstandene räumliche Anordnung der Zeichen auf eine solche gereinigte räumliche Anschauung und Struktur, wie sie etwa in der Euklidischen Geometrie ihren Ausdruck findet, zu reduzieren. Sondern wir müssen uns hier auf das natürliche Verständnis im Umgang mit den Dingen in unserer natürlichen Umwelt stützen. Nicht reine Ideen eines reinen Bewußtseins, sondern konkrete Zeichen liegen zugrunde, die unbeschadet kleiner Variationen in der Detailausführung für uns wiedererkennbar und reproduzierbar sind und von denen wir im wesentlichen (d.h. wiederum abgesehen von irrelevanten Details, die der Zufall unserm Handeln in der Welt unvermeidlich anhängt) wissen, wie wir mit ihnen umzugehen haben.

Als Wissenschaftler möchten wir versucht sein, so zu argumentieren: ‚Wie wir wissen', besteht die Kreide auf der Wandtafel aus Molekülen, und diese sind zusammengesetzt aus geladenen und ungeladenen Elementarteilchen, Elektronen, Neutronen, etc. Aber analysierend, was die theoretische Physik mit solchen Worten meint, haben wir gesehen, daß diese physikalischen Dinge sich auflösen in einen nach Regeln zu handhabenden Symbolismus; die Symbole aber sind letzten Endes wieder konkrete, mit Kreide auf die Tafel geschriebene Zeichen. Sie bemerken den lächerlichen Zirkel."[60]

Von ihren Anfängen bis zum heutigen Tag wurde die Wissenschaft demnach nicht nur durch ihre spezifischen, detaillierten Ergebnisse geformt und sinnvoll gemacht, sondern noch viel grundlegender durch ihren thematischen Inhalt. Die herrschenden Themata wurden bis etwa zur Mitte des 19. Jahrhunderts durch das Mandala eines statischen, homozentrischen, hierarchisch geordneten und harmonisch angeordneten Kosmos charakterisiert, der in scharf abgegrenzten Linien, wie beispielsweise in Kopernikus' eigenen Handzeichnungen, dargestellt werden konnte. Ein räumlich und zeitlich endliches Universum, ein göttlicher Tempel, gottgegeben, von Gott durchdrungen, erkennbar durch einen schwierigen Vorgang ähnlich dem, der zum Zustand der Gnade führt, nämlich durch die Arbeit des Geistes und der Hand. Die Kenntnis war zwar nicht vollständig, aber doch so umfassend, wie es die Natur der Dinge diesem sterblichen Leben erlaubt.

Diese Darstellung wurde besonders in der zweiten Hälfte des 19. Jahrhunderts allmählich durch eine andere ersetzt. Das Universum wurde unendlich, „ruhelos" (diese geglückte Beschreibung geht auf Max Born zurück), ein schwach miteinander verbundenes Ensemble von unendlich vielen getrennten, individuell bestehenden Teilen und Ereignissen. Seine Evolution wird ständig durch zufällige Diskontinuitäten unterbrochen, sowohl auf der kosmologischen Zeitskala, als auch in der Welt des Atomaren. Die klaren Linien der früheren Mandala wurden durch unabgegrenzte, verschmierte Flecken ersetzt, die vielleicht der Verteilung der Elektronenwolken rund um Atomkerne ähneln.

Derzeit scheint eine bedeutende Anzahl der tiefgründigsten Forscher in Einklang mit den Kritikern, die der Wissenschaft niemals ihre demythologisierende Rolle verziehen haben, zu fürchten, daß sich eine dritte Mandala im Aufstieg befindet, die beide ihrer Vorgänger überrundet: nämlich das Labyrinth mit dem leeren Mittelpunkt, in dem der Forscher nur seinen eigenen Schatten und eine Tafel mit seinen eigenen Kreidemarkierungen vorfindet, seine eigene Lösung seiner eigenen Rätsel. Diese philosophische Drohung soll der physischen Drohung entsprechen, die aus einer blinden, ziellosen, selbstmotivierenden und stets wachsenden Maschine der Technologie entspringt.

Es ist deshalb nicht überraschend, daß diejenigen, die unsere Kultur und uns selbst als Gefangene dieser beiden Tendenzen betrachten, nur wenig Trost in der Schönheit wissenschaftlicher Fortschritte finden, oder in der Aufzählung von kohärenzerzeugenden Kräften, oder in Versprechungen, wonach das Licht der Wissenschaft den Weg zu einer besseren Gesellschaft erhellen würde. Bevor ihre Zweifel nicht ausgeräumt sind, wird es keine Hoffnung und keinen gesicherten Platz für die Wissenschaft in unserer Kultur geben.

3 Einflüsse auf Einsteins Frühwerk

Nachdem wir die Behauptung entkräftet haben, Einsteins Werk sei eine bloße Ausarbeitung der Ideen von Lorentz und Poincaré, müssen wir in diesem letzten Abschnitt fragen, welche auslösenden Einflüsse andere auf die Ideen des jungen Einstein hatten, der sich auf dem Weg zur Relativitätstheorie entlangtastete[61]. Eine Schlüsselrolle spielt dabei der Stil von Einsteins erster großer Abhandlung des Jahres 1905 über die Relativitätstheorie. „*Zur Elektrodynamik bewegter Körper*" unterschied sich wesentlich von der damals akzeptierten Praxis, beispielsweise von H. A. Lorentz' oder Emil Cohns Theorien der Elektrodynamik bewegter Körper, die damals z. B. von Bucherer und Abraham sehr ernst genommen wurden. In der von Biographen im allgemeinen zitierten Literatur gibt es keine wirklich überzeugenden Hinweise, die uns die Struktur dieser Arbeit verstehen helfen.

Die detaillierte Analyse, die wir nun beginnen wollen, geht von der sonderbaren Frage aus, die am Anfang der Arbeit steht: Warum enthält die Maxwellsche Theorie eine Gleichung, für die elektromotorische Kraft in einem Leiter, der sich an einem ruhenden Magnet vorbeibewegt, und eine andere Gleichung für den ruhenden Leiter und den bewegten Magneten? Schließlich zählt doch nur die Relativbewegung zwischen Leiter und Magnet. Die Einleitung der Arbeit endet ohne jede Namensnennung der heute so berühmten Experimente mit einer Verabschiedung der Konzepte der Absolutbewegung und des Äthers. Darauf folgt der entscheidende Abschnitt „Kinematischer Teil", in dem die relativistische Kinematik durch eine erkenntnistheoretische Analyse der Begriffe und Raum – Zeit eingeführt wird. Erst später werden die Maxwellschen Gleichungen behandelt, und schließlich – fast als nachträglicher Einfall – werden einige Vorhersagen über Elektronenbewegung gemacht, die mit Gleichungen enden, „nach denen sich das Elektron in Übereinstimmung mit der hier dargestellten Theorie bewegen muß." Die abschließenden Danksagungen enthalten nur einen einzigen Namen, nämlich von Einsteins Freund und Mitarbeiter im Patentamt, seinem früheren Studienkollegen, dem Ingenieur Michelange Besso, dem Einstein für nützliche Diskussionen dankt.

Diese Art, eine Arbeit über Elektrodynamik im Jahre 1905 zu schreiben, war ebenso sonderbar wie einzigartig. Max von Laue, einer der ersten und wichtigsten Befürworter und Forscher auf dem Gebiete der Relativitätstheorie, hat Miss Margot Einstein in einem Brief vom 23. Oktober 1959 eingestanden, daß er lange Zeit fundamentale Schwierigkeiten gesehen hatte. Er schrieb, daß nach der Veröffentlichung von Einsteins Arbeit im Jahre 1905 „sich mir langsam aber stetig eine neue Welt eröffnete. Ich mußte darauf ziemlich viel Anstrengung verwenden ... Speziell die erkenntnistheoretischen Schwierigkeiten machten wir viel Mühe. Ich glaube, daß ich sie erst seit ungefähr 1950 überwunden habe." Ähnlich schreibt auch Leopold Infeld: „Der Titel klingt bescheiden, doch bemerken wir beim Lesen fast sogleich, daß der Aufsatz sich von anderen ähnlicher Art unterscheidet. Er enthält keine Literaturhinweise, keine Autoritäten werden zitiert, die wenigen Fußnoten tragen bloß erklärenden Charakter. Sein Stil ist einfach und ein großer Teil seines Inhalts kann ohne fortgeschrittene Fachkenntnisse verstanden werden. Aber sein völliges Verständnis erfordert eine Reife des Denkens und der Auffassung, die seltener und wertvoller ist als pedantisches Wissen. Denn Einsteins Arbeit befaßt sich mit den grundlegendsten Fragen; sie untersucht die Bedeutung von Begriffen, die zu einfach erscheinen könnten, um noch geprüft zu werden."[62]

Rückblickend ist es also nicht überraschend, daß auch Einstein lange Zeit brauchte, um diese bemerkenswerte Arbeit auszubrüten. Woher, wann und von wem könnte der junge Mann in seiner isolierten Stellung einige seiner Ansichten, seiner Fragen und seiner Methoden übernommen haben?

Es gibt keinen zeitgenössischen Entwurf und kein Manuskript der Arbeit von 1905, aus dem man etwas über seine Entstehung schließen könnte. Im Einstein-Archiv liegen jedoch zwei Notizbücher, die Einstein in seiner Zeit als Student an der ETH Zürich führte, und zwar in den Jahren 1897 bis 1900. Sie enthalten Vorlesungsmitschriften, die er in den Physikkursen von Heinrich Friedrich Weber anfertigte, dessen spezielles Arbeitsgebiet die Theorie der Wechselströme war. Eines der Notizbücher behandelt Wärme und Thermodynamik, das andere technische Probleme wie etwa die Verflüssigung von Gasen (mit detaillierten Zeichnungen) und Elektrizitätslehre von Coulombs Gesetz bis zur Induktion. Es reicht aber nicht einmal bis zu Maxwells Arbeiten! Und darauf baut auch ein Teil der weiteren Geschichte auf. Denn was in den Vorlesungen ausgelassen wurde, war gerade das, auf das der junge Einstein gewartet hatte. Die Tatsache, daß er damit auf sich selbst gestellt war, hatte, wie wir sehen werden, einige interessante Konsequenzen für die Entstehung der Relativitätstheorie.[63]

Heimlektüre

Wie Besso in seinen Notizen des Jahres 1946 für Strickelbergs Artikel über Einstein in der Schweiz schrieb, beschäftigte Einstein bei seinem Eintritt in die Aarauer Kantonschule im Jahre 1896 „die [damals vieldiskutierte] Frage bezüglich der Greifbarkeit bezüglich des Äthers und der Atome". Später machten an der ETH Zürich die Vorlesungen über Physik auf Einstein keinen großen Eindruck, da er die Diskussionsbemerkungen seiner Lehrer als „selbstverständlich" empfand. Tatsächlich sagte Prof. Weber damals – wie Besso berichtet – zu Einstein: „Sie sind ein gescheiter Kerl! Sie haben aber einen Fehler: Man kann Ihnen nichts erzählen, man kann Ihnen wirklich nichts erzählen." Offensichtlich konnte dies Weber wirklich nicht.[64]

Diese Tatsache wird auch von Einsteins Mitstudenten Louis Kollros bestätigt: „An der ETH waren am Ende des letzten Jahrhunderts diese beiden Fächer ungleichmäßig vertreten: zu wenig theoretische Physik und fast zuviel Mathematik.

... [Webers] Vorlesungen über klassische Physik waren lebendig, aber umsonst warteten wir auf eine Darlegung der Maxwellschen Theorie. Wir wußten, daß sie die Identität der Übertragung von Elektrizität und Licht begründete und daß die Untersuchungen von Hertz über die elektrischen Wellen die Theorie bestätigt hatten; aber wir hätten gerne mehr davon gewußt. Vor allem war Einstein enttäuscht. Um diese Lücke auszufüllen, machte er sich daran, die Arbeiten von Helmholtz, Maxwell, Hertz, Boltzmann und Lorentz aus eigenem Antrieb zu studieren."

Kolloss Autorenliste erinnert uns an den berühmten Abschnitt in Einsteins „*Autobiographisches*", der sich auf das Problem der frühen Einflüsse bezieht, die schließlich zu den Gedanken der Relativitätsarbeit von 1905 führten. Der Abschnitt bezieht sich auf die Zeit von 1897 bis 1900: „Auch etwas theoretische Physik hatte ich bereits studiert, als ich mit 17 Jahren auf das Züricher Polytechnikum kam als Student der Mathematik und Physik.

Dort hatte ich vortreffliche Lehrer (z.B. Hurwitz, Minkowski), so daß ich eigentlich eine tiefe mathematische Ausbildung hätte erlangen können. Ich aber arbeitete die meiste Zeit im physikalischen Laboratorium, fasziniert durch die direkte Berührung mit der Erfahrung. Die übrige Zeit benutzte ich hauptsächlich, um die Werke von Kirchhoff, Helmholtz, Hertz, etc. zuhause zu studieren."[66]

Wirklich interessant ist dabei die Untersuchung des letzten „etc.". Wer verbirgt sich hinter dieser Phrase? Könnte dies jemand sein, der Einsteins Weg zur Darstellung der Relativitätstheorie vorbereitete? Selbstverständlich dürfen wir Kirchhoff, Helmholtz und Hertz, aber auch Boltzmann, Mach, Poincaré und Lorentz nicht vergessen. Sie reichen aber nicht aus, um die Form von Einsteins Arbeit des Jahres 1905 zu erklären. Wenn noch jemand existiert, sollte man ihn auch finden können.

Maxwell, direkt und indirekt

Zunächst ein Blick auf die anderen. Vom Juni 1902 bis Oktober 1909 arbeitete Einstein im Patentamt in Bern. Nach einer Notiz von Besso im Einstein-Archiv wurde vom Kandidaten für diese Stellung erwartet, daß er eine „gründliche Vertrautheit mit Maxwells Theorie" aufwies.[67] Zweifellos war Einstein in dieser Beziehung qualifiziert, als er seine Relativitätsarbeit im Jahre 1905 zur Veröffentlichung einreichte, und muß die Maxwellsche Theorie auch bereits früher gekannt haben.[68]

Wenn wir davon ausgehen, daß Einstein die Maxwellsche Theorie im Jahre 1905 offensichtlich kannte, stellt sich die Frage, aus welchen Büchern er sie gelernt hatte. Dies könnte durch direktes Studium von Maxwells Arbeiten geschehen sein, wenngleich es dazu keine Belege gibt. Jedenfalls würde ein direktes Studium nicht der einzige oder auch der wichtigste Zugang sein. Die meisten deutschen Physikstudenten lernten Maxwell zunächst durch die Arbeiten von Helmholtz, Boltzmann und Hertz kennen.[69] Diese Arbeiten unterscheiden sich in vieler Beziehung stark voneinander, sie haben aber zumindest ein gemeinsames Element: ihre Darstellung der Maxwellschen Theorie weicht völlig von Maxwells Stil ab – die stilistische Abweichung ist noch größer als der Unterschied ihrer Arbeit zu Einsteins Arbeit. Dies können wir an dieser Stelle nur kurz belegen. So muß beispielsweise einem zeitgenössischen Physiker in England oder Frankreich Helmholtz' Gedankengang befremdet haben: Mehr als die Hälfte seines Einführungsbandes der *Vorlesungen über Theoretische Physik* ist folgenden Gegenständen gewidmet: Philosophie und Physik; Physik als Wissenschaft; Kritik der alten Logik; Konzepte und ihre Bezeichnungen; Hypothesen als Grundlagen der Gesetze; Die Vollständigkeit der wissenschaftlichen Erfahrung und ihre praktische Bedeutung.

Maxwells eigentliche Arbeit wird in dem 1897 erschienenen Band 5 von Helmholtz' *Vorlesungen über Theoretische Physik* behandelt. Die hier benutzte Terminologie wurde auch von Einstein bis zu einem gewissen Grad später verwendet. Auffallend ist die kursorische Behandlung der Experimente. Man findet beispielsweise keine Erwähnung von Michelsons Experimenten, die ja schließlich in Potsdam unter der wohlwollenden Patronanz Helmholtz' begonnen hatten. Sogar in dem Abschnitt „Die notwendigen Eigenschaften des Äthers" findet man keine Bezüge zum Experiment. Auch in der einzigen anderen Abhandlung, die Helmholtz speziell der Maxwellschen Theorie gewidmet hatte, nämlich in den „Konsequenzen der Maxwellschen Theorie bezüglich der Bewegung des reinen Äthers" gibt es keine einzige Erwähnung tatsächlicher Experimente. Was Einstein aus dem Studium der Helmholtzschen Version der Maxwellschen Theorie gelernt haben könnte, ist erstens eine Verstärkung seiner Vorliebe für einen bewußt erkenntnistheoretischen Zugang, und zweitens eine Bestätigung der Ansicht, daß auf diesem Gebiet neue Experimente nicht wesentlich beitragen können.

Die Lektüre von Hertz, dessen gesammelte Werke im Jahre 1895 vorlagen, und dessen Bezeichnungsweise auf dem Gebiete des Elektromagnetismus Einstein zum großen Teil später übernahm, schloß vermutlich folgende Beiträge ein: einen tiefschürfenden Aufsatz über *„Die Grundgleichungen der Maxwellschen Elektrodynamik"* (1884) und den Artikel mit dem bezeichneten Titel *„Über die grundlegenden Gleichungen der Elektrodynamik bewegter Körper"* (1819). Hertz, der als der größte aller Experimentalphysiker auf dem Gebiet des Elektromagnetismus galt, erwähnt den „Äther" bei seinen Experimenten nicht, die später in Lehrbüchern und anderen Abhandlungen über die

Ursprünge der Relativitätstheorie einen so breiten Raum einnahmen. Andererseits ist der Haupteinfluß, den das Studium von Hertz' Arbeiten auf einen Leser wie Einstein gehabt haben könnte, vielleicht am besten durch Hertz' eigene Bemerkungen in den „*Prinzipien der Mechanik*" zu beschreiben: „Im allgemeinen schulde ich sehr viel dem bedeutenden Buch von Mach über die Entwicklung der Mechanik." Dies war einer der vielen Einflüsse, die den jungen Einstein in die Nähe Ernst Machs brachten. Wie er später in seinen autobiographischen Notizen schrieb, erschütterte Machs „*Mechanik*" den „dogmatischen Glauben an die Mechanik als die endgültige Basis alles physikalischen Denkens ... Dies Buch hat gerade in dieser Beziehung einen tiefen Einfluß auf mich als Student ausgeübt ... [Es] hat mich aber auch Machs erkenntnistheoretische Einstellung sehr beeindruckt."[70]

Ernst Mach

Es ist als Ironie der Geschichte zu betrachten, daß die zeitgenössiche physikalische Forschung, in der Periode von Einsteins beginnenden Arbeiten zur speziellen Relativitätstheorie, keineswegs durch eine solche dogmatische Starrheit gekennzeichnet war, wie er dies dachte. Wie Stephen Brush bemerkte, wurde die mechanistische Auffassung der physikalischen Realität damals nur von einigen „einsamen Gestalten wie Boltzmann verteidigt ... Die „fortschrittlichsten und ausgefeiltesten" Theorien gingen dagegen von einem rein phänomenologischen Gesichtspunkt aus: Wissenschaftliche Theorien sollten nur die Beziehungen beobachtbarer Größen behandeln, und ein Streben nach der Denkökonomie sollte den Versuch ersetzen, die Phänomene durch unbeobachtbare Größen zu erklären ..."[71] Kurz gesagt war Mach um 1900 keinesfalls ein Einzelkämpfer, wie er dies gerne selbst sehen wollte und wie dies auch in einigen Büchern erschien, die der junge Einstein las.[72]

Gleichgültig wie einige der jüngeren Physiker der Zeit sich damals mit den Problemen ihrer Wissenschaft auseinandersetzten, schien die Verwendung der Begriffe, die die Physik des 19. Jahrhunderts entwickelt hatte, immer wieder zu Fehlschlägen und Verzweiflung zu führen. Dies ist vielleicht auch in einigen Briefen der Einstein-Korrespondenz zu spüren und in einem bekannten Abschnitt aus Einsteins „*Autobiographisches*": „Überlegungen solcher Art machten es mir schon kurz nach 1900, d.h. kurz nach Plancks bahnbrechender Arbeit klar, daß weder die Mechanik noch die Thermodynamik (außer in Grenzfällen) exakte Gültigkeit beanspruchen können. Nach und nach verzweifelte ich an der Möglichkeit, die wahren Gesetze durch auf bekannte Tatsachen sich stützende konstruktive Bemühungen herauszufinden. Je länger und verzweifelter ich mich bemühte, desto mehr kam ich zu der Überzeugung, daß nur die Auffindung eines allgemeinen formalen Prinzipes uns zu gesicherten Ergebnissen führen könnte."[73]

Es ist nicht zuviel gesagt, daß die damals entstehende neue Physik vor allem eine „Physik der Verzweiflung“ war. Die Rolle Machs als Ikonoclast und Kritiker der klassischen Begriffe war besonders bedeutend. Ob Einsteins Einschätzung der zeitgenössischen Szene nun korrekt war oder nicht – jedenfalls war Machs mächtige und mutige Kritik ein wesentlicher Eindruck, der ihn wie viele andere beeinflußte.

Ein fast vergessener Lehrer

Wir können nun zu unserem endgültigen Sturm auf das Problem der möglichen Vorgänger von Einsteins Arbeiten ansetzen. Weder die Form noch der Inhalt von Einsteins Arbeit des Jahres 1905 kann als Folge der geistigen Kette Lorentz-Poincaré, oder Maxwell-Helmholtz-Boltzmann oder Kirchhoff-Mach-Hertz hinreichend verstanden werden. Es ist sicher möglich, daß Einsteins Relativitätsarbeit eine Minerva-gleiche Schöpfung war, die durch keine direkten Vorgänger vorbereitet wurde. Nachdem wir keine Modelle dafür in den Arbeiten der Hauptautoren dieser Zeit gefunden haben, könnten wir diese Ansicht zögernd akzeptieren.

Es zeigt sich aber, daß dies nicht notwendig ist. Bei der Arbeit mit den Dokumenten des Princeton-Archivs fand ich einen Schlüssel zu einer ganz andersartigen und unkonventionellen Ansicht über die Einflüsse auf Einsteins gedanklichen Weg zur Relativitätstheorie. Einmal erschien dabei nämlich ganz nebenbei der Name eines heute fast vergessenen Physikers, der bisher nicht erwähnt wurde: August Föppl – ein Name, an den sich einige ältere deutsche Wissenschaftler und Ingenieure vage erinnern, aber sonst fast niemand.

Föppl erscheint heute neben „Kirchhoff, Helmholtz, Hertz, etc.“ fehl am Platze – so sehr, daß er sehr wohl unter den „etc.“ in Einsteins „*Autobiographisches*“ erscheinen könnte. Tatsächlich beginnt die Suche für die mögliche Rolle August Föppls nicht sehr erfolgversprechend: Föppl, geboren 1854, veröffentlichte im Alter von 36 Jahren als Lehrer an einer Technischen Mittelschule und Administrator in Leipzig sein erstes Buch, eine ziemlich elementare Einführung in die Physik. Vom ersten Übungsbeispiel dieses Leitfadens (wie schnell muß eine Scheibe rotieren, um ein darauf stehendes Objekt abzuwerfen?) bis zur letzten (erkläre Nebenschluß Wechselstrommaschinen) scheint nichts auf die mögliche Bedeutung dieses Mannes für unsere Geschichte hinzuweisen.

Zwei Jahre später veröffentlichte Föppl als Zivilingenieur in Leipzig sein Buch „*Das Fachwerk im Raume*“. Hierbei geht Föppl von einigen vorangehenden Aufsätzen aus, die er für seine Promotion an der Universität zu Leipzig im Jahre 1886 geschrieben hatte, wahrscheinlich im Zusammenhang mit seiner Aufgabe, das Marktgebäude von Leipzig mitzuentwerfen. Das Buch ist aber keinesfalls als rein praktisches Handbuch gemeint. Ganz im Gegenteil, Föppl wendet sich gegen die Definition des „Fachwerks“, das üblicherweise als lasttragende Struktur betrachtet wird, die aus festen geraden Balken besteht: „Für mich ist es eine rein ideelle Struktur" (S. 3). Um dies zu begründen wendet sich Föppl einer erkenntnistheoretischen Abschweifung zu, welche die Vorgänge und die Notwendigkeit der Einführung von Begriffen wie starrer Körper oder des Äthers betrifft „die keinesfalls in jeder Beziehung mit ihren ‚realen Urbildern' übereinstimmen."

Im Jahre 1892 wurde Föppl dann an die Universität von Leipzig berufen um – überraschenderweise – Landmaschinenkunde zu unterrichten. Wie er später lachend gestand, wußte er sehr wenig über diesen Gegenstand, und er verbrachte den Sommer mit Besuchen bei Fabriken, um mehr darüber zu lernen. Sein anpassungsfähiger Geist scheint ihm geholfen zu haben, dieses Thema in kurzer Zeit hinreichend zu erlernen, um die Vorlesung abzuhalten. Aber bloße Praxisbezüge befriedigten ihn nicht hinreichend. Und so begann er, vielleicht nur aus Langeweile, in seiner Freizeit mit der Arbeit an einem Buch. Damit entstand eine Abhandlung „*Einführung in Maxwells Elektrizitätstheorie*", die 1894 erschien. Das Werk wurde ein Erfolg und „erregte Aufsehen, da damals die elektrodynamischen Überlegungen des großen englischen Physikers Maxwell noch sehr wenig bekannt waren", wie aus dem einleitenden Aufsatz der Herausgeber der Festschrift hervorgeht, die zu Ehren von Föppls 70. Geburtstag am 25. Januar 1924 erschien.[74] Das Buch wurde zum Ausgangspunkt einer Reihe redigierter und erweiterter Auflagen, die den Studenten der Elektrizitätslehre unter den Namen Abraham/Föppl (1904, 1907, 1911), später Abraham/Becker (1930), später Becker/Sauter (1958, 1964) bekannt wurden – obwohl sich das ursprüngliche Buch Föppls sehr von all diesen redigierten Ausgaben unterschied.

Die erste Auflage von Föppls Buch wurde gut verkauft, besonders da der Autor in der Lage war, die Maxwellsche Theorie für Ingenieure klar darzustellen. Vielleicht wurde Föppl deshalb im Jahre 1894 an die Technische Universität in München berufen – gerade in die Stadt, in der Einstein damals als 15-jähriger Junge lebte. Dort verblieb Föppl dann und verfaßte zahlreiche Schriften. Soweit ich erkennen konnte, hat er aber niemals aus seinem eigenen Buch über Maxwells Theorie unterrichtet.

Bevor wir uns Föppls Darstellung der Maxwellschen Theorie zuwenden, müssen wir seinen speziellen Stil beurteilen, der sein Denken charakterisiert. Dies geschieht am besten durch eine Betrachtung von Föppls außerordentlich erfolgreichen nächsten Werk, den „*Vorlesungen über technische Mechanik*", die seit 1898 in mehreren Teilen erschienen. (Die Festschrift, S. VI, stellt fest, daß bis 1924 fast 100 000 Bände dieses Werkes in der ganzen Welt verkauft wurden.) Föppl selbst sandte sieben Auflagen seines Werkes an den Verleger, und andere setzten später sein Werk fort.

Das Vorwort von Föppls Mechanik, verfaßt im Juni 1898 gibt Aufschluß über seine speziellen Talente als Lehrer und Schriftsteller. Er gesteht, daß sich seine Studenten manchmal darüber beklagten, er gehe „zu langsam und nicht zu schnell" vor, er lege aber großen Wert darauf, die Grundlagen sorgfältig darzustellen. Fast scheint es, daß er dabei speziell einen Leser im Auge hatte, der nicht die Vorteile einer formalen Erziehung über das Thema genossen hatte und der deshalb wesentliche Lücken in seinem formalen Grundwissen aufweisen würde.

Nach diesem ermutigenden Vorwort stößt der Leser auf die ersten zwei Sätze des Haupttextes, die eine typische Mischung von Direktheit und Weitschweifigkeit aufweisen: „Die Mechanik ist Teil der Physik. Ihre Lehre beruht, wie die aller anderen Naturwissenschaften, in letzter Analyse auf der Erfahrung". Damit wendet er sich einer Diskussion der Bedeutung von „Erfahrung" zu. Auf S. 4 gesteht er:

„Es ist nunmehr, natürlich nicht länger eine Frage der Mechanik, sondern eine philosophische und erkenntnistheoretische Frage. Ihre Behandlung kann jedoch in einer Einführung in die Mechanik nicht umgangen werden, wie immer man sich aufgrund früherer unerfreulicher Erfahrungen scheuen mag, philosophische Fragen in den exakten Wissenschaften zu behandeln."

Föppl meint dann, daß der von ihm dargestellte antimetaphysische und selbstbewußte Empirizismus von führenden Wissenschaftlern im allgemeinen akzeptiert wird, und beruft sich dabei speziell auf drei Namen, in deren Geiste er zu arbeiten meint: Kirchhoff, Heinrich Hertz (früher an der Münchner Universität) und Ernst Mach. Tatsächlich beginnt der Band über Dynamik mit einem Abschnitt über „Relativbewegung". Im Vorwort dazu meint Föppl wiederum: „Man wird bemerken, daß der [erste Teil des Bandes] stark von der Arbeit Machs beeinflußt ist, die mir einen bleibenden Eindruck hinterlassen hat."[75]

Föppls Darstellung der Maxwellschen Theorie

Wenden wir uns nun Föppls *Einführung in die Maxwellsche Elektrizitätslehre* aus dem Jahre 1894 zu, so wird uns noch klarer, wie ein junger Leser mit eher mangelhaftem Vorwissen sich einem neuen wissenschaftlichen Problem zuwandte – und ein solcher Leser war Einstein in den Jahren vor 1890. Flöppl schreibt im Vorwort, daß nunmehr nicht nur der berufliche Physiker, der Lehrer und der Student der Physik, sondern auch ... „der wissenschaftlich gebildete Elektrotechniker sich mit den Grundzügen dieser Theorie bekannt zu machen sucht, in der man heute mit großer Wahrscheinlichkeit die bleibende Grundlage jeder physikalischen Forschung auf diesem Gebiete erblicken darf.

Hiermit entstand auch das Bedürfniß nach einer möglichst allgemein verständlichen, dabei aber doch wissenschaftlich strengen Darstellung der Maxwell'schen Theorie."[76]

Maxwells Originalarbeiten seien, wie Föppl berichtet, zu schwierig und enthielten viele Fehler und Unvollständigkeiten, die in der Zwischenzeit beseitigt worden seien. Er schreibt, daß auch Boltzmann eine Einführung veröffentlicht habe, die in ihrer Art nicht übertroffen werden könne, die aber dennoch den Bedarf nach einer anderen, unterschiedlichen Darlegung offen lasse. Föppl strebt insbesondere ein „klares Verständnis der Begriffe und Überlegungen der Theorie [an], damit der Leser die Möglichkeit selbständigen Arbeitens erhält“ – kurz, gerade jene Art Buch, die ein interessierter Student benötigt, der in seinen Vorlesungen die Maxwellsche Theorie nicht kennengelernt hat.[77]

Föppls Buch enthält sechs Hauptabschnitte: der erste behandelt die Vektorrechnung, der zweite Grundlagen der Elektrizität (Gauss‘ Theorien, Coulombs Gesetz, Magnetismus, Induktion usw.); der dritte und vierte sind die üblichen Erweiterungen (Kräfte, Vektorpotential, Energiebeziehungen im elektromagnetischen Feld zwischen stationären Leitern). Bis dahin geschieht all dies vollständig und geduldig, so als ob dies bloß ein Vorspiel zu etwas anderem wäre.

Wir kommen dann zum fünften Hauptabschnitt, der von besonderer Bedeutung für uns ist. Er trägt die Überschrift „Die Elektrodynamik bewegter Leiter“ (S. 307–356), und das erste Kapitel behandelt „Elektromotorische Kräfte, die durch Bewegungen induziert werden“. Der erste Paragraph dieses Kapitels ist „Relative und absolute Bewegung im Raum“ und beginnt auf eine unübliche Weise:

„Den Untersuchungen der Kinematik, der allgemeinen Bewegungslehre, liegt meistens das Axiom zu Grunde, daß es bei den Beziehungen der Körper zu einander nur auf die Relativbewegungen ankomme. Von einer absoluten Bewegung im Raume könne gar keine Rede sein, da jedes Mittel fehle, eine solche Bewegung zu konstatieren, wenn kein Vergleichskörper vorhanden wäre, von dem aus sich die Bewegung beobachten und ausmessen ließe. ... Sowohl nach der Maxwellschen Theorie als nach den Lehren der Optik kommen aber „leere“ Räume in der Wirklichkeit überhaupt nicht vor. Auch das sogenannte Vacuum ist noch mit einem Medium, dem Äther, angefüllt. Die Vorstellung eines Raumes ohne diesen Inhalt bedeutet einen Widerspruch, etwa wie wenn man sich einen Wald ohne Bäume denken wollte. Der absolut leere Raum wäre dann überhaupt kein Gegenstand einer möglichen Erfahrung mehr, oder mit anderen Worten, wir müßten die uns aus den vorhergehenden Entwickelungszeiten menschlichen Denkens überkommenen Raumvorstellungen einer durchgreifenden Revision unterziehen.

Die Entscheidung der soeben berührten Frage bildet vielleicht die wichtigste Aufgabe der Naturforschung unserer Zeit.“[78] [Hervorhebung von G. H.]

Zwar ist Föppl nicht bereit, den Äther oder die Absolutbewegung aufzugeben, weiß aber, wo die physikalisch bedeutsamen Probleme liegen. Einige Zeilen weiter schreibt Föppl:

„Wenn wir im Folgenden von den Sätzen der Kinematik über die Relativbewegungen Gebrauch machen wollen, müssen wir bei dieser Sachlage mit

Vorsicht verfahren. Wir dürfen es nicht a priori als feststehend ansehen, daß es z.B. gleichgültig ist, ob ein Magnet sich in der Nähe eines ruhenden elektrischen Stromkreises oder ob dieser sich bewegt, während der Magnet ruht, falls nur in beiden Fällen die Relativbewegung die gleiche ist."

Erinnern wir uns, daß dies genau die experimentelle Situation ist, mit der Einsteins Arbeit beginnt – und Föppl bezieht sich unmittelbar daraufolgend auf ein heute sehr bekanntes Gedankenexperiment: „Um diese Frage zu entscheiden, können wir einen dritten Fall betrachten." Föppl schlägt vor, sowohl den Magnet als auch den Leiter in gemeinsamer Bewegung – also ohne Relativbewegung – zu betrachten. Die Erfahrung zeigt, wie er sagt, daß in diesem Fall die „Absolutbewegung" selbst keine elektrischen oder magnetischen Kräfte in einem der beiden Körper hervorruft. Dieses Gedankenexperiment hat man weiter entwickelt, um zu zeigen, daß auch in den zuvor betrachteten Fällen nur die Relativbewegung ausschlaggebend ist.

Später diskutiert Föppl dann die Wechselwirkung zwischen bewegten Magneten und ruhenden Leiter (S. 314–320) und zwischen ruhenden Mangeten und bewegten Leitern (S. 321–324). Der Rest dieses Abschnitts richtet sich auch vornehmlich an alle Arten von Ingenieuren (er behandelt unipolare Induktion, elektromagnetische Kraft für einen bewegten Leiter, magnetische Kräfte, Bewegung einer Drahtschleife in einem magnetischen Feld usw.).

Ein ziemlich kurzer sechster Abschnitt enthält eine Zusammenfassung anderer Aspekte von Maxwells Arbeit, einschließlich elektromagnetischer Wellen – wiederum fast ohne jede Bezugnahme auf tatsächliche Ätherexperimente. Unsere Aufmerksamkeit richtet sich aber vornehmlich auf den fünften Abschnitt von Föppls Buch, denn die darin und in einigen anderen Abschnitten des Buches dargelegte Denkweise könnte derjenigen von Einstein tatsächlich entsprochen haben. Auch steht dieser Abschnitt in Aufbau und Stil Einsteins Argumentationsweise weit näher, als die Arbeiten all der anderen heute bekannteren Physiker – weit näher als die Bücher über Elektromagnetismus von Maxwell, Helmholtz, Boltzmann, Hertz oder Runge.

Andere Hinweise auf Föppl

Bevor wir die Parallelen zu Föppl endgültig akzeptieren, müssen wir nach weiteren Beweisen suchen. Schließlich haben wir bereits die Vermutung zurückgewiesen, daß Einstein auf den Arbeiten von Poincaré und Lorentz aus 1904 aufbaute, obgleich es auch hier gewisse Parallelen gibt.

Wir müssen daher fragen, warum keiner von Einsteins anderen, engeren Bekannten jemals schriftlich niederlegte, daß Einstein Föppls Buch gelesen hatte? Ich fragte daher meinen Kollegen Philipp Frank – den Physiker, der sowohl Einsteins Nachfolger in Prag als auch sein Freund und Biograph wurde – warum er Föppl in seinem Buch nicht erwähnt hatte.[79] Frank antwortete, er glaube, Föppl erwähnt zu haben. Als ich dies anhand meines Exemplars der

Biographie widerlegte, war dies für Frank eine beträchtliche Überraschung, er verwies mich aber nach einiger Überlegung auf die deutsche Ausgabe seines Buches.[80] Im Vorwort dazu erklärt Frank, daß diese deutsche Ausgabe die erste komplette Fassung seines Manuskripte darstellte, das er in den Jahren 1939–1941 geschrieben hatte (dagegen nahm der Verleger in der englischsprachigen Ausgabe zahlreiche Kürzungen vor. Und in dieser Ausgabe findet sich auch auf Seite 38 der Hinweis, daß Einstein „die Werke dieser „Klassiker der theoretischen Physik", die Vorlesungen von Helmholtz, Kirchhoff, Boltzmann, die Elektrizitätslehre von J.C. Maxwell und H. Hertz, und deren Darstellung im Lehrbuch von Abraham-Föppl usw. [studiert hatte]. Einstein vergrub sich mit einem gewissen Fanatismus Tag und Nacht in diese Bücher, aus denen er lernte, wie man zuerst das mathematische Gerüst aufbaut und dann mit dessen Hilfe das Gebäude der Physik selbst konstruiert."[81]

Es gibt natürlich noch Dutzende andere Biographien von Einstein – die meisten aber aus zweiter und dritter Hand. In den Archiven von Princeton fand ich aber noch eine weitere Überraschung: Ich wußte, daß ein gewisser Anton Reiser eine Einstein-Biographie in englischer Sprache im Jahre 1930 veröffentlicht hatte,[82] als Einstein noch in Berlin lebte. Trotz eines freundlichen Vorworts Einsteins („... der Autor dieses Buchs kennt mich recht gut ... ich fand die Tatsachen in diesem Buch genau dargestellt ..."), kann es auf den ersten Blick kaum als verläßliches Buch gelten: denn ganz abgesehen von der verdächtigen Tatsache, daß nie eine deutsche Ausgabe veröffentlicht wurde, gibt es auch keine Hinweise auf akademische Verdienste des Autors. Auch existiert keine andere Publikation von Reiser, und eine Suche in den üblichen Archiven ließ vermuten, daß es ihn einfach nicht gibt. Die Materialien in den Archiven zeigen aber, daß Anton Reiser das Pseudonym für Einsteins Schwiegersohn Rudolf Kayser war, der die Biographie mit Einsteins Zustimmung verfaßt hatte. Wir kehren daher zu Reisers obskurem und schwer zu findendem Buch mit neuem Respekt zurück – und wieder finden wir darin Föppl: „... die in Zürich angebotenen Vorlesungen schienen unzureichend und inadäquat, so daß er ihnen üblicherweise fern bliebe. Seine Entwicklung als Wissenschaftler litt nicht darunter. Als geradezu manischer Leser vertiefte er sich Tag und Nacht in die Arbeiten der großen Physiker – Kirchhoff, Hertz, Helmholtz, Föppl".

Wir dürfen daher vermuten, daß wir nunmehr das fehlende Signal aus dem Rauschen des „*et cetera*" herausgefiltert haben. Im Grunde hat aber ein Genius keine Vorläufer. Es wäre absurd zu behaupten, daß Föppl in irgendeiner Weise Einstein „erklärt", oder daß es auch nur eine einfache Gedankenkette gibt, die Föppls Buch mit der Einsteinschen Relativitätstheorie verbindet. Die richtige Haltung ist hier genau jene, die Philipp Frank in dem zitierten Abschnitt einnimmt: Von Büchern wie diesen lernte Einstein, wie man den Rahmen einer Theorie erstellt und mit ihrer Hilfe dann das Gebäude der Physik errichtet.

Zusammenfassend können wir nun die Rolle Föppls beurteilen. Zusammen mit Helmholtz auf der einen Seite und Mach auf der anderen Seite hat er die einzigartigen Aspekte bestärkt, die Einsteins Arbeit aus dem Jahre 1905 so wichtig machten (und für seine Zeitgenossen so schwer lesbar machten – wie unverständlich dies auch einer Generation von Physikern scheinen mag, die aus den Büchern von Dirac und Feynman lernten). Wie die verschiedenen zeitgenössischen Behandlungen der Elektrodynamik zeigen, gab es im Prinzip sehr viele mögliche Zugänge, die für Einstein offen waren. Was Föppl liefern konnte – sein Beitrag zu den Kräften, die Einsteins Weg zur Relativitätstheorie bestimmten – war erstens Ermutigung, auf eine Weise vorzugehen, die sich grundlegend von dem in der Schule Gelernten und von dem unterschied, was in all den respektablen Büchern der bedeutendsten Physiker zu finden war. Wir können auch besser verstehen, was bis heute der überraschendste Teil von Einsteins Relativitätsarbeit ist: jugendlich stürmische Philosophie als Teil der Physik; die Erkenntnis, daß das grundlegende Problem die Erlangung eines neuen Gesichtspunktes über die Konzepte von Raum und Zeit ist; die Hinlenkung zu Gedankenexperimenten und umgekehrt ein nur mäßiges Interesse an den tatsächlichen detaillierten Experimenten, die in vielen unserer heutigen Lehrbüchern als Ausgangspunkt der Relativitätstheorie erscheinen.

Auch einige beißende Schärfe liegt in der Entdeckung, wie Föppl Einstein beeinflußt haben mag – das Buch eines „Außenseiters", der keine Studenten hatte, denen er den Inhalt seines Werks in Vorlesungen unterrichten konnte, fiel in die Hand eines Studenten, der von seinen Lehrern als „Außenseiter" betrachtet wurde, und der in diesem Buch das Material und die Stimulierung fand, die er in ihren Vorlesungen vermißte.

In dieser Studie haben wir einige Dokumente benutzt, die Einstein sicherlich anfänglich nicht für historische Forschungen bestimmt hatte. Dennoch können wir sicher sein, daß Einstein keine Einwendungen erhoben hätte. So schrieb er nämlich einmal an Besso (30. November 1949): „Wenn ich Dir etwas schreibe, so kannst Du es jedem zeigen. Ich habe schon lang keine Geheimnisse mehr." Und in einem anderen unveröffentlichten Manuskript (Nr. 17, undatiert, nicht vor 1941): „Die Wissenschaft als existierender, abgeschlossener [Wissensschatz] ist das objektivste, unpersönlichste [Ding], das die Menschen kennen, [aber] die Wissenschaft in ihrer Entstehungsphase, als Ziel, ist ebenso subjektiv und psychologisch bedingt wie alle anderen menschlichen Bestrebungen." Und dieser Aspekt, so meint er dann, sollte auch „einem selbst gestattet sein". Glücklicherweise haben er, seine Freunde und seine Kollegen gerade dies getan. Sie haben uns das Protokoll einer „Wissenschaft in statu nascendi" hinterlassen und damit unser Verständnis wissenschaftlicher Arbeit im weitesten Sinne bereichert.

Anmerkungen

[1] Zitiert in Carl Seelig (Hrsg.), *Helle Zeit – dunkle Zeit* (Europa Verlag, Zürich 1956) S. 25

[2] Siehe dazu G. Holton, *Einsteins scientific programm: the formative years*, in Harry Woolf (Hrsg.), Some Strangeness in the Proportion (Addison-Wesley, Reading, Mass. 1980)

[3] Brief an von Laue vom 17. Januar 1952 (unveröffentlicht). Siehe auch Max Born, *Physics and Relativity*, in: André Mercier und Michael Kervaire (Hrsg.) *Fünfzig Jahre Relativitätstheorie* (Birkhäuser, Bern 1956), S. 248–249.

[4] Albert Einstein, *Autobiographisches*, in Paul A. Schilpp (Hrsg.), *Albert Einstein als Philosoph und Naturforscher* (Vieweg, Braunschweig 1979)

[5] Albert Einstein, *Über einen die Erzeugung und Verwandlung des Lichtes betreffenden heuristischen Gesichtspunkt, Annalen der Physik* **17**, 132 (1905). Abgedruckt in D. Ter Haar (Hrsg.), *Quantentheorie, Einführung und Originaltexte*, Berlin 1969

[6] Albert Einstein, *Über die von der molekularkinetischen Theorie der Wärme geforderte Bewegung von in ruhenden Flüssigkeiten suspendierten Teilchen, Annalen der Physik* **17**, 560 (1905)

[7] Albert Einstein, *Zur Theorie der Brownschen Bewegung, Annalen der Physik* **19**, 371–381 (1906)

[8] Siehe *Ref.* **4** und Leopold Infeld, *Albert Einstein, ein Werk und sein Einfluß auf unsere Welt* (Schönbrunn-Verlag, Wien 1953)

[9] Albert Einstein, *Zur Elektrodynamik bewegter Körper, Annalen der Physik* **17**, 891 (1905)

[10] *Ref. 9*, S. 921

[11] Albert Einstein, *Das Raum-Äther- und Feld-Problem der Physik*, in: *Mein Weltbild* (Ullstein, Berlin 1975) S. 144: „Die Relativitätstheorie ist ein schönes Beispiel für den Grundcharakter der modernen Entwicklung der Theorie. Die Ausgangshypothesen werden nämlich immer abstrakter, erlebnisferner. Dafür aber kommt man dem vornehmsten wissenschaftlichen Ziele näher, mit einem Mindestmaß von Hypothesen oder Axiomen ein Maximum von Erlebnisinhalten durch logische Deduktion zu umspannen."

[12] H. A. Lorentz, *Electromagnetic Phenomena in a System Moving with Any Velocity Smaller Than That of Light*, Kon. Akademie van Wetenshappen Amsterdam, *Proceedings of the Section of Sciences* **6**, 809–831 (1904). Deutsch in: *Elektromagnetische Erscheinungen in einem System, das sich mit beliebiger, die des Lichtes nicht erreichender Geschwindigkeit bewegt,* in: H. A. Lorentz, A. Einstein, H. Minkowski, *Das Relativitätsprinzip, eine Sammlung von Abhandlungen* (Wissenschaftliche Buchgememeinschaft, Darmstadt 1958)

[13] Albert Einstein, *Über die spezielle und die allgemeine Relativitätstheorie* (Vieweg, Braunschweig 1979), S. 28. Siehe auch Albert Einstein, *Zum Relativitätsproblem, Scientia* **15**, 337 (1914)

[14] Wolfgang Pauli, *Relativitätstheorie,* Band 5 der *Enzyklopädie der Mathematischen Wissenschaften* (Teubner, Leipzig 1921) betont diesen Punkt unbeabsichtigterweise bei der Zusammenfassung seiner Analyse der RT: „Das Relativitätspostulat besagt implizite, daß eine gleichförmige Translation des Schwerpunktes des Weltalls relativ zu einem abgeschlossenen System auf die Erscheinungen in diesem ohne Einfluß ist." Dies entspricht der Haupthypothese in der letzten Auflage der *Principia.*

15 Vgl. Max von Laue, *Einstein und die Relativitätstheorie, Naturwissenschaften* 43, *1–8 (1956)*

16 Albert Einstein, *Les Prix Nobel en 1921–1922* (Stockholm, 1923), S. 2. Siehe auch Albert Einstein, *Dialog über Einwände gegen die Relativitätstheorie*, Naturwissenschaften 6, 697–702 (1918)

17 Die Betrachtung gewisser „Revolutionen" als Rückkehr zu einer imaginären klassischen Reinheit habe ich in dem Aufsatz behandelt: *„Thematic and Stylistic Interdependence"*, in: *Thematic Origins of Scientific Thoughtl: Kepler to Einstein* (Cambridge Univ. Press, 1973), S. 109–112

18 Sir Edmund Whittaker, Albert Einstein, *Biographical Memoirs of Fellows of the Royal Society* (Royal Society, London 1955), S. 37–67

19 Sir Edmund Whittaker, *A History of the Theories of Aether and Electricity: From the Age of Descartes to the Close of the Nineteenth Century* (Longmans, London und New York 1910; erweiterte Neuauflage 1951)

20 Sie Edmund Whittaker, *A History of the Theories of Aether and Electricity: The Modern Theories, 1900–1926* (Nelson, London 1953), S. 40

21 J.H. Poincaré, *L'Etat actuel et l'avenir de la physique mathématique, Bulletin des Sciences Mathématiques* (1904), Première Partie, 302–324

22 H.A. Lorentz, *Proc. Acad. Sci. Amst.* (English ed.) 6, 809 (1903)

23 Siehe *Ref. 18*, S. 42

24 Siehe *Ref. 1*, S. 89

25 *Siehe Ref. 1*, S. 97

26 Siehe dazu den Aufsatz *„Einsteins Suche nach dem Weltbild"* in diesem Band. Tatsächlich benutzte Eintein den Ausdruck „revolutionär" zur Charakterisierung seiner Arbeiten nur in dem Brief des Jahres 1905 an Habicht, in dem er sich auf die Quantentheorie des Lichtes bezog. Er meinte damit, wie er immer wieder betonte, daß sein Vorschlag des Photons *ad hoc* war und damit *nicht grundlegend.*

29 Brief von A. Einstein an Carl Seelig, abgedruckt in: *Technische Rundschau* 47, Bern, 6. Mai 1955, sowie in Max Born, *Ref. 3*, S. 248

30 Siehe dazu die Anmerkung zu A. Einsteins *„Zur Elektrodynamik bewegter Körper"* in *Ref. 12*, S. 26. Die von Arnold Sommerfeld stammende Anmerkung lautet „Die im vorhergehenden abgedruckte Arbeit von H.A. Lorentz war dem Verfasser noch nicht bekannt."

Auch Lorentz hat in seinen Vorlesungen und Veröffentlichungen wiederholt auf die Neuheit und Unabhängigkeit von Einsteins Werk in großzügiger Weise hingewiesen. Siehe dazu auch Ludwig Silberstein, *The Theory of Relativity* (McMillan & Co, London 1924), sowie seine Anmerkung zu der 1912 erschienenen Ausgabe von *„Das Relativitätsprinzip", loc. cit.*

31 Die Abhandlung von Lorentz (*Ref. 12*) wurde im Juni 1904 zunächst auf holländisch veröffentlicht. Damals sprach Einstein wahrscheinlich nicht holländisch und nur wenig, falls überhaupt, englisch. In einem Brief an Besso (1913 oder später) schreibt Einstein: „Ich lerne englisch (bei Wohlwand), langsam aber gründlich."

32 Auch in anderen Fällen hat Einstein die wissenschaftliche Arbeit anderer unabhängig wiederholt. Die Untersuchungen der Jahre 1902–1905 über Thermodynamik und Fluktutionserscheinungen waren zum Großteil nicht neu, wie er selbst in seiner Autobiographie schreibt. Anton Reiser berichtet, daß Einstein an der Universität einen Apparat zur Messung der Ätherdrift plante, wobei er nichts über Michelsons Experiment wußte.

33 H. A. Lorentz, *Versuch einer Theorie der elektrischen und optischen Erscheinungen in bewegten Körpern* (E. J. Brill, Leiden 1895)

34 Die Gedenkrede „*H. A. Lorentz als Schöpfer und Persönlichkeit*" eröffnet Einstein mit den Worten „Um die Jahrhundertwende wurde H. A. Lorentz von den theoretischen Physikern aller Nationen als der führende Geist betrachtet und dies mit volles Recht." Siehe Albert Einstein, *Aus meinen späten Jahren* (Deutsche Verlagsanstalt, Stuttgart 1979) S. 29

35 Diese Bemerkung macht Max von Laue, *Einstein und die Relativitätstheorie, Naturwissenschaften* **43**, 1–8 (1956). Er glaubt ebenfalls, daß Einstein die Lorentz'sche Arbeit nicht kannte.

36 Max Born (*Ref. 3*), S. 248

37 H. A. Lorentz, *Vorlesungen über Theoretische Physik* (Akadem. Verlagsges., Leipzig 1928) Band III, 2, S. 211

38 Whittaker (*Ref. 20*, S. 31) meint, daß Lorentz „eine Transformation erhielt, die in erster Ordnung von v/c exakt ist". Strenggenommen gilt dies nur im Vakuum.

39 A. Einstein, M. Born, *Briefwechsel 1916–1955* (Nümphenburger Verlagsbuchhandlung, München 1969), S. 200

41 Henri Poincaré, *Der Wert der Wissenschaft* (Teubner, Leipzig 1910) (französische Erstauflage 1905), S. 140. Poincaré hatte bereits zuvor die Einführung neuer *adhoc*-Hypothesen in der damaligen Theorie elektrischer und optischer Phänomene verurteilt (Henri Poincaré, *Rapports du Congrès de Physique de 1900*, S. 22–23). Lorentz nahm diese Einwände wichtig genug, um sie in *Ref. 12* zu erwähnen (S. 7): „Sicherlich haftet diesem Aufstellen von besonderen Hypothesen für jedes neue Versuchsergebnis etwas Künstliches an."

42 Siehe z. B. A. Einstein, *Briefe an Maurice Solovine* (Gauthier-Villars, Paris 1956), S. VIII; *A. Einstein, M. Besso Correspondence 1903–1955* (Hermann, Paris 1972; S. 464 (Brief vom 6.3.1952); Carl Seelig, *Albert Einstein* (Europa Verlag, Zürich 1954), S. 69

43 Henri Poincaré, *Wissenschaft und Hypothese* (Teubner, Leipzig 1906) (französische Erstauflage 1902), Kapitel 5 und 7; Henri Poincaré, *Der Wert der Wissenschaft* (*Ref. 41*), S. 139, trägt die Überschrift „Das Prinzip der Relativität". Weitere Zitate bei Augustin Sesmat, *Systèmes de Référence et Mouvements*, Nr. 486, *Actualités Scientifiques et Industrielles* (Hermann, Paris 1937), S. 38–40. Siehe auch Henri Poincaré, *The Principles of Mathematical Physics, Ansprache an den International Congress of Arts and Sciences*, St. Louis 1904, veröffentlicht in *The Monist* **15**, 1–24 (1905).

44 Louis de Broglie, *Savants et Découvertes* (Editions Albin-Michel, Paris 1951), S. 50. Das Zitat bezieht sich auf den Artikel *Sur la dynamique de l'électron, Rendiconti del Circolo Matematico di Palermo* **21**, 129–176 (1906). Er wurde von Poincaré am 23. Juli 1905 vorgelegt. Eine Kurzfassung erschien in *Comptes Rendus* **140**, 1504–1508 (1905). Einsteins Relativitätsarbeit ging bei den Annalen der Physik am 30. Juni 1905 ein.

45 Sesmat, (*Ref. 43*), S. 40

46 Henri Poincaré, *Der Wert der Wissenschaft*, S. 34–35

47 Henri Poincaré, *Les Rapports de la matière et de l'éther, Journal de Physique* **2**, 360 (1912) und *Letzte Gedanken* (Akademische Verlagsgesellschaft, Leipzig 1913), S. 223

48 Henri Poincaré, *The Principles of Mathematical Physics*, S. 19.

49 Jaques Hadamard, *Le Problème des trois corps,* in: Vito Voltera et al., *Henri Poincaré, L'Oeuvre Scientifique, L'Oeuvre Philosophique* (Felix Alcan, Paris 1914), S. 88

50 Théo Kahan, *Sur les Origines de la théorie de la relativité restreinte, Revue d'Histoire des Sciences et de Leurs Applications* **12**, 162 (1959)

51 Henri Poincaré, *Letzte Gedanken* (Akademische Verlagsgesellschaft, Leipzig 1913) S. 51. Das Prinzip der Relativbewegung in der klassischen Mechanik, das Poincare als die exakte Version des Prinzips der physikalischen Relativität betrachtete, gilt für das gesamte Universum und für ideale Festkörper und ist deshalb eine Konvention. Man kann zeigen, daß das von Poincaré in dem genannten Aufsatz zitierte Relativitätsprinzip von ihm im Jahre 1900 als „Prinzip der Relativbewegung" und im Jahre 1904 von Lorentz als „Prinzip der Relativität" bezeichnet wurde. Poincaré erhob aber das letztere Relativitätsprinzip niemals in den Rang einer Konvention. Die Arbeiten von A. I. Miller enthalten weitere nützliche Diskussionen dieses Punktes.

52 Henri Poincaré, *Wissenschaft und Methode* (Teubner, Leipzig 1914) (französische Erstausgabe Paris 1908), S. 209. Das Kapitel enthält Abschnitte über *„Das Prinzip der Relativität"* ... *„Folgerungen aus dem Relativitätsprinzip"* und *„Der Kaufmannsche Versuch"*. In der Fußnote zur deutschen Auflage ist bereits angemerkt, „daß Bucherer den Versuch wiederholt hat unter Anwendung neuer Vorsichtsmaßregeln, und daß er, im Gegensatz zu Kaufmann, Resultate erhalten hat, die die Lorentzsche Anschauung bestätigen".

53 Eine detaillierte Diskussion findet sich in Kapitel 7 von H.A. Lorentz, Vorlesungen über Theoretische Physik IV, S. 114. Lorentz meint: „Auf Grund der Kaufmannschen Resultate kann man zu keiner endgültigen Entscheidung zugunsten einer der zwei Theorieen gelangen"

54 Henri Poincaré, *Wissenschaft und Hypothese*, S. 167

55 Weitere Analysen von Poincarés Haltung finden sich in den Dissertationen zweier meiner Studenten: Stanley Goldberg, *The Early Response to Einsteins Special Theory of Relativity*, 1905–1911: *A Case Study in National Differences* (Harvard University thesis, 1968); Susan Presswood Wright, *Henri Poincaré, A Developmental Study of His Philosophical and Scientific Thought,* Vols. 1 und 2 (Harvard University thesis, 1975).

56 Oliver Lodge, *The Geometrisation of Physics, and Its Supposed Basis on the Michelson-Morley Experiment, Nature* **106**, Nr. 2677 (1921)

57 Roger Cores, Vorrede zur zweiten Ausgabe von Newtons *Principia Mathematica Philosophia Naturalis*, deutsch von J. Wolfers (Wissenschaftliche Buchgemeinschaft, Darmstadt 1963), S. 18

58 Alexander Koyré, *Von der geschlossenen Welt zum unendlichen Universum*, (Suhrkamp, Frankfurt 1969), S. 248, 249

59 Werner Heisenberg, *The Representation of Nature in Contemporary Physics,* Daedalus, Sommer 1958, S. 103–105

60 Hermann Weyl, *Wissenschaft als symbolische Konstruktion des Menschen*, Eranos Jahrbuch (Rhein-Verlag, Zürich 1949), S. 382, 427–428

61 Siehe dazu auch Gerald Holton, *Einsteins Scientific Program: The Formative Years,* in: Harry Woolf (Hrsg.), *Some Strangeness in the Proportion: A Centennial Symposium to Celebrate the Achievements of of Albert Einstein* (Addison-Wesley Reading, MA 1980)

62 Siehe *Ref. 8*, S. 35

63 Auch andere Hochschulen waren nicht forschrittlicher als die ETH. Beispielsweise war die Elektrodynamik in Cambridge 1902 „kaum eingeführt". „Maxwells Arbeit war zu neu und hatte noch nicht Lehrbuchreife erreicht." (Private Mitteilung von Ebenezer Cunningham an Mr. Stanley Goldberg).

64 Webers Nachfolger war der bekannte Physiker Pierre Weiss, der Einstein 1912 nach Zürich zurückbrachte.

65 Louis Kollros, *Erinnerungen eines Kommilitonen*, in: Carl Seelig, *Helle Zeit – Dunkle Zeit* (Europa Verlag, Zürich 1956), S. 17–31.

66 *Ref. 4*, S. 5

67 Die vom Patentamt zu Bern 1965 veröffentlichten „*Erinnerungen an Albert Einstein*" halten fest, daß Einstein mit der Maxwellschen Theorie vertraut war.

68 In einem Brief an Max von Laue (17. Januar 1952) schreibt Einstein: „Aber 1905 wußte ich schon sicher, daß sie [die Maxwellsche Theorie] zu falschen Schwankungen des Strahlungsdrucks führt ..., nach meiner Ansicht kommt man nicht darum herum, der Strahlung eine objektive atomistische Struktur zuzuschreiben, die natürlich nicht in den Rahmen der Maxwellschen Theorie hineinpaßt."
Erwähnenswert ist auch Einsteins Jugendwerk „*Über die Untersuchung des Ätherzustandes im magnetischen Feld*", das er seinem Onkel Caesar Koch 1894 oder 1895 schickte. Es enthält Hinweise, daß er Heinrich Hertz' Arbeiten kannte (siehe S. 88).

69 Möglicherweise hat Einstein Henri Poincarés *Électricité et Optique* (Georges Caré, Paris 1890) gelesen. Band I behandelt die Maxwellsche Theorie und Band II die Arbeiten von Helmholtz und Hertz. Es gibt jedoch diesbezüglich keine konkreten Hinweise.

70 *Ref. 4*, S. 20. Einsteins Briefwechsel enthält viele Hinweise auf den Einfluß Machs in den Entstehungsjahren der Relativitätstheorie. Besso erinnert Einstein 1947, daß er ihn 1897 oder 1898 auf Mach hingewiesen hat. In einem Brief vom 8. August 1942 an A. S. Nash schrieb Einstein: „Mach hatte nicht nur durch seine Philosophie Einfluß, sondern auch durch seine Kritik an den Grundlagen der Physik."

71 Stephen Brush, *Thermodynamics and History, The Graduate Journal* 7, 477–566 (1967)

72 Im Gegenteil, der wissenschaftliche Stil von H. A. Lorentz und Henri Poincaré hielt langsam nicht mehr Schritt mit den gewagten, nicht-klassischen Überlegungen der Curies, Rutherfords, Einsteins oder auch Plancks. In einem unveröffentlichten Brief vom 7. Oktober 1931 schreibt Max Planck an R. W. Wood (der Brief ist im *American Institute of Physics, Center for the History of Philosophy of Physics* deponiert):
„Verehrtester Herr Kollege!
Sie äußerten neulich, nach unserem schönen Dinner in Trinity Hall, den Wunsch, ich möchte Ihnen einmal mehr von der psychologischen Seite der Überlegungen schildern, die mich seinerzeit zu der Aufstellung der Hypothese der Energiequanten geleitet haben. Ich will im folgenden Ihrem Wunsch nachzukommen suchen.
Kurz zusammengefaßt kann ich die ganze Tat als einen Akt der Verzweiflung bezeichnen. Denn von Natur bin ich friedlich und bedenklichen Abenteuern abgeneigt. Aber ich hatte mich nun schon seit sechs Jahren (von 1894 an) mit dem Problem des Gleichgewichts zwischen Strahlung und Materie herumgeschlagen, ohne einen Erfolg zu erzielen, ich wußte, daß dieses Problem von fundamentaler Bedeutung für die Physik ist, ich kannte die Formel, welche die Energieverteilung im normalen Spektrum wiedergibt; eine theoretische Deutung *mußte* daher um jeden Preis gefunden werden, und wäre er noch so hoch. Die klassische Physik reichte nicht aus, das war mir klar. Denn nach ihr muß die Energie im Laufe der Zeit von der Materie vollständig in die Strahlung übergehen. Damit sie das nicht tut, braucht man eine neue Konstante, welche dafür sorgt, daß die Energie nicht auseinanderfällt. Aber wie das zu machen

ist, kann man nur erkennen, wenn man von einer bestimmten Anschauung ausgeht. Diese Anschauung wurde mir geliefert durch das Festhalten an den beiden Hauptsätzen der Wärmetheorie. Diese beiden Sätze erschienen mir als das einzige, was unter allen Umständen festgehalten werden muß. Im übrigen war ich zu jedem Opfer an meinen bisherigen physikalischen Überzeugungen bereit. Nun hatte Boltzmann das Zustandekommen des thermodynamischen Gleichgewichts erklärt durch das statistische Gleichgewicht, und wenn man diese Betrachtung anwendet auf das Gleichgewicht zwischen Materie und Strahlung, so findet man, daß das Abwandern der Energie in die Strahlung durch die Annahme verhindert werden kann, daß die Energie von vornherein gezwungen ist, in gewissen Quanten beieinander zu bleiben. Das war eine rein formale Annahme, und ich dachte mir eigentlich nicht viel dabei, sondern eben nur das, daß ich unter allen Umständen – koste es was es wolle – ein positives Resultat herbeiführen mußte....".

73 *Ref. 4*, S. 19

74 *Beiträge zur Technischen Mechanik und Technischen Physik* (Springer, Berlin 1924), mit Beiträgen von Prandtl, Th. von Karman, u.a.. Föppl hatte großen Einfluß, vor allem innerhalb der Technischen Mechanik. 1904 führte er ein Kreiselexperiment zur Messung der Erddrehung durch und schrieb in der Folge 1914 einen Aufsatz „Über absolute und relative Bewegung". Auch Mach zitiert Föppl im Vorwort (vom Januar 1901) der vierten Auflage der „*Mechanik*".

76 A. Föppl, *Einführung in die Maxwellsche Theorie der Elektrizität* (Teubner, Leipzig 1894), S. IV

77 Eine Eigentümlichkeit des Buches erklärt Föppl folgendermaßen:
„Quellenangaben habe ich in diesem Buche grundsätzlich fortgelassen... Ich wollte kein Handbuch, sondern ein Lehrbuch schreiben, das möglichst aus einem Gusse sein sollte. Deshalb vermied ich es so viel als irgend thunlich, während der Bearbeitung die von mir früher gelesenen Schriften nachzuschlagen, um mich nicht unmittelbar von ihnen beeinflussen zu lassen. Von den Entwickelungen und den Ergebnissen anderer Autoren wollte ich mich nur so weit leiten lassen, als sie sich meinem Gedächtnisse fest eingeprägt und sich mit meinen eigenen Anschauungen innig verschmolzen hatten. Auf diese Art hoffte ich zu einer einheitlicheren und in sich besser gefügten Darstellung des ganzen Systems zu gelangen, als es im anderen Falle möglich gewesen wäre." (S. VII.).
Deshalb gibt es bemerkenswert wenige Hinweise auf tatsächliche Experimente (Das Michelson-Experiment und andere Ätherdrift-Experimente bleiben ebenso wie alle anderen Versuche unerwähnt).

78 *Ref.* 77, S. 307

79 Philipp Frank, *Einstein, His Life and Times*, übersetzt von George Rosen, bearbeitet von Suichi Kusaka (Alfred A. Knopf, New York 1947)

80 Philipp Frank, *Einstein, sein Leben und seine Zeit* (List, München 1949), S. 38; Reprint (Vieweg, Braunschweig 1979)

81 Da Max Abrahams Bearbeitung von August Föppls Buch erst 1904 erschien, muß hier Föppls Originalwerk gemeint sein.

IV Was bedeutet Genialität in der Wissenschaft?

Einleitung

Wissenschaftshistoriker kehren immer wieder zu den epochemachenden Beiträgen von Newton, Niels Bohr, Darwin oder Freud zurück. Obgleich die Geschichte der Wissenschaft nicht primär dem Studium der Arbeit von „Genies" gewidmet ist, kann der Historiker es doch nicht vermeiden, immer wieder den primären oder sekundären Einfluß einiger weniger außergewöhnlicher richtungsweisender Arbeiten zur Kenntnis zu nehmen. Gerade die Urheber dieser Arbeiten sind oft von Rätseln umgeben.

Was versteht man unter „wissenschaftlichem Genie"? Was sind seine Charakteristika? Ist ein Genie dem Verständnis zugänglich oder voll innerer Widersprüche? Ich spreche nicht vom bloß „kreativen" Menschen oder vom „Erfolgstypen". Die große Anzahl von Studien über Kreativität in der Literatur ist mir wohl bewußt; auch einige der bedeutenden Untersuchungen über geniale Menschen in Kunst und Politik sind mir bekannt. Ich finde sie aber beim Verständnis des Lebens oder der Arbeit eines Fermi oder eines Einstein nicht sehr nützlich, und noch viel weniger für das Verständnis der Wechselwirkung zwischen Persönlichkeit und wissenschaftlichen Leistungen.

Einstein selbst wies auf eine Schwierigkeit einer derartigen Studie hin: Es könnte schwer sein, Gemeinsamkeiten zwischen unterschiedlichen Fällen aufzufinden, die ein besseres Verständnis des Einzelfalles ermöglichen. Er schrieb 1918 in einem Essay, auf den wir noch zurückkommen, daß die kleine Gruppe von genialen Wissenschaftlern, die von Gott besonders begnadet wurde, „zumeist etwas sonderbare, verschlossene, einsame Kerle sind, die einander trotz dieser Gemeinsamkeiten eigentlich weniger ähnlich sind, als die aus der Schar vertriebenen." Leopold Infeld, der lange Jahre hindurch eng mit Einstein zusammenarbeitete, lehnte die Möglichkeit einer Definition von Genie völlig ab und schrieb: „Es ist gerade durch die Tatsache charakterisiert, daß es sich nicht klassifizieren läßt."[1]

Dennoch glaube ich nicht, daß unser Anliegen hoffnungslos ist. Gerade der Versuch, aufgrund wissenschaftlicher Publikationen, Briefe und Biographien Schlüssel zum Verständnis eines derartigen Wissenschaftlers zu finden, hat mich auf dieses anspruchsvolle Thema geführt. Doch werden am Ende viele offene Fragen, einige wesentlich erscheinende Probleme, einige Hypothesen stehen – aber keine bleibenden Antworten. Außerdem werde ich mich hier nur auf *eine* Person beschränken; wieweit die hier gewonnenen Erkenntnisse auf andere Wissenschaftler übertragen werden können, muß offen bleiben.

Singularitäten

Man ist zunächst versucht, reduktionistisch vorzugehen und einen genialen Menschen nach äußerlich sichtbaren, einzigartigen Elementen seiner Arbeit und seines Charakters zu analysieren. Wer einmal mit einem derartigen Menschen gearbeitet hat, wird sicherlich einige Eindrücke über derartige Elemente gewonnen haben. Im Vordergrund steht zweifellos ein Einblick in wissenschaftliche Phänomene, der gleichsam als spezielle und kaum kommunizierbare Wahrnehmung erscheint, oder eine fast greifbare Koexistenz mit Naturphänomenen: manchmal scheint sich der Geist so in ein Problem zu versenken, wie eine Hand in den Handschuh. Ein anderer Aspekt liegt vielleicht in seiner gedanklichen Klarheit, die sich an der tiefen Durchdringung der Probleme zeigt, und in der Einfachheit und Genialität seiner Gedankenexperimente.

Charakteristisch ist auch die Intensität und die große Reichweite seiner Wachsamkeit für kleine Signale, die sich beispielsweise im „Geräuschpegel" eines Experiments oder seiner Beschreibung verbergen. Eindrucksvoll ist oft die außerordentliche Energie und die ausdauernde Hingabe an die Sache – bei der Handhabung eines Experiments, bei der Erstellung eines Apparates oder Werkzeuges, bei der Benutzung eines Computers oder bei der Abfassung eines Artikels. Überreich erscheint die Energie eines Keplers, eines Gauss' oder eines Mozarts. Damit verbunden ist sicherlich die Fähigkeit, das ganze Leben der Entwicklung eines Gebietes oder Gedankengebäudes zu widmen – und dies in einem Maße, das die Ambitionen und Ziele anderer Menschen üblicherweise fast völlig ausschließt.

Schließlich umgibt die Handlungen und Ausdrücke eines derartigen Menschen meist auch eine Atmosphäre oder Aura, die ihn auf schwer zu erklärende Art von anderen abhebt; und dies ist mehr als eine Art unvernünftiger Optimismus für die eigene Mission oder ein Selbstvertrauen, das anderen manchmal als egozentrische Hartnäckigkeit erscheinen mag – es ist eher ein Grundgefühl, das ein derartiger Mensch hat, und das von jenen geteilt werden mag, die ihn gut kennen: daß er in gewissem Sinne einer der „Auserwählten" ist.

Diese und andere Charakteristika können mehr oder weniger adäquate Kennzeichen des Genies in einem Spezialfall sein; zumindest gelten sie für Einstein. Ich wiege mich aber nicht in Illusionen darüber, daß eine derartige Liste von Besonderheiten irgend etwas erklären kann. Ganz abgesehen von der Frage, ob ein derart reduktionistischer Zugang Erfolg verspricht, ist doch jedes der oben angeführten Elemente selbst – bis vielleicht auf das letzte – auch bei zweit- oder drittrangigen Forschern zu finden. Auch sind diese Elemente weder erschöpfend, noch sind sie in überzeugender oder notwendiger Weise miteinander verknüpft, noch scheint jedes von ihnen wirklich erforderlich zu sein.

Auf dem Weg zu einem etwas höherem Niveau könnte man sich vielleicht den Methoden der Psychoanalyse oder Psycho-Geschichte zuwenden. Einige erfolgreiche und tiefgreifende Studien dieser Art von Menschen außerhalb der Wissenschaften gibt es, und Frank Manuel hat zumindest ein Beispiel einer derartigen Studie innerhalb der Physik in seinem „*A Portrait of Newton*" geliefert. In dem hier zu diskutierenden Fall wird eine psychobiographische Analyse meiner Meinung nach dann am erfolgversprechendsten sein, wenn sie zusammen mit all den anderen Werkzeugen der Wissenschaftsgeschichte angewendet wird, aber nicht im Zentrum steht. Mir scheint, daß sich im hier betrachteten Falle zwar Persönlichkeit und Werk qualitativ von denjenigen anderer Wissenschaftler unterscheiden, dennoch glaube ich nicht (oder noch nicht), daß unsere Methoden und Untersuchungstechniken von den üblichen abweichen sollten. Am erfolgversprechendsten erscheint mir, zunächst irgendein spezielles Rätsel oder Problem zu finden, das unser Verständnis für das Genie charakterisiert, und dann das ganze Arsenal der Methoden des Historikers auf dieses spezielle Rätsel anzuwenden – in der Hoffnung, daß sich die Charakteristika des Genies in den speziellen Aspekten der Lösungen widerspiegeln.

Rätselhafte Polaritäten

Im Rückblick auf meine Untersuchungen über die Ursprünge der speziellen Relativitätstheorie finde ich, daß die persistentesten Fragen nicht jene waren, die man üblicherweise in der Arbeit der meisten anderen Wissenschaftler findet – wie beispielsweise die begriffliche Entwicklung, so faszinierend sie auch sein mag. Am eindruckvollsten waren vielmehr eine Reihe bemerkenswerter Polaritäten oder Symmetrien und Asymmetrien in Einsteins Stil und Lebenswerk.

Wir beginnen mit einer kurzen Liste einiger dieser scheinbaren Polaritäten, von denen wir dann eine zur detaillierten Untersuchung auswählen.

Die Folklore zeigt Einstein als weisen alten Mann, gleichsam als Zeugen der Schöpfung selbst, zugleich aber scheint er fast kindisch. Einstein selbst sagte einmal in einer Bemerkung, deren Bedeutung sich später erweisen wird, daß er zur Formulierung der Relativitätstheorie wesentlich dadurch geführt wurde, daß er sich immer wieder Fragen bezüglich Raum und Zeit stellte, die üblicherweise nur Kinder verwundern.

Dann gibt es seine legendäre, eiserne Fähigkeit, sich oft jahrelang auf ein einziges grundlegendes Problem der Physik zu konzentrieren, ohne Rücksicht auf zeitgenössische Schulen oder Moden. Ähnlich auffällig ist seine hartnäckige Treue zu einer klar etablierten persönlichen Identität, die durch eine kompromißlose Ablehnung jedes Zwanges und äußerer, willkürlicher Autorität charakterisiert wird, sowohl in der Physik, als auch in bezug auf Kleidung oder die Anforderungen des Alltags. Im Gegensatz zu dieser großartigen und einsiedlerischen Unbeugsamkeit, mit der er hinter den Naturphänomenen nachspürte, steht seine bereitwillige Offenheit, sich all dem „bloß persönlichen" zu widmen, dem er sosehr entfliehen wollte; die Offenheit all den Rat- und Hilfesuchenden gegenüber, die an seine Menschlichkeit und sein Mitleid appellierten.

In enger Beziehung dazu steht ein anderer Gegensatz – der uns zumindest als ein solcher erscheint vom Standpunkt des äußeren Beobachters her gesehen und in der oftmals eher irreführenden Sprache ausgedrückt: Einstein ist sicher als großartige öffentliche Persönlichkeit bekannt, strahlend und lebendig, mit profundem Witz und Charisma. Von frühester Kindheit bis in seine späten Jahre war er aber zugleich auch ein bekannter Einzelgänger. Max Talmey, der ihn zwischen seinem elften und fünfzehnten Lebensjahr oft sah, schrieb, daß er ihn niemals in Begleitung seiner Schulkollegen oder gleichaltriger Kinder antraf, sondern alleine, Büchern und der Musik gewidmet. 1936 schrieb Einstein in einem kurzen Selbstportrait: „Ich lebe in der Einsamkeit, die in der Jugend schmerzhaft, aber in den Jahren der Reife herrlich ist." Oft schwankte Einstein zwischen öffentlicher Persönlichkeit und privater Zurückgezogenheit.[2] Er gestand einmal:

„Mit meinem leidenschaftlichen Sinn für soziale Gerechtigkeit und soziale Verpflichtung stand stets ein ausgesprochener Mangel an unmittelbarem Anschlußbedürfnis an Menschen und menschliche Gemeinschaften in einem eigentümlichen Gegensatz."

Dann gibt es den Einstein als Apostel der Rationalität, dessen Gedanken eine exemplarische Klarheit der logischen Konstruktion charakterisieren. Andererseits gibt es seinen kompromißlosen Glauben an das eigene ästhetische Gefühl in der Wissenschaft, seine Warnung, nicht vergeblich nach „logischen Brücken" zwischen Experiment und Theorie zu suchen, sondern erforderlichenfalls den großen „Sprung" zu den Grundprinzipien zu wagen. Bekannt sind dazu seine Worte: „Zu diesen elementaren Gesetzen [der Physik] führt kein logischer Weg, sondern nur die auf Einfühlung in die Erfahrung sich stützende Intuition."[3]

Einerseits ist seine persönliche Philosophie eines liberalen Agnostizismus wohlbekannt, der bis zu einer vernichtenden Verachtung für jede etablierte religiöse Autorität geht; andererseits seine klar erkennbar persönliche Religiosität. In einem seiner Briefe schreibt er: „Ich bin ein tiefreligiöser Ungläubiger."

An anderer Stelle[4] habe ich noch einen weiteren scheinbaren Kontrast diskutiert, zwischen dem wissenschaftlichen Revolutionär Einstein und dem

Konservativen Einstein, der die Kontinuität der Physik hervorhob – wie in der von Carl Seelig zitierten Bemerkung: „Bei der Relativitätstheorie handelt es sich keineswegs um einen revolutionären Akt, sondern um eine natürliche Fortentwicklung einer durch Jahrhunderte verfolgbaren Linie."[5]

Das Feld und das Quant

Es ist sicher von Bedeutung, daß diese „sonderbaren Kontraste" der Persönlichkeit sich in Polaritäten spiegeln, die durch das gesamte wissenschaftliche Werk laufen. Die auffallendste ist die wohlbekannte Dichotomie zwischen Einsteins Hingabe an das Thema des *Kontinuums* – das am deutlichsten im Feldbegriff zum Tragen kommt – als Basis grundlegender wissenschaftlicher Erklärungen, und andererseits seine Rolle in der Entwicklung der Quantenphysik mit ihrer atomaren Diskretheit. Auf diesen Punkt müssen wir nun eingehen.

Die Ausdauer seiner Beschäftigung mit dem Kontinuumsgedanken wird durch kein anderes Thema übertroffen, mit der möglichen Ausnahme der Ideen der Symmetrie und Invarianz, also der „Relativität" selbst. Bis zum Ende beschäftigt Einstein sich mit diesen Ideen und veröffentlichte noch im Jahr vor seinem Tod eine Arbeit *„Algebraische Eigenschaften des Feldes in der relativistischen Theorie des asymmetrischen Feldes"*. In seinen Briefen verteidigt er sogar noch stärker als in seinen Artikeln das Kontinuum gegen die Attacken der Quantenphysiker. Er bezeichnete einmal den klassischen Feldbegriff als den größten Beitrag zum Geist der Wissenschaft, und wir müssen berücksichtigen, daß Einstein im ersten Paragraphen seiner grundlegenden Arbeit des Jahres 1905 zur Relativitätstheorie die gesamte Diskussion auf das alte, scheinbar triviale Experiment aufbaut, in dem ein Strom in einem Leiter induziert wird, der sich in bezug auf ein Magnetfeld bewegt.

Auch in seinem frühen Denken spielt das Feld eine Schlüsselrolle. Aus seinen autobiographischen Aufzeichnungen und anderen Zeugnissen wissen wir, daß seine erfolgreiche Formulierung der universellen Prinzipien, auf die man die Physik im Jahre 1905 aufbauen konnte, auf dem vollen Verständnis der Lösung eines Paradoxons beruhte, mit dem er sich zehn Jahre lang beschäftigt hatte, seitdem es ihm als 16jährigen Schüler der Kantonschule von Aarau im Jahre 1895/96 aufgefallen war.[6] Wir werden später zeigen, daß diese Schlüsselidee wahrscheinlich nicht zufällig in Aarau auftauchte.

Er beschrieb dieses ihn beschäftigende Paradoxon in einem eindrucksvollen Gedankenexperiment: „Wenn ich einem Lichtstrahl mit der Geschwindigkeit c (Lichtgeschwindigkeit im Vakuum) nacheile, so sollte ich einen solchen Lichtstrahl als ruhendes, räumlich oszillatorisches, elektromagnetisches Feld wahrnehmen. So etwas scheint es aber nicht zu geben, weder aufgrund der Erfahrung noch gemäß den Maxwellschen Gleichungen." Nur durch die Postulate der Relativitätstheorie wurde diese überraschende Erwartung irrig, und die Physik des Feldes wurde aus dieser Absurdität gerettet. (Mit Banesh Hoffmann sollte man darauf hinweisen, daß das Gedankenexperiment weder überraschend noch unmöglich erscheint, *wenn* man die Galilei- anstelle der Lorentz-Transformation auf die Maxwellschen Gleichungen anwendet. Irgendwie scheint Einstein aber bereits gedacht zu haben, daß die Maxwellschen Gleichungen für einen mit dem Strahl mitlaufenden Beobachter unverändert bleiben müssen – was bereits das Relativitätsprinzip impliziert.)

Das Feld bezauberte Einstein aber bereits zuvor, wie eine Jugendarbeit „*Über die Untersuchung des Ätherzustandes im magnetischen Felde*" zeigt, die J. Pelseneer vor einiger Zeit in Belgien entdeckte.[7] Dieser anregende Artikel zeigt beispielsweise, daß Einstein damals bereits die Hertzschen Arbeiten über das elektromagnetische Feld kannte, und daß er an Experimente zur Erforschung des Ätherzustandes dachte, der ein magnetisches Feld rund um elektrische Ströme formt. Er schlägt vor, dazu einen Lichtstrahl durch das Magnetfeld zu senden. Jeder Einfluß auf die gemessene Geschwindigkeit oder Wellenlänge eines derartigen Strahls würde die „elastische Deformation" des Äthers oder des Feldes aufweisen.

Es wäre irrig zu glauben, daß dieser Aufsatz in irgendeiner Weise die Ideen skizziert, auf denen die spätere Relativitätstheorie direkt aufbaut, oder daß dieser Aufsatz als seine erste wissenschaftliche Arbeit zu betrachten sei. Von Bedeutung ist aber die Idee des Lichtstrahls als Feldprobe. Von der Überlegung, wie man die Wellenlänge eines derartigen Strahls messen könne, fehlt nur ein kleiner Schritt zu dem Paradoxon, das Einstein wenig später in Aarau entdeckte.

Wir können nun sogar noch weiter zurückgehen, um den Punkt zu finden, in dem sich die thematische Verpflichtung für das Kontinuum ausbildete. Es ist bekannt, daß Einstein als vier- oder fünfjähriges Kind den Kompaß, den sein Vater ihm zeigte, als Wunder empfand. Auf dieses Erlebnis bezog sich Einstein oft. Sein Freund Moszkowski berichtete 1922, daß er gesagt hatte: „Jung wie ich war, hat mich die Erinnerung an dieses Ereignis niemals verlassen." Sein Biograph Seelig schrieb im Jahre 1954, daß der Kompaß „bis heute in seinem Gedächtnis lebendig ist, da er ihn praktisch verzauberte." Ein anderer (weniger verläßlicher) Biograph berichtet, daß Einstein ihm über seine Jugend berichtete: „Der Kompaß und nur der Kompaß ist bis heute meinem Gedächtnis eingeprägt." In seiner Autobiographie, die er mit 67 Jahren schrieb, meinte er: „Ich erinnere mich noch jetzt – oder glaube ich mich zu erinnern – daß dieses Erlebnis tiefen und bleibenden Eindruck auf mich gemacht hat. Da mußte etwas hinter den Dingen sein, das tief verborgen war."

Dieses Erlebnis ist sehr suggestiv. Die Invarianz oder Konstanz der Kompaßnadel erscheint mysteriös, einer Nadel, die stets in die gleiche Richtung zurückkehrt, obwohl sie frei von jeder direkten Berührung der Art zu sein scheint, die üblicherweise unbewußt zur Erklärung des Verhaltens mechanischer Dinge herangezogen wird. Diese Rückkehr trotzt aller Willkürlichkeit der Bewegung, die man dem Kompaßgehäuse von außen auferlegt und erfolgt ohne Rücksicht auf persönlichen Willen, äußeren Zwang oder Chaos. Wenn Einstein sich so lebendig daran erinnerte und so oft darauf bezog, so mag dies bedeuten, daß diese Episode eine Allegorie für die Bildung des Spielfeldes seiner persönlichen Phantasie darstellt.[8] Jedem, der sich mit der Entstehung wissenschaftlicher Ideen oder der Motivation zu wissenschaftlichen Studien beschäftigt, werden diese skizzenhaften Bemerkungen zeigen, daß hier Probleme auszuarbeiten sind. Sie sind allerdings nicht unser Hauptanliegen. Für uns ist hier vielmehr von Bedeutung, daß die erklärende Kraft des Kontinuums einer schweren Prüfung unterzogen wurde.

Denn Einstein war bekanntlich auch ein brillianter Mitautor einer Physik, die auf einem Thema beruht, daß das genaue Gegenteil des Kontinuums ist, nämlich dem diskreten Quant – beispielsweise dem Lichtquant. Seinen eigenen Berichten gemäß kam Einstein zur Quantenphysik durch Untersuchung der Folgerungen aus dem Planckschen Strahlungsgesetz: „Meine Hauptfrage war: was für allgemeine Folgerungen können aus der Strahlungsformel die Struktur der Strahlung betreffend und überhaupt das elektromagnetische Fundament der Physik betreffend gezogen werden?" Einsteins erste grundlegende Arbeit zur Quantenphysik trägt den Titel „*Über einen die Erzeugung und Verwandlung des Lichtes betreffenden heuristischen Gesichtspunkt*" und wurde in Bern im Jahre 1905, drei Tage nach seinem 26. Geburtstag vollendet, ungefähr drei Monate vor der Entstehung der Relativitätstheorie.

Auffallend ist, wie grundlegend sich diese Arbeit (ausgenommen in einer Beziehung) von der Relativitätsarbeit unterscheidet. Ihr Ziel steht der von Einstein später sogenannten „geistigen Gymnastik" nahe: ein Problem der Physik um jeden Preis, aber ohne grundlegende Neuerungen, zu überwinden. Der Titel weist auf eine heuristische Haltung hin. Andererseits ist die Relativitätsarbeit reinste Naturphilosophie: sie lehnt jede Willkür ab, sogar Annahmen bezüglich der Natur der Materie, um die Natur von Raum und Zeit zu enthüllen. Abgelehnt wird jede Willkür, die kausale Kontinuität zuläßt und die großen Vereinfachungen und Vereinheitlichungen vorbereitet, vor allem die Vereinfachungen der Transformationsgesetze der Mechanik und Elektrodynamik.

Während aber die Relativitätstheorie Einsteins beständigste Lebensbeschäftigung blieb, konnte er die Quantenphysik nicht wirklich akzeptieren. Zu Leopold Infeld meinte er einmal: „Vielleicht habe ich sie begonnen, aber ich betrachtete diese Ideen immer als vorläufig. Ich glaubte nie, daß sie andere so viel ernster nehmen würden, als ich selbst dies tat." Dennoch verdanken wir ihm einige der wesentlichsten Beiträge, und in dem Vierteljahrhundert nach 1905 verging kaum ein Jahr, in dem er nicht einen Artikel über dieses Thema veröffentlichte.

Damit haben wir einige Charakteristika der polaren Gegensätze gefunden. Es ist, glaube ich, wesentlich, daß Einstein selbst auf die Existenz derartiger polarer Gegensatzpaare in der Arbeit und der Persönlichkeit außergewöhnlicher Wissenschaftler hinweist – und dies gerade in einem Aufsatz, in dem er dem hier gestellten Thema, der Frage nach dem wissenschaftlichen Genie, am nächsten kam. Er bezog sich dabei nicht auf sich selbst. Seine Rede „*Motiv des Forschens*" wurde im Jahre 1918 zu Ehren seines früheren Lehrers, Freundes und Kollegen Max Planck gehalten. Sie ist eine treffende Illustration der hier zu besprechenden Fragen (und könnte manchem Gelehrten noch immer als Muster dienen). Einstein kontrastiert darin die „positiven" und „negativen" Motive des Forschens auf höchstem Niveau, und die einander entgegenstehenden Anforderungen nach Klarheit und Vollständigkeit, nach Logik und Intuition, nach privater und öffentlicher Wissenschaft.

Wenn wir nun akzeptieren, daß zumindest in diesem Fall[9] auffallende Polaritäten in Persönlichkeit und Werk existieren, müssen wir fragen, ob sie wichtig oder zufällig sind? Wir haben früher die Idee abgelehnt, daß eine plausible Liste individueller Charakteristika eine Erklärung oder auch nur eine Charakterisierung genialer Wissenschaftler liefern könnte. Wenn derartige Spezifika nicht signifikant sind, warum sollte dies dann für Polaritäten gelten? Zu welchen speziellen Fähigkeiten führen sie? Sind die Harmonien und Disharmonien, die Stärken und Konflikte innerhalb der Persönlichkeit eines Genies von Bedeutung für seine Arbeit – und der Druck und die Konflikte seiner Umgebung? Abgesehen von der Frage, wie ein Mann wie Einstein zu seinen besonderen Charakteristika kam (dies ist zumindest beim heutigen Stand der Forschung eine nicht sehr interessante Frage), können wir fragen, ob er diese Dichotomien und kontrastierenden Polaritäten auf irgendeine spezielle Art nutzte.

Wir sind ermutigt, eine positive Antwort auf eine derartige Frage zu erwarten, wenn wir die Existenz und brilliante Ausnutzung von Gegensätzen in Einsteins *individuellen Beiträgen* beachten. Das aufschlußreichste Beispiel für die Präsenz und die Verwendung von Kontrasten finden wir in der Originalarbeit zur Relativitätstheorie selbst. Dort findet sich sowohl der Positivismus der instrumentalistischen und operationalistischen Richtung, den Einstein bei der Definition seiner Begriffe verwendet, wie auch der rationale Realismus, inhärent in den *A-priori*-Erklärungen der beiden Grundprinzipien der Relativitätstheorie (noch dazu zweier scheinbar kontradiktorischer Prinzipien, die, wie es scheint, in arroganter Mißachtung sowohl der zeitgenössischen wissenschaftlichen Empfindungen und des Verlangens nach einer plausiblen experimentellen Fundierung eingeführt werden). Einstein hat diese Ambivalenz selbst zugegeben. Auf Margenaus Festellung „Einsteins Position enthält Züge rationalen Erkennens und ebenso solche eines extremen Empirismus," antwortete er „Diese Bemerkung ist durchaus zutreffend.... Ein Schwanken zwischen diesen Extremen erscheint mir unvermeidlich."[10]

Eine ähnlich kreative Verwendung scheinbarer Gegensätze findet sich in Einsteins Beitrag zum Welle-Teilchen-Dualismus der Quantenphysik. Es ist tatsächlich das Kennzeichen von Einsteins berühmtesten Beiträgen, daß er scheinbare Widersprüche oder Gegensätze – auch bei bis dahin unbeachtet gebliebenem Begriffe der Polarität – behandeln, benutzen, illustrieren und transformieren konnte. Er erinnert hier an seine Brückenschläge zwischen Mechanik und Elektrodynamik, Energie und Masse, Raum- und Zeitkoordinaten, träger und schwerer Masse.

Die Bedeutung von Asymmetrien

Wir können nun ein konkretes Beispiel zur detaillierten Untersuchung auswählen, das weitere Hinweise auf die Bedeutung persönlicher Charakteristika für das wissenschaftliche Werk liefern soll. Das Beispiel findet sich am Anfang der Relativitätsarbeit von 1905 mit dem Titel „*Über die Elektrodynamik bewegter Körper*". Dieser Artikel enthält an keiner Stelle die Worte „Relativitätstheorie". Bis 1911 finden sich diese Worte auch in keinem der Titel von Einsteins Arbeiten, obgleich andere seine Ideen so bezeichneten. Es ist tatsächlich wesentlich, daß Einstein in den ersten beiden Jahren in seinen Briefen vorzug, seine Theorie nicht Relativitätstheorie, sondern im Gegenteil *Invariantentheorie* zu nennen. Unglücklicherweise hat sich diese präzise und prägnante Bezeichnung nicht durchgesetzt; sie hätte gar manchen Mißbrauch der Relativitätstheorie verhindern können.[A1]

Nach der vorangehenden Diskussion von Polaritäten erweckt bereits der erste Satz dieser Arbeit unsere Aufmerksamkeit: „Daß die Elektrodynamik Maxwells – wie dieselbe gegenwärtig aufgefaßt zu werden pflegt – in ihrer Anwendung auf bewegte Körper zu Asymmetrien führt, welche den Phänomenen nicht anzuhaften scheinen, ist bekannt." Nicht die Maxwellsche Elektrodynamik ist also fehlerhaft, sondern die Art, in der sie üblicherweise aufgefaßt wird: eine kühne, um nicht zu sagen agressive Behauptung eines relativ unbekannten Patentbeamten. Und diese übliche Auffassung führte zu – einem experimentellen Rätsel? Nein. Einer theoretischen Schwierigkeit? Nein. Sie führt zu *Asymmetrien*, die den Phänomenen nicht anzuhaften scheinen.

Als Beispiel können wir die Induktion eines Stromes betrachten, die Einstein im Stile eines Gedankenexperimentes heranzieht. Um zu berechnen, welchen Strom wir in einem Leiter erwarten, der sich bezüglich eines ruhenden Magneten bewegt, muß man eine Art von Gleichung verwenden. Wenn man die Berechnung unter der Annahme wiederholt, daß nunmehr der Leiter ruht und der Magnet sich bewegt, muß man eine andere Gleichung verwenden – obgleich der erzeugte Strom in beiden Fällen der gleiche ist, wie man seit Faradays Entdeckung des Effektes im Jahre 1831 weiß. Den Phänomenen ist also eine Symmetrie eigen, während ihre theoretische Beschreibung eine Polarität oder Asymmetrie aufweist (zumindest bis Einstein in seiner Arbeit zeigt, wie man das Problem „relativieren" kann, so daß dieselbe Gleichung für beide Fälle anwendbar wird).

Die Bedeutung dieser Worte, ihre historische Wahrhaftigkeit und die Tatsache, daß ähnliche Überlegungen Einstein später zur allgemeinen Relativitätstheorie führten, erweisen sich drastisch in einem bisher unveröffentlichten, handgeschriebenen Manuskript, das 1919 oder etwas später entstand und sich im Einstein-Archiv des Princeton Institute for Advanced Study findet. Es trägt den Titel „*Grundlegende Ideen und Methoden der Relativitätstheorie, in ihrer Entwicklung dargestellt.*"

In den ersten 19 Seiten des Manuskripts findet man eine vorwiegend unpersönliche, pädagogische Darstellung bekannter Art. Einen persönlicheren Bericht enthalten überraschenderweise die Seiten 20 und 21, die den Teil II mit der Überschrift „*Allgemeine Relativitätstheorie*" einleitet:

„*Der Grundgedanke der allgemeinen Relativitätstheorie in seiner ursprünglichen Gestalt*

Bei der Aufstellung der speziellen Relativitätstheorie hat für mich der folgende hier noch nicht erwähnte Gedanke über die Faradaysche magnetelektrische Induktion eine führende Rolle gespielt.

Bei der Relativbewegung eines Magneten gegenüber einem elektrischen Stromkreis, wird nach Faraday in letzterem ein elektrischer Strom induziert. Ob der Magnet bewegt wird oder der Leiter, ist gleichgültig; es kommt nur auf die Relativ-Bewegung an. Nach der Maxwell-Lorentzschen Theorie ist aber die theoretische Deutung des Phänomens in beiden Fällen eine sehr verschiedene:

Ist der Magnet bewegt, so existiert im Raume ein zeitlich veränderliches magnetisches Feld, welches nach Maxwell geschlossene elektrische Kraftlinien, d.h. ein physikalisch reales elektrisches Feld erzeugt; dieses elektrische Feld setzt dann die beweglichen elektrischen Massen innerhalb des Leiters in Bewegung.

Ist aber der Magnet in Ruhe und der Stromkreis bewegt, so entsteht kein elektrisches Feld; der Strom im Leiter entsteht vielmehr dadurch, daß die mit ihm bewegten Elektrizitäten infolge ihrer (mechanisch erzwungenen) Bewegung relativ zum magnetischen Felde eine von Lorentz hypothetisch eingeführte elektromotorische Kraft erleiden.

Der Gedanke, daß es sich hier um zwei wesens-verschiedene Fälle handle, war mir aber unerträglich. Der Unterschied zwischen beiden konnte nach meiner Überzeugung nur ein Unterschied in der Wahl des Standpunktes sein, nicht aber ein realer Unterschied. Vom Magneten aus beurteilt, war sicherlich *kein* elektrisches Feld vorhanden, vom Stromkreis aus beurteilt war sicher ein solches vorhanden. Die Existenz des elektrischen Feldes war also eine relative, je nach dem Bewegungszustand des benutzten Koordinatensystems, und nur dem elektrischen und magnetischen Felde *zusammen* konnte, abgesehen vom Bewegungszustande des Beobachters, bzw. Koordinatensystems, eine Art objektiver Realität zugestanden werden. Die Erscheinung der magnetelektrischen Induktion zwang mich dazu, das (spezielle) Relativitätsprinzip zu postulieren. Die zu überwindende Schwierigkeit lag dann in der Konstanz der Vakuum-Lichtgeschwindigkeit, die ich zunächst aufgeben zu müssen glaubte. Erst nach jahrelangem Tasten bemerkte ich, daß die Schwierigkeit auf der Willkür der kinematischen Grundbegriffe beruhte.

Als ich (i.J. 1907) mit einer zusammenfassenden Arbeit über die spezielle Relativitätstheorie für das „*Jahrbuch für Radioaktivität und Elektronik*" beschäftigt war, da mußte ich auch versuchen, die Newtonsche Gravitationstheorie so zu modifizieren, daß ihre Gesetze in die Theorie hineinpaßten. In dieser Reichtung unternommene Versuche zeigten zwar die Durchführbarkeit dieses Unternehmens, befriedigten mich aber nicht, weil sie auf physikalisch unbegründeten Hypothesen gestützt werden mußten. Da kam mir der glücklichste Gedanke meines Lebens in folgender Form:

Das Gravitationsfeld hat an einem betrachteten [Ort] in ähnlicher Weise nur eine relative Existenz wie das durch magnetelektrische Induktion erzeugte elektrische Feld. *Denn für einen vom Dache eines Hauses frei herabfallenden Beobachter existiert während seines Falles* – wenigsten in seiner unmittelbaren Umgebung – *kein Gravitationsfeld.* Läßt der Beobachter nämlich irgend welche Körper los, so bleiben sie relativ zu ihm im Zustand der Ruhe bzw. gleichförmigen Bewegung, unabhängig von ihrer besonderen chemischen und physikalischen Natur. (Bei der Überlegung ist natürlich vom Luftwiderstande abgesehen.) Der Beobachter ist also berechtigt, seinen Zustand als „Ruhe" zu deuten. Der ungemein sonderbare Erfahrungssatz, daß alle Körper in demselben Schwerefeld mit gleicher Beschleunigung fallen, erhielt durch diesen Gedanken sofort einen tiefen physikalischen Sinn. Wenn es nämlich auch nur ein einziges Ding gäbe, das im Schwerefeld anders fällt wie die anderen, so könnte der Beobachter mit seiner Hilfe erkennen, daß er sich in einem Schwerefeld befindet und daß er in diesem fällt. Existiert aber ein solches Ding – wie die Erfahrung mit großer Genauigkeit ergeben hatte – nicht, so fehlt zunächst jeder objektive Grund für den Beobachter, sich als einen in einem Gravitationsfeld fallenden zu betrachten. Er hat vielmehr das Recht, seinen Zustand als ruhend und seine Umgebung bezüglich der Gravitation als feldfrei zu betrachten.

Die Erfahrungstatsache von der Unabhängigkeit der Fallbeschleunigung vom Material ist also ein mächtiges Argument dafür, daß das Relativitätspostulat auf relativ zueinander ungleichförmig bewegte Koordinatensysteme auszudehnen ist.

Man kann auch umgekehrt von einem Raum ausgehen, in welchem kein Gravitationsfeld herrscht. Relativ zu einem Inertialsystem K verhält sich in diesem Raum ein von anderen Massen hinlänglich entfernter materieller Punkt beschleunigungsfrei. Führt man aber ein relativ zu K *gleichförmig beschleunigtes* Koordinatensystem K' ein (gleichförmig beschleunigte Paralleltranslation), so ist K' kein Inertialsystem im Sinne der klassischen Mechanik bzw. der speziellen Relativitätstheorie. Jeder von anderen Massenpunkten hinlänglich entfernte Massenpunkt ist bezüglich K' gleichförmig beschleunigt. Von K aus beurteilt ist natürlich die Beschleunigung des Systems K' die Ursache einer Relativbeschleunigung des Massenpunktes gegen K'; und es ist im Sinne der klassischen Mechanik, wie sie bisher aufgefaßt wurde, diese Interpretation die einzig mögliche. Wir können aber auch K' als berechtigtes („ruhendes") System auffassen und die Beschleunigung der Massen relativ zu K' [betrachten] ..."

Wir kehren nun zu dem aufschlußreichen Wort „Asymmetrie" in Einsteins erster Relativitätstheorie zurück. Die Bezeichnung „Asymmetrie" für diese scheinbare Redundanz oder diesen Mangel an Universalität erscheint zunächst sonderbar. Ferner bezogen sich damals Ausdrücke wie Symmetrie oder Asymmetrie vor allem auf ästhetische Urteile, die meist als polare Gegensätze zu wissenschaftlichen Behauptungen angesehen wurden. In der Physikliteratur waren Symmetrieargumente ganz ungewöhnlich, und dieser Ausdruck wurde außer in gewissen Zweigen der Kristallphysik nur selten verwendet. Beispielsweise findet sich das Wort Symmetrie nur einmal beiläufig in Machs „Mechanik" (obwohl dieser Begriff implizit bei der Diskussion des Prinzips vom hinreichenden Grunde verwendet wird, in einer Form die Mach auf Schopenhauer zurückführt). Noch im Jahre 1929 enthält der Index der großen Enzyklopädie der Physik von Müller-Pouillet nur eine einzige wesentliche Verwendung des Symmetriebegriffes außerhalb der Kristallphysik fest. Diese Eintragung bezieht sich auf symmetrische Tensoren und damit auf die Einsteinsche allgemeine Relativitätstheorie. Es gibt kein Schlagwort „Symmetrie" oder „Asymmetrie" im Sachregister der Physik-Enzyklopädie von E. Warburg (1915). Auch in der elften Ausgabe der *Encyclopaedia Britannica* (1910) fehlt eine derartige Eintragung.

Erst mit der wachsenden Rolle der Quantenmechanik und später der Elementarteilchenphysik wurde es klar, daß die Erhaltungssätze der Physik in enger Beziehung mit Symmetrien von Raum und Zeit stehen, wie dies bereits implizit in der Lagrangeschen und Hamiltonschen Methode zur Lösung physikalischer Probleme enthalten ist. Erst im Rückblick werden wir dazu geführt, wie Hermann Weyl[11] meint, daß „die gesamte Relativitätstheorie ... nur ein Aspekt der Symmetrie ist", da „die Symmetrie, Relativität oder Homogenität dieses vierdimensionalen Mediums [des Raum-Zeit Kontinuums] erstmals von Einstein korrekt beschrieben wurde.... Es ist die innere Symmetrie des vierdimensionalen Raum-Zeit Kontinuums, mit der sich die Relativitätstheorie beschäftigt."

All dies lag im Jahre 1905 in der fernen Zukunft. Jedenfalls ist Einsteins Hinweis auf eine Asymmetrie (und andere Bezüge auf Symmetrie in der Arbeit) nicht eine Symmetrieüberlegung der oben erwähnten Art. Nur wenige Physiker, wenn überhaupt welche, dachten im Jahre 1905 daran, daß die von Einstein aufgewiesene Asymmetrie irgendeine grundlegende Bedeutung haben könne.

Wenn man bedenkt, wieviele Schwierigkeiten die damalige Elektrodynamik aufweist, so muß es tatsächlich sonderbar erscheinen, sich gerade auf diese quasi-ästhetische Unbequemlichkeit zu konzentrieren und sie an den Anfang zu stellen. Einsteins Gefühl für die Asymmetrie zeigt uns aber seine bemerkenswerte und ursprüngliche Empfindlichkeit für Polaritäten und Symmetrieeigenschaften der Natur, die später als ebenso bedeutend für die Relativitätstheorie wie für die gesamte zeitgenössische Physik erkannt wurden.

Nach allem, was wir über Einstein wissen, können wir erwarten, daß sein Verlangen nach der Beseitigung der unnötigen Asymmetrien nicht zufällig oder nebensächlich, sondern tiefgreifend und wichtig war. Auf dem Spiel stand nichts weniger als die Suche nach dem ökonomischsten und einfachsten formalen Prinzipien, den Grundgesetzen der Natur, gereinigt von allen unnötigen und überflüssigen Zutaten.[12] Seinem Assistenten Ernst Straus sagte Einstein später: „Was mich wirklich interessiert, ist ob Gott bei der Schaffung der Welt eine Wahl hatte." Tatsächlich ist die Empfindlichkeit gegenüber unerkannten formalen Asymmetrien oder Ungereimtheiten vorwiegend ästhetischer Natur der Ausgangspunkt jeder der drei großen Einstein-Arbeiten des Jahres 1905. In all diesen Fällen werden die Asymmetrien als nicht notwendig erkannt und als Ergebnis einer allzu eingeschränkten Betrachtungsweise beseitigt. Komplikationen, die den Naturphänomenen nicht anzuhaften scheinen, sollten beseitigt werden. Die Natur benötigt sie nicht.

Auch Einstein benötigt sie nicht. In seinem eigenen persönlichen Leben ist die legendäre Einfachheit dieses Mannes ein wesentliches Element seiner Suche nach den Fundamenten der Weltordnung. Wir brauchen die vielen Anekdoten über Einsteins Bescheidenheit hier nicht zu wiederholen. Sogar Leute, die nichts anderes über Einstein wußten, wußten zumindest, daß er so einfach wie möglich angezogen war. Wir haben bereits festgestellt, daß er nichts mehr haßte, als künstliche Einschränkungen irgendwelcher Art. Er wurde einmal gefragt, warum er weiterhin gewöhnliche Handseife und keine Rasiercrème zum Rasieren verwende, obgleich dies offensichtlich wesentlich unbequemer war. Er meinte im wesentlichen: „Zwei Seifen? Das ist zu kompliziert!"

Zwei Prozesse um den gleichen Effekt bei der Induktion zu beschreiben? Das ist zu kompliziert. Zu der darin liegenden Übereinstimmung meinte Einstein einmal „Ich bin ein kleines Stück Natur". Damit haben wir einen wichtigen Schlüssel zu unserer Frage gefunden, was man mit dem Wort „Genie" eigentlich meint: *Es ist die wechselseitige Entsprechung zwischen Geist und Lebensstil dieses Wissenschaftlers einerseits und den Naturgesetzen andererseits.*

Zugleich enthält aber der Wunsch nach einer Beseitigung der ungerechtfertigten „Asymmetrie" den Schlüssel zu einer zweiten Verbindung zwischen Einsteins Arbeit und seiner Person. Das Gebiet, das hier untersuchenswert erscheint, liegt am Schnittpunkt von zwei Gedankengängen: Der eine ist die wohlbekannte Verwendung von Symmetrien und Asymmetrien in der Mathematik, besonders in der Geometrie. Der andere ist die Untersuchung mathematischer und anderer Denkprozesse bei Kindern durch Wolfgang Köhler, Max Wertheimer und anderen aus dieser Schule.

Was ist eigentlich „Denken"?

Wir wissen nur sehr wenig über Einsteins Kindheit. Er soll ein zurückgezogenes, langsames, ruhiges Kind gewesen sein, das sich mit Zusammensetzspielen beschäftigte und komplizierte Konstruktionen mit seinem Baukasten errichtete. Vor seinem zehnten Geburtstag baute er auch mit unendlicher Geduld phantastische Kartenhäuser auf, die bis zu 14 Stockwerke aufwiesen. In den ersten drei Jahren seines Lebens war er angeblich unfähig oder unwillig zu sprechen. In einer (unveröffentlichten) Biographie schreibt Einsteins Schwester Maja im Jahre 1924: „In der Kindheit verlief seine allgemeine Entwicklung sehr langsam und das Sprechen fiel ihm so schwer, daß seine Umgebung fürchtete, er würde es nie erlernen." Viele Kinderärzte und Psychologen hätten vielleicht vermutet, ein zurückgebliebenes Kind vor sich zu haben.

Heute setzt sich allerdings die Meinung immer mehr durch, daß ein scheinbarer Defekt einer Person auch auf eine Unausgewogenheit unserer normalen Erwartungen zurückzuführen sein kann. Während es offensichtlich absurd ist, einen Mangel auf einem Gebiet als „Ursache" eines anderen Talentes zu betrachten, sollte uns ein bekannter Mangel doch zumindest nach einer anderen Fertigkeit suchen lassen. Der späte Gebrauch der Sprache in der Kindheit, die Schwierigkeit beim Studium von Fremdsprachen – Einstein versagte bekanntlich in den Fremdsprachen sowohl im Gymnasium wie auch bei der Aufnahmeprüfung in Zürich (und mußte nach Aarau ausweichen); auch war sein englischer Wortschatz ziemlich klein – mag auf eine Polarisation oder Verschiebung seines Talents von der Sprache auf ein anderes Gebiet hinweisen. Dieses andere, betonte und hervorgehobene Gebiet ist in Einsteins Fall zweifellos eine außerordentliche Fähigkeit der Visualisierung, die seinen Denkprozessen zugrunde liegt.

Es ist bisher unbemerkt geblieben, daß Einstein in seiner Autobiographie selbst darauf hinweist. Ziemlich plötzlich stellt er die Frage:

„Was ist eigentlich „Denken"? Wenn beim Empfangen von Sinneseindrücken Erinnerungsbilder auftauchen, so ist das noch nicht „Denken". Wenn solche Bilder Serien bilden, deren jedes Glied ein anderes wachruft, so ist dies auch noch kein „Denken". Wenn aber ein gewisses Bild in vielen solchen Reihen wiederkehrt, so wird es eben durch seine Wiederkehr zu einem ordnenden Element für solche Reihen, indem es an sich zusammenhanglose Reihen verknüpft. Ein solches Element wird zum Werkzeug, zum Begriff. ... Es ist an sich nicht nötig, daß ein Begriff mit einem sinnlich wahrnehmbaren und reproduzierbaren Zeichen (Wort) verknüpft sei; ist er es aber, so wird dadurch Denken mitteilbar.... All unser Denken ist von dieser Art eines freien Spiels mit Begriffen ... Es ist mir nicht zweifelhaft, daß unser Denken zum größten Teil ohne Verwendung von Zeichen (Worte) vor sich geht und dazu noch weitgehend unbewußt."

Nicht zufällig stehen diese überraschenden Sätze vor Einsteins Bericht über zwei „Wunder", die ihm in seiner Kindheit widerfuhren. Eines davon ist die bereits erwähnte Episode mit dem Kompaß. Das andere Wunder war ein kleines Buch über die euklidische Geometrie der Ebene, das er, wie er schreibt, im Alter von zwölf Jahren erhielt. In diesem Zusammenhang beschreibt Einstein eine frühe, erfolgreiche Verwendung seiner speziellen Art des „Denkens" in visuellen Ausdrücken:

„Ich erinnere mich beispielsweise, daß mir der pythagoräische Satz von meinem Onkel mitgeteilt wurde, bevor ich das heilige Geometriebüchlein in die Hand bekam. Nach harter Mühe gelang es mir, diesen Satz aufgrund der Ähnlichkeit von Dreiecken zu ‚beweisen'; dabei erschien es mir ‚evident', daß die Verhältnisse der Seiten eines rechtwinkeligen Dreiecks durch einen der spitzen Winkel völlig bestimmt sein müssen. Nur was nicht in ähnlicher Weise ‚evident' erschien, schien mir überhaupt eines Beweises zu bedürfen. *Auch schienen mir die Gegenstände, von denen die Geometrie handelt, nicht von anderer Art zu sein als die Gegenstände der sinnlichen Wahrnehmung, ‚die man sehen und greifen konnte.'*" [Hervorhebung von G.H.].

Die Gegenstände der Phantasie waren für ihn offensichtlich überzeugende reale, visuelle Materialien, die er willentlich und spielerisch reproduzieren und kombinieren konnte, vielleicht analog zu einem Puzzle. Die Schlüsselworte sind *Bild* und *Spiel*. Einmal darauf aufmerksam gemacht, findet man sie überraschend häufig in Einsteins Schriften. In einer Antwort an Jacques Hadamard führt Einstein weiter aus:[13]

„Die Worte oder die Sprache, wie sie geschrieben oder gesprochen wird, scheinen keine Rolle in meinen Denkmechanismen zu spielen. Die psychischen Größen, die mir als Elemente des Denkens zu dienen scheinen, sind bestimmte Zeichen und mehr oder weniger klare Bilder, die ‚willentlich' reproduziert und kombiniert werden können... Vom psychologischen Gesichtspunkt scheint dieses kombinatorische Spiel das wesentliche Element produktiven Denkens – bevor es überhaupt irgendeine Verbindung mit logischen Konstruktionen in Worten oder anderen Zeichen gibt, die anderen mitgeteilt werden können. Die oben erwähnten Elemente sind, in meinem Fall, von visueller und einige von taktiler Art.[14] Konventionelle Worte und andere Zeichen müssen erst in einem zweiten Stadium mühsam gesucht werden, wenn das Spiel der Assoziationen hinreichend etabliert ist und willentlich reproduziert werden kann."

Max Wertheimer, einer der Begründer der Gestaltpsychologie und ein Freund Einsteins, berichtet[15], daß er Einstein ab 1916 in zahlreichen Diskussionen detailliert über die konkreten Denkschritte befragt hatte, die ihn zur

Relativitätstheorie geführt hatten. Einstein meinte dazu: ,,Diese Gedanken kamen mir nicht in irgendeiner verbalen Formulierung. Ich denke nur sehr selten überhaupt in Worten. Ein Gedanke kommt mir und ich kann nachher versuchen, ihn in Worten auszudrücken.... In all den Jahren hatte ich ein Gefühl für die Richtung, ein Gefühl geradewegs auf irgend etwas Konkretes loszugehen. Es ist selbstverständlich sehr schwierig, dieses Gefühl in Worte zu kleiden.... Es ist mir nur im Überblick, sozusagen visuell zugänglich."

In Einsteins veröffentlichten Arbeiten wird seine Bildsprache manchmal direkt sichtbar. Erwähnenswert ist beispielsweise seine lebendige Beschreibung von Gedankenexperimenten, in denen Uhrenablesungen koordiniert werden, Lichtsignale ankommen und Lokomotiven mit Blitzen koordiniert werden. Vielleicht sind auch Einsteins Fähigkeit zur Arbeit mit Modellen und Zeichnungen im Patentamt und seine stets präsente Freude über Puzzlespiele weitere signifikante Hinweise. Wichtiger für uns ist aber, daß seine Fähigkeit zur Visualisierung in dem einprägsamen Gedankenexperiment über den Lichtstrahl hervortritt, über das er in Aarau nachzudenken begann. Aber auch die Gedankenexperimente, die in seinem frühen Aufsatz von 1894–95 vorgeschlagen werden, beruhen auf einer anschaulichen Erforschung des Ätherzustandes in der Umgebung eines stromführenden Drahtes.

Ich zweifle nicht, daß die Fähigkeit zu derart klaren Visualisierungen experimenteller Situationen für sein Vordringen zur Relativitätstheorie entscheidend war (beispielsweise in dem Argument, das zur Relativität der Gleichzeitigkeit führt). Dies gilt auch heute. Jeder, der schon einmal Relativitätstheorie unterrichtet hat, weiß, daß nicht die Mathematik entscheidend ist – rudimentäre Kenntnisse des Wurzelziehens reichen aus – sondern eine klare *Vorstellung.*[16] Für den Anfänger ist es am wichtigsten, sich die Eindrücke und Berichte zweier relativ bewegter Beobachter in einem Gedankenexperiment klarzumachen. Dieser Denkstil, der von Anfang an erforderlich ist, unterscheidet sich beispielsweise wesentlich von der Maschinerie eines Formalismus, die Sommerfelds Werk charakterisiert.

Auf lange Sicht war aber die Stärke von Einsteins visuellem Ideenreichtum nicht allein auf die Verwendung der Bilder beschränkt. Wir wollen hier vielmehr die Hypothese vorschlagen, daß seine spezielle Fähigkeit, in Bildern zu denken, tiefe Konsequenzen hatte. Sie veranschaulicht Symmetrien und führt zu einer Abscheu vor unangebrachten Verwicklungen. Dies zeigt sich in den Ergebnissen der Arbeit von 1905, wo die Lorentz-Transformation auf Kontraktionen und Zeitdilatationen führt, die erstmals symmetrisch in bezug auf alle Inertialsysteme sind. Dies zeigt sich aber auch in seiner langen Suche nach einer relativistischen Gravitationstheorie, deren Feldstruktur auf einen symmetrischen Tensor g und den symmetrischen Verschiebungskomplex Γ aufgebaut ist. Schließlich zeigt sich dies auch in der Suche nach einer vereinheitlichten Feldtheorie, die auf verallgemeinerten g- und Γ-Feldern ohne Symmetrieeigenschaften aufbauen sollte. Vom Beginn bis zum Ende war Einsteins wissenschaftliches Denken von Symmetrien und Invarianzen beherrscht.

Aber bereits lange vor seinen wissenschaftlichen Arbeiten war Einstein bereits Einstein – bereits im Alter von drei Jahren spielte er schweigend, widerstand der Sprache der Worte und lehnte sich damit gegen eine von außen auferlegte Autorität der Namen und Regeln auf, die die meisten anderen Kinder „sozialisiert" und sie damit ihre eigene Neugier und ihr Spiel der Phantasie verlieren läßt. Einsteins Welt ist eine Welt, die sich ihrer Definition nach nur sehr schwer beschreiben läßt. Sie ist aber eine Welt, in der das Spiel mit geometrischen und anderen visuellen Formen wie Symmetrie oder Asymmetrie nach allem, was wir wissen, die Grundlage für die Entwicklung erfolgreichen Denkens war.

Das ABC der Anschauung

Die Literatur über visuelle Elemente in den Denkprozessen von Kindern ist nicht sehr ausführlich. Ein wichtiger Faden unseres Netzwerkes fehlt hier – ein Faden, der zu einem interessanten Forschungsthema für Psychologen und Erzieher weitergesponnen werden könnte. Es gibt aber doch einen Pionier auf diesem Gebiete, nämlich Johann Heinrich Pestalozzi, einen Schweizer Erziehungsreformator. Im Jahre 1746 in Zürich geboren studierte er an der dortigen Universität und versuchte sich zuerst als Landwirt in einem kleinen Ort im Kanton Aargau. Während der französischen Invasion der Schweiz im Jahre 1798 blieben einige Kinder ohne Eltern oder Nahrung dort zurück und Pestalozzi widmete sich in diesem Winter ihnen und ihrer Erziehung. Im Jahre 1801 veröffentlichte er seine Ideen über Erziehung in dem Buch *„Wie Gertrud ihre Kinder lehrt"* und wurde in der Folge eine einflußreiche Macht in der Welt der Erziehung. Humboldt, Fichte, Madame de Steal und Talleyrand besuchten ihn und seine Schulen.

Grundlage von Pestalozzis Erziehungssystem waren die Entwicklung der Beobachtungsgabe, die humanistische Behandlung jedes Gegenstandes, die Zusammenarbeit und Sympathie zwischen Lehrer und Schüler und seine Ansicht, daß „begriffliches Denken auf visueller Anschauung beruht." Seine Methode stellte daher das ABC der Anschauung vor das ABC der Buchstaben.

Ein Ausschnitt aus seinem Buch gibt uns einen kurzen Einblick in die Methodik der von ihm gegründeten oder beeinflußten Schulen:

„Ich muß hier bemerken, daß das ABC der Anschauung nur als das Wesentliche und einzig wahre Unterrichtsmittel für die richtige Beurteilung der Formen aller Dinge vorkommt. Indessen ist dieses Mittel bis jetzt ganz vernachlässiget, und bis zur vollkommenen Urkunde desselben aus den Augen gesetzt worden. Für Zahl- und Sprachkenntniß hingegen hatte man hundertfältige solcher Mittel. Indessen ist der Mangel der Unterrichtsmittel über die Form nicht bloß als eine einfache Lücke in der Bildung der menschlichen Erkenntnisse anzusehen, sondern er erscheint als die Lücke des eigentlichen Fundaments aller Erkenntnisse. Er erscheint als die Lücke der Erkenntnisse in einem Punkt, dem die Zahlen- und Sprachkenntnisse wesentlich untergeordnet werden müssen. Mein ABC der Anschauung soll diesem wesentlichen Mangel des Unterrichts abhelfen, und ihm die Basis sichern, auf welche die übrigen Unterrichtsmittel alle gegründet werden müssen. Ich bitte die Männer Deutschlands, die sich hierüber zu urteilen befugt fühlen, diesen Gesichtspunkt als das Fundament meiner Methode anzusehen, auf dessen Richtigkeit oder Unrichtigkeit der Wert oder Unwert aller meiner Versuche beruht."[17]

Albert Richter hat die Grundlehren von Pestalozzis Buch „*Wie Gertrud ihre Kinder lehrt*" folgendermaßen zusammengefaßt[18]:

„1. Das Fundament des Unterrichts ist die Anschauung.
2. Mit der Anschauung muß sich die Sprache verbinden.
3. Die Zeit des Lernens ist nicht die Zeit des Urteilens, der Kritik.
4. In einem jeden Fache soll der Unterricht bei den einfachsten Elementen beginnen und von da aus stufenweise der Entwicklung des Kindes gemäß forgeführt, d.h. in psychologische Reihenfolgen gebracht werden.
5. Auf jedem Punkte soll man so lange stehen bleiben, bis der betreffende Unterrichtsstoff des Schülers freies geistiges Eigentum ist.
6. Der Unterricht hat den Weg der Entwicklung zu befolgen, nicht den des Dozierens, Anlehrens, Mitteilens.
7. Dem Erzieher soll die Individualität des Zöglings heilig sein.
8. Nicht der Erwerb von Kenntnissen und Fertigkeiten ist der Hauptzweck des Elementarunterrichts, sondern die Entwickelung und Stärkung der geistigen Kräfte.
9. Dem Wissen soll sich das Können, der Kenntniß die Fertigkeit anschließen.
10. Der Verkehr zwischen Erzieher und Zögling, insbesondere auch die Schuldisziplin, soll von der Liebe getragen und beherrscht sein.
11. Der Unterricht soll dem Zwecke der Erziehung untergeordnet sein.
12. Das Fundament der sittlich religiösen Entwickelung des Kindes liegt in dem Verhältnisse zwischen Mutter und Kind."

Wie modern und menschlich klingen doch viele dieser Leitlinien! Doch hat Pestalozzi selbst rückblickend festgestellt:

„Wenn ich nun zurückschaue und mich frage, was ich wirklich für die menschliche Erziehung erreicht habe?, so finde ich: ich habe das erste und grundlegende Axiom des Unterrichts, die Anerkennung der Anschauung als absoluter Grundlage jedes Wissens, fest verankert."

Erfolg in Aarau

Wie sehr muß sich doch eine Schule, die auf solchen Prinzipien beruht, von derjenigen unterscheiden, aus der Einstein als fünfzehnjähriger Knabe floh, als er München verließ – eine regimentierte, militaristische Schule, die sprachorientiert war und ihn als Schüler und als Mensch nicht schätzen konnte.

Im Spätsommer des Jahres 1895 nahm Einstein an der Aufnahmeprüfung des Polytechnischen Instituts in Zürich teil und glaubte damit, alle Schulen hinter sich gelassen zu haben. Doch bestand er, wie erwähnt, die Prüfung nicht. Er hatte sein Heimatland aufgegeben und Schritte unternommen, seine Staatsbürgerschaft zurückzugeben, er hatte seine Eltern in Italien zurückgelassen, er war ein Fremder in der Schweiz und nun war er auch noch an der Prüfung gescheitert.

Nun ergab sich für den Jungen, der scheinbar in so vieler Weise versagt hatte (außer, wie immer, in Mathematik und Physik) ein Aufschub. Da der nächste Aufnahmstest ein Jahr später stattfinden sollte, riet ihm der Direktor des Polytechnischen Instituts die Kantonsschule zu Aarau, 50 km nordwestlich von Zürich, in der Hauptstadt des Kantons Aargau zu besuchen. Dies bedeutete für ihn zweifellos die Wende, da an dieser Schule sich alles irgendwie für ihn veränderte. Er fand das erste große Gedankenexperiment, das ihn zur Relativitätstheorie führte, er fand wahre Freunde – deren einer, der Sohn des Lehrers Jost Winteler, in dessen Haus Einstein lebte, schließlich die Schwester Einsteins, Maja, heiratete. Später erinnerte sich Einstein oft und mit Freuden an diese Schulzeit. Mit verschiedenen seiner Klassenkameraden stand er noch jahrelang in Korrespondenz und traf sie auch gelegentlich. Er erwähnt die Schule und sein Abitur in seiner autobiographischen Notiz aus dem Jahre 1922, die er für den offiziellen Almanach der Nobelpreisstiftung verfaßte – obgleich Einsteins gesamter Lebenslauf dort nur 14 Zeilen umfaßt. Auch einen Monat vor seinem Tod erinnert er sich der Schule noch dankbar mit den Worten:

„Diese Schule hat durch ihren liberalen Geist und durch den schlichten Ernst der auf keinerlei äußerliche Autorität sich stützenden Lehrer einen unvergeßlichen Eindruck in mir hinterlassen.“[20]

Einige seiner Lehrer, besonders sein Physiklehrer Fritz Mühlberg, scheinen Einstein interessiert und ermutigt zu haben. Die Schulatmosphäre war anscheinend gemütlich, informell und demokratisch. Auch im Unterricht der Naturwissenschaften standen die allgemeinen Erziehungsziele und humanistische Ideen im Vordergrund. Nicht auswendigzulernen war das Hauptziel, sondern die Entwicklung individuellen Denkens. Der übliche Lehrstoff wurde durch Exkursionen, zwei Arten von Zeichenkursen, Arbeit mit Museumsproben und Laborkursen ergänzt. Karten und andere visuelle Materialien wurden anscheinend häufig verwendet.

Diese und andere Elemente der suggestiven, wenn auch fragmentarischen Beschreibung der Schule durch Einsteins verläßlichste Biographen – Frank, Reiser und Seelig[21] – zeigen, daß diese Schule wahrscheinlich durch viele der grundlegenden pädagogischen Richtlinien Pestalozzis geleitet war.

Nicht überraschend kommt daher die Entdeckung, daß die Kantonsschule von Aarau im Jahre 1802 von demokratischen Patrioten gegründet wurde[22], die ein Jahr nach der Veröffentlichung von Pestalozzis Manifest in seinem Geiste handelten, während Pestalozzi selbst gerade eine Schule in Burgdorf, rund 80 km entfernt, leitete. Vielleicht ist es kein Zufall, daß Einstein sich der Stärke seines genialen wissenschaftlichen Ideenreichtums gerade an dieser Schule bewußt wurde. Zumindest war sie ein Ort, an dem sein besonderer Denkstil nicht unterdrückt, sondern vielleicht sogar eher gefördert wurde.

Die Behandlung von Antithesen

Am Anfang standen einige sonderbare Kontraste und Polaritäten, die wir im Werk und Lebensstil Einsteins feststellten. Andere sind hinzugekommen: frühes Versagen und Erfolg, Schwierigkeiten in einer Richtung und außerordentliche Fähigkeiten in anderen. Bei der Diskussion der Rolle der Einfachheit und Symmetrie fanden wir einen Schlüssel zum Begriff des Genies in der Behauptung, daß zumindest in diesem Fall eine wechselseitige Entsprechung zwischen Gewohnheiten und Lebensstil des genialen Wissenschaftlers und den Naturgesetzen auftritt. Die Untersuchung des Umfeldes des Gedankenexperimentes von Aarau, aus dem die Relativitätstheorie erwuchs, führt uns zu einer allgemeineren Formulierung unserer Anfangshypothese: *Zumindest in diesem speziellen Fall gibt es eine wechselseitige Entsprechung zwischen dem Denkstil und dem Handeln eines genialen Wissenschaftlers einerseits und den ungelösten Hauptproblemen der zeitgenössischen Wissenschaft andererseits.*

Was uns also zunächst als rätselhafte innere Polaritäten in Einstein erschien, kann gleichermaßen als Talent zur Behandlung von Dichotomien aufgefaßt werden, die den schwierigsten wissenschaftlichen Problemen oft zugrundeliegen. Wir haben biespielsweise früher festgestellt, daß die Relativitätsarbeit von 1905 zwischen zwei erkenntnistheoretischen Haltungen schwankt: Der Positivismus Machs wird für die Definition der Begriffe benötigt, ein rationaler Realismus für die *A-priori*-Formulierung der Grundprinzipien der Relativitätstheorie. Einstein gestand später, diese beiden Extreme in seinen Gedanken vereint zu haben. Bis heute ist es fast unbegreiflich, daß er oder irgendjemand anderer eine Formulierung der Relativitätstheorie ohne eines dieser beiden kontrastierenden Elemente hätte erreichen können.

Viele wesentliche und sogar ausgezeichnete Forschungsarbeit kann auf monolithischen Grundlagen beruhen und begriffliche Dichotomien vernachlässigen oder vermeiden. Nicht oft wird aber betont, daß derartige Dichotomien in der Wissenschaft keinesfalls selten sind. Es gibt sie vom kleinsten Beobachtungsprotokoll bis zur weitreichendsten Theorie. Bereits auf niedrigstem Niveau finden wir eine Antithese beispielsweise zwischen den offensichtlichen, beobachtbaren, greifbaren, beschränkten materiellen Objekten wie einer Magnetnadel und dem Feld, in dem sie sich befindet, das sich zart, unsichtbar, dem Anfänger meist mysteriös erscheinend, aber doch beherrschend, bis ins Unendliche erstreckt. Einen Schritt weiter gibt es begriffliche Antithesen wie Materie und Energie, Raum und Zeit, Gravitation und elektromagnetisches Feld – ja sogar theoretischer und experimenteller Aktivität oder zwischen der begrifflichen Sparsamkeit einer guten Theorie und der unendlichen Vielzahl der Fälle, die sie umfaßt.

Noch einen Schritt höher wird die Antithese zwischen den großen Themata sichtbar. Kontinuierliche und atomare Strukturen stehen einander gegenüber, klassische, kausale Gesetze sind statistischen Gesetzen entgegengesetzt, mechanistische und theistische Erklärungen dieser Welt konkurrieren miteinander. Derartige thematische Antithesen, die auch in den heutigen Grundproblemen der Wissenschaft auftreten, haben Forscher wie Newton, Bohr oder Einstein verfolgt, auch wenn geringere Wissenschaftler sich den Luxus leisten konnten, derartige Konfrontationen zu vermeiden und sich auf bequemere Forschungen zu beschränken, die thematisch unproblematisch sind – was Einstein als Suche nach dem dünnsten Teil des zu durchbohrenden Brettes ablehnte. Ein Genie entdeckt sich nicht selbst in großartigen Lösungen kleinlicher Probleme, sondern im Kampf mit den wesentlichen und ewigen Fragen. Diese entstehen aber ihrer Natur nach üblicherweise aus thematischen Konfrontationen.

In manchen Kreisen wurde es in letzter Zeit Mode, die Geschichte der Physik so aufzufassen, daß sie sich als „Normalwissenschaft" üblicherweise ziemlich ruhig als Hauptstrom in eine Richtung bewegt und dieser Fortschritt nur selten durch „wissenschaftliche Revolutionen" unterbrochen wird.[A2]

Dies kann aber nur beschränkt richtig sein. Denn knapp unter der Oberfläche koexistieren in der Wissenschaft, fast schon seit den Zeiten von Thales und Pythagoras, zwei mehr oder weniger antithetische Systeme und Haltungen – reduktionistisch versus holistisch, mechanistisch versus vitalistisch oder positivistisch versus teleologisch. Darüber hinaus gab es stets noch weitere Antithesen oder Polaritäten, von denen die eine oder andere zu einer gegebenen Zeit wesentlicher wurde – nämlich zwischen einerseits der Galileischen (oder richtiger archimedischen) Suche nach Präzision und Meßbarkeit, die die öffentliche, „objektive" Wissenschaft von jenen qualitativen Elementen, die eine vernünftige „objektive" Übereinstimmung zwischen Forscherkollegen behindern reinigt, und andererseits den Intuitionen, Tagträumen, Lichtblicken und *A-priori*-Verpflichtungen, die die halbe Welt der Wissenschaft in der Form persönlicher, privater „subjektiver" Aktivität ausmachen.

Die Wissenschaft wurde stets durch solche antithetische und konträre Kräfte vorangetrieben. Wie Schiffe mit hinreichendem Tiefgang, die mehr als die Oberfläche ankratzen, sind geniale Wissenschaftler dazu verurteilt oder privilegiert, diese tieferen Strömungen in all ihrer Komplexität auszuloten.

Dazu ist eine ganz besondere Empfindsamkeit für Antithesen erforderlich und ein innerer Drang, sich nicht mit geringerem zufrieden zu geben.

Und so ist dies für mich die Richtung, in der man Antworten auf die Frage findet, wen der Engel des Herrn ausgewählt hat ... oder zumindest, warum er einen von ihnen auswählte.

Anmerkungen

1 Leopold Infeld, *Albert Einstein, sein Werk und sein Einfluß auf unsere Welt* (Wien 1953), S. 120

2 Derartige „Oszillationen" wurden beispielsweise in Antonina Vallentin, *Einstein: A Biography* (London 1954), S. 27, beschrieben.

3 Albert Einstein, *Mein Weltbild* (Querido, Amsterdam 1938), S. 109. In dem einleitenden Aufsatz der Sammlung „*Science et Synthèse*" (Paris 1967), S. 28, schreibt Ferdinand Gonseth bezüglich der methodologischen Autonomie von Einsteins frühen Arbeiten: „Ich glaube, daß die Wurzeln alles folgenden in seiner Annahme der Freiheit lagen, einen Beweis zugunsten einer Überzeugung, die sich aus der Suche nach der Wahrheit ergab, ablehnen zu dürfen."

4 Gerald Holton, *Science and New Styles of Thought, The Graduate Journal* 7, 399–422 (1967)

5 Siehe dazu einen von Einsteins frühesten Briefen (1905) an seinen Freund Conrad Habicht, zitiert in Carl Seelig, *Albert Einstein* (Europa Verlag, Zürich 1954; s.a. den vorangehenden Aufsatz). An Maurice Solovine schrieb Einstein ein Jahr später, bald nach der Veröffentlichung seiner ersten Arbeiten zur Relativitätstheorie und in weitere Forschungen vertieft: „Mir selbst gerät gegenwärtig nicht gerade viel in wissenschaftlicher Beziehung, bald komme ich schon ins stationäre und sterile Alter, wo man über revolutionäre Gesinnung der Jungen wehklagt....." [Albert Einstein, *Briefe an Maurice Solovine* (Edition Gauthier-Villars, Paris 1956) S. 4]

6 Einsteins Biograph Philipp Frank wies darauf hin, daß dieses Paradoxon ihn während der ganzen Studienzeit am Polytechnikum in Zürich beschäftigte: „Er studierte alle Werke der großen Physiker daraufhin, ob sie zu der Lösung dieses Problems von der Natur des Lichtes etwas beitragen könnten." [Philipp Frank, *Einstein, sein Leben und seine Zeit* (Vieweg, Braunschweig 1979), S. 40]

7 Ich danke Professor Pelseneer für eine Kopie dieses sechsseitigen Aufsatzes. Dem Begleitbrief, den Einstein zusammen mit dem Aufsatz an seinen Onkel Caesar Koch sandte, fügte er später handschriftlich hinzu: „1894 oder 95. A. Einstein (Datum 1950 angegeben)." Diese Arbeit entstand also wahrscheinlich während der Zeit, in der sich der fünfzehn- oder sechzehnjährige Junge auf die Aufnahmeprüfung am Polytechnikum vorbereitete.

8 Die Bedeutung und Gültigkeit von Kindheitserfahrungen dieser Art für Wissenschaftler und Erfinder wurde bisher nicht ausreichend untersucht, obwohl interessantes Material existiert. Zu erwähnen sind hier die Berichte über Newtons Konstruktion von Spielsachen und Ernst Machs Bericht über den bleibenden Eindruck, den ihn der Besuch bei einer windgetriebenen Getreidemühle machte. Auf die Frage, wie er und sein Bruder Wilbur zur Fliegerei kamen, antwortete Orville Wright: „Unser Interesse erwachte in der Kindheit. Unser Vater brachte uns ein kleines Spielzeug mit Gummimotor, das fliegen konnte. Wir bauten dieses Spielzeug öfter nach, und es flog erfolgreich."

9 Kurz nach dem Entwurf dieser Arbeit fand ich einen ähnlichen Hinweis auf „bestimmte Spannungen" in dem Vorwort von Russell McCormmach, dem Herausgeber der „*Historical Studies in the Physical Sciences*" (Philadelphia 1970) zu Band II, S. X–XI. Brieflich hat mich Professor McCormmach auch auf C. P. Snows Skizze über Einstein in „*A Variety of Men*" (New York 1967) hingewiesen, in der auf die Existenz von Paradoxa hingewiesen wird. Literarische Figuren wurden öfter in dieser Weise analysiert. Eines der weniger bekannten Beispiele mag vielleicht V. I. Lenins beißende Diskussion der „schreienden Widersprüche in Tolstojs Arbeit, Ansichten und Doktrinen" sein [*Leo Tolstoj als Spiegel der russischen Revolution* (1908)].

10 P. A. Schilpp (Hrsg.), *Albert Einstein als Philosoph und Naturforscher* (Reprint bei Vieweg, Braunschweig 1979), S. 504–505

11 Hermann Weyl, *Symmetrie* (Princeton, 1952), S. 17, 130, 132

12 Eine detaillierte Diskussion von Einsteins Ablehnung von *ad-hoc*-Elementen in der Physik findet sich in meiner Abhandlung „*Die Ursprünge der speziellen Relativitätstheorie*", Abschnitt III dieses Buches.

13 J. Hadamard, *The Psychology of Invention in the Mathematical Field*, (Princeton 1945), S. 142–143

14 Einstein hätte hier auch „audio-visuell" schreiben können. Siehe seine Bemerkungen zu R. S. Shankland [*American Journal of Physics* **31**, 50 (1963)]: „Wenn ich lese, so höre ich die Worte. Schreiben fällt mir schwer und ich kommuniziere auf diese Art sehr schlecht."

15 Max Wertheimer in dem Kapitel „*The Thinking That Led to the Theory of Relativity*, in „*Productive Thinking*" (New York 1945), S. 184. Wertheimers Bemerkungen zur Psychologie sind wertvoll, seine Ansichten über Physik weniger gut begründet.

16 Diese Tatsache geht auch aus Bemerkungen hervor, die Einstein 1938 machte und die 1971 veröffentlicht wurden: „Ich begreife Dinge genauso schnell wie in meiner Jugend. Meine spezielle Fähigkeit liegt in der *Visualisierung von Effekten, Konsequenzen und Möglichkeiten* und ihre Folgerungen für die Entdeckungen anderer. Ich verstehe große Zusammenhänge sehr leicht. Mathematische Berechnungen fallen mir dagegen nicht leicht. Ich führe sie nicht gerne und nicht bereitwillig aus." (Hervorhebung von G. H.).

17 J. H. Pestalozzi, *Wie Gertrud ihre Kinder lehrt* (Leipzig 1880), S. 109. Siehe auch Rudolph Arnheims, *Visual Thinking* (University of California Press, Berkeley 1969), S. 229. Arnheims Buch ist sehr aufschlußreich und sollte zu Rate gezogen werden.

18 Im Anhang der vierten Auflage von Pestalozzis Buch „*Wie Gertrud ihre Kinder lehrt*" (Leipzig 1880), S. 184–185.

19 Diese Haltung könnte zu einem Gutteil die von Richter berichtete (S. 184) Opposition gegen Pestalozzi erklären, die wegen seiner Bemerkungen über den Religionsunterricht entstand, und erklären, warum sein Werk als „Entfremdung von Christus" betrachtet wurde.

20 Vergleiche Carl Seelig (Hrsg.) *Helle Zeit – Dunkle Zeit* (Europa-Verlag, Zürich 1956), S. 9. [Roman Jakobson weist in „*verbal Communication*" im *Scientific American* vom September 1972 auf die Inspiration hin, die von Jost Winteler auf seinen jungen Kostgänger ausgegangen sein mag. Winteler war einer der Begründer der Linguistik und wurde für die Einführung von Begriffen wie „konfigurative Relativität" und von Symmetrieeigenschaften von Schallmustern bekannt.]

21 Vergleiche Carl Seelig, *Albert Einstein* (Europa Verlag, Zürich 1954), S. 16 und S. 21–24. Die Schule in Aarau war auch betont antiklerikal, wie einige von Einsteins Schulkollegen berichteten.

22 Siehe dazu beispielsweise Friedrich Herneck, *Albert Einstein* (Buchverlag der Morgen, Berlin 1967), S. 49

Anmerkungen des Übersetzers

A1 Die Bedeutung der Invarianten für die Relativitätstheorie hat besonders Max Born betont. Siehe z. B. seinen Aufsatz „*Philosophische Betrachtungen zur modernen Physik*" in Max Born, *Physik im Wandel meiner Zeit*, (Vieweg, Wiesbaden 1983)

A2 Thomas Kuhn, *Die Struktur wissenschaftlicher Revolutionen* (Suhrkamp, Frankfurt 1973) (amerikanische Erstausgabe 1963) betont diesen Gesichtspunkt.

V *Einsteins Suche nach dem Weltbild*

Zahlreiche Feiern haben im Jahre 1979 anläßlich des 100. Geburtstages von Albert Einstein stattgefunden, und sein Werk wurde dabei in vielen Aspekten untersucht. Aber gerade der grenzüberschreitende Charakter dieses Werkes macht jede Untersuchung ebenso anziehend wie unerschöpflich.

Abgesehen von 300 physikalischen Arbeiten publizierte Einstein auf vielen anderen Gebieten, bis hin zur Wissenschaftsphilosophie und zu den Sozialwissenschaften. Er widmete sich auch mit großer Hingabe seiner Aufgabe als Erzieher, Humanist und moralische Autorität. So kommt es auch, daß Einstein von den Kommentatoren unter zweierlei Gesichtspunkten beurteilt wird.

Zum einen stellt sich Einstein als der bekannteste Physiker dar, der fast zu jedem Gebiet der zeitgenössischen Physik durch seine Forschungen beigetragen hat.

Gerade in Anbetracht der Breite und Tiefe von Einsteins verschiedenen wissenschaftlichen Ergebnissen (in der statistischen Mechanik, der Quantenphysik, der Relativitätstheorie, der Kosmologie usw.) darf seine Begeisterung für jenes höhere Ziel der physikalischen Wissenschaften nicht übersehen werden, das für eine Generation von Wissenschaftsphilosophen dieser Zeit typisch war. Dieses Ziel ist das Streben nach einem zusammenhängenden, vollständigen und vereinheitlichten wissenschaftlichen Weltbild:

„Ziel der Wissenschaft ist erstens die möglichst *vollständige* begriffliche Erfassung und Verknüpfung der Sinneserlebnisse in ihrer ganzen Mannigfaltigkeit, zweitens aber die Erreichung dieses Zieles *unter Verwendung eines Minimums von primären Begriffen und Relationen* (Streben nach möglichst logischer Einheitlichkeit des Weltbildes beziehungsweise logischer Einfachheit seiner Grundlagen).“[1]

„Wissenschaft ist der Versuch, der chaotischen Mannigfaltigkeit der Sinneserlebnisse ein logisch einheitliches gedankliches System zuzuordnen; ...

Daneben bestand aber auch von Anfang an das Bestreben, eine alle diese Einzelwissenschaften vereinigende theoretische Basis aufzufinden, bestehend aus einem Minimum von Begriffen und Grundrelationen, aus denen alle Begriffe und Relationen der Einzelwissenschaften sich auf rein logischem Wege sollen ableiten lassen. Es ist das Suchen nach einem Fundament der ganzen Physik. Das Vertrauen in der Erreichbarkeit dieses höchsten Zieles ist eine

Hauptquelle der leidenschaftlichen Hingabe, welche die Forscher von jeher beseelt hat."[2]

Das zweite Antlitz Einsteins aber ist das eines Menschen, der sich in aller Geduld und in vollem Bewußtsein der ungeheueren Schwierigkeiten einer noch größeren Aufgabe widmete: nämlich für sich selbst ein allgemeines Weltbild zu entwickeln, dessen Erklärungskraft nicht nur die physikalische Wissenschaft, sondern alle anderen Gebiete des Wissens und des Verhaltens umfassen sollte, ja sogar das Phänomen des Lebens an sich. Einstein hat gerade über diese Thematik sehr viel geschrieben. In einem Sammelband, dem sein Herausgeber den Titel „*Mein Weltbild*" geben zu können glaubte, haben die fünf Hauptabschnitte folgende Überschriften: „Wie ich die Welt sehe", „Von Politik und Pazifismus", „Deutschland 1933", „Judentum" und „Wissenschaft".[3]

In Einsteins Leben und Werk sind diese Bestrebungen – nämlich die Suche nach dem wissenschaftlichen Weltbild und nach einem noch allgemeineren, über die Wissenschaft hinausgehenden Gedankengebäude – häufig simultan und oft konvergent abgelaufen. Natürlich wird niemand glauben, daß ein einfacher Zusammenhang zwischen diesen Elementen hergestellt werden kann. Wie der Anthropologe Clifford Geertz in seinem Werk „*Interpretations of Cultures*"[4] feststellt, sind gerade die Begriffe „Ethos und Weltbild vage und ungenau; es handelt sich dabei um eine Art von Prototheorie oder – wie zu hoffen ist – um Vorläufer eines adäquateren Bezugsrahmens." Es ist nicht schwierig zu zeigen, daß Einstein seine wissenschaftliche Methode zur Lösung fast aller Probleme, auch auf ethischem Gebiet, heranzog[5]. Sein steter Kampf für Demokratie und die Unantastbarkeit des Individuums erscheint in einer Welt des Totalitarismus und des Kollektivismus zumindest teilweise mit seiner Überzeugung zusammenzuhängen, daß es nirgends in der Natur Grenzen, Klassen oder etwas Absolutes gibt; und seine Versuche, die Physik zu entprovinzialisieren und ihre verschiedenen Gebiete zusammenzuführen, entspricht durchaus seinen Attacken gegen Rassismus und Nationalismus. Es war daher ganz natürlich, daß Einstein auch von all denen, die nichts von seiner Physik verstanden, als Vereinheitlicher im fundamentalen Sinne verstanden wurde, dessen gesamte Arbeit auf die Entwicklung eines Weltkonzeptes abgestellt war, das die Naturwissenschaft mit Gebieten wie Ethik, Religion, sozialen Belangen und persönlicher Haltung in Verbindung brachte. In einem Beitrag zum Gedenken an Marie Curie bringt Einstein zum Ausdruck, was die Menge über ihn zu fühlen schien:

„... Die ethischen Qualitäten der führenden Persönlichkeiten einer Generation sind für diese und den Lauf der Geschichte von vielleicht noch größerer Bedeutung als die rein intellektuellen Leistungen. Auch sind diese letzteren in höherem Maße, als man gewöhnlich denkt, von der Größe des Charakters abhängig."[6]

Einsteins doppelte Rolle führte dazu, daß seine Arbeiten sowohl dem „Kosmos der Natur" als auch dem „Kosmos der Kultur" zugerechnet werden, wie Erwin Panovksy in nützlicher Weise unterscheidet[7]. Um so mehr war Einstein häufig verwundert, wenn in der Öffentlichkeit nicht wahrgenommen wurde, „wie die Bemühungen eines Lebens miteinander zusammenhängen",[8] wie er selbst formulierte. Als er im April 1921 das erste Mal in die Vereinigten Staaten kam, um Geld für eine neue Universität in Jerusalem zu sammeln und die Verbindung mit früheren Schülern wieder aufzunehmen, und auch um dem Interesse an seinen physikalischen Arbeiten Rechnung zu tragen – war er höchst verblüfft, als er die große und enthusiastische Menge sah, die sich zu seinem Empfang im New Yorker Hafen eingefunden hatte. In einer improvisierten Pressekonferenz[9] wurde er, fast unvermeidlich, auch gefragt, worin er den Grund der allgemeinen Begeisterung sehe. Einsteins Anwort lautete: „Sie kommt mir psychopathologisch vor". Der Journalist meinte, daß das allgemeine Interesse „auf die neue Beschreibung des Universums zurückzuführen sei, ein Thema von allgemeiner Faszination". Einstein hielt dies zwar für möglich, entgegnete aber, das Wesen seiner Theorie liege „in der logischen Einfachheit, mit deren Hilfe einander scheinbar widersprechende Fakten durch ein Naturgesetz erklärt werden konnten". So sei die Wissenschaft von der Last „einer Vielzahl allgemeiner und komplizierter Annahmen befreit worden". Aber warum sollte das den Mann auf der Straße interessieren?

Die Antwort des Journalisten wurde nicht überliefert, sie könnte aber etwa so gelautet haben: Der Kern von Einsteins Relativitätstheorie ist tatsächlich die Entdeckung von unerwartet einfachen Grundlagen, mit deren Hilfe ehemals divergierende Begriffe vereinheitlicht werden konnten. Und gerade deshalb eröffnet diese Theorie den Blick auf ein rationaleres und harmonischeres Universum, das man bis dahin nicht kannte. Diese Tatsache mußte auch dem Außenstehenden als erfreulich und ermutigend für den menschlichen Geist erscheinen – damals wie heute.

Die Hintergründe der Relativitätstheorie

Wenn wir uns auf die Untersuchung von Einsteins Bemühungen um ein wissenschaftliches Weltbild vorbereiten wollen, müssen wir zumindest kurz den damaligen Zustand der Wissenschaften beleuchten. Als er mit 21 Jahren im Jahre 1900 seine erste Arbeit veröffentlichte, waren die Physiker mit dem Stand der Wissenschaft sehr zufrieden. Einige, wie etwa Kelvin und Poincaré erkannten die Wolken am Himmel; das vorherrschende Gefühl entsprach jedoch einer manchmal sogar enthusiastischen Zufriedenheit mit dem damaligen Fortschritt der Erkenntnisse.

Tatsächlich gab es hier große Erfolge: zum ersten war die Synthese zwischen Elektrizität, Magnetismus und Optik im Rahmen der Maxwellschen Theorie und deren Verifizierung ein großer Sieg der Theoretischen Physik. Auch der Äther, das universelle Fortbewegungsmedium der elektromagnetischen Wellen und des Lichtes, stand damals im Mittelpunkt umfangreicher Forschungsarbeiten. J. J. Thomson sagte dazu noch im Jahr 1909: „Der Äther ist nicht eine phantastische Erfindung spekulativer Philosophen; er ist für uns ebenso wesentlich, wie die Luft, die wir atmen... Die Untersuchung dieser alles durchdringenden Substanz ist vielleicht die faszinierendste und wichtigste Aufgabe der Physiker".[10]

Zum zweiten stieß man damals auf eine Reihe neuer experimenteller Phänomene – im Jahr 1895 auf die Röntgenstrahlen und im Jahr 1896 auf die Radioaktivität. Curie, Rutherford und viele andere machten Entdeckungen, die wenige Jahre früher unvorstellbar wären. Im Jahre 1897 hatte Thomson das langgesuchte Elektron gefunden; damit aber schien die alte Frage nach der Zusammensetzung der Materie kanpp vor einer endgültigen Lösung. A. A. Michelson war geradezu ein Künstler in der Entwicklung neuer Präzisionsgeräte, von denen man sich die Entdeckung ganz neuer Wissenschaftsgebiete in nunmehr zugänglichen Kommastellen der experimentellen Beobachtung erhoffte. Eine andere Autorität dieser Art war Walter Kaufmann in Göttingen, der die Ablenkung hochenergetischer Elektronen durch elektrische und magnetische Felder erforscht hatte. Neue Ergebnisse jagten einander in schwindelerregender Folge. Ernest Rutherford war hier besonders fruchtbar und schrieb 1902 an seine Mutter: „Ich muß mich beeilen, denn es ist stets jemand auf meinen Fersen; und ich muß meine Ergebnisse so schnell als möglich publizieren, um im Rennen zu bleiben". Im Jahr 1904 publizierte Rutherford seinen Überblicksartikel über Radioaktivität, den er bereits im nächsten Jahr einer vollständigen Überarbeitung unterziehen mußte, um – wie er in der Einleitung begründet – die Flut der neuen Ergebnisse berücksichtigen zu können.

Zum dritten gab es nun auch ein ganz besonders ambitioniertes Arbeitsprogramm: nämlich die Entdeckung von Beziehungen zwischen den Phänomenen der Mechanik, der Elektrizität und des Magnetismus, der Theorie der Materie und des Äthers. Und schließlich ging mit diesen einander überschneidenden Erfolgen von Theorie, Experiment und Forschungsprogramm der Vorzug für eine ganz bestimmte Methode der Forschungsarbeit einher: um es kurz zu sagen, war man bemüht, innerhalb eines bestimmten Gebietes die Diskrepanzen zwischen der gerade besten Theorie und den neuen experimentellen Resultaten zu untersuchen, um die Theorie solange zu modifizieren, bis die Diskrepanzen beseitigt waren. Oft konnte dies nur durch eine *Ad-hoc*-Annahme erreicht werden, die gerade für diesen Zweck erfunden wurde und von der Hoffnung auf eine spätere und elegantere Version der Theorie begleitet war. Insgesamt war das also ein induktiver Prozess, der sich in enger Berührung mit der Erfahrung vollzog und zur Errichtung: „konstruktiver Theorien" (so Einstein's Terminologie) führte, die sich deutlich von den fundamentalen „Prinziptheorien" unterschieden.[11]

Der scharfsinnigste Handwerker dieser Periode war der große holländische Theoretiker H. A. Lorentz, mit dem Einstein im Laufe der Zeit eine sehr enge Freundschaft verband (obgleich Lorentz die Einsteinsche Relativitätstheorie niemals voll akzeptierte). Zu den besten Arbeiten dieser Jahre gehört eine Publikation von Lorentz (1904), deren Thema sich sehr stark mit Einsteins Publikation aus dem nächsten Jahr überschnitt, obwohl Einstein sie damals nicht gelesen hatte. Wir wollen den Stil und die Argumentationstechnik von Lorentz kurz untersuchen.[12]

Er beschäftigt sich mit dem Einfluß, den die Bewegung des Laborsystems bezüglich des großen Äthersees auf elektrische und optische Phänomene – etwa auf die gemessene Lichtgeschwindigkeit c – hat; insbesondere ging es ihm um die Bewegung der Erde (mit der Geschwindigkeit v) während solcher Messungen. Am Beginn seines Papieres aus dem Jahr 1904 vermerkt Lorentz eine Schwäche der damals gängigen Theorie: zwar erklärt sie in relativ einfacher Weise Phänomene von der Größenordnung v/c – nicht aber solcher von der Größenordnung v^2/c^2; und gerade dieses experimentelle Gebiet wurde mit den neueren Präzisionsmethoden (etwa dem Michelson – Interferometer) zugänglich. Daß Michelson diesen kleinen, aber endlichen und erwarteten Effekt der Erdbewegung auf die Lichtgeschwindigkeit nicht feststellen konnte, führte Lorentz und Fitzgerald zum Vorschlag, daß die Abmessungen aller Körper – also auch der Messeinrichtungen – auf ihren Weg durch den Äther in genau jener Weise beeinflußt werden, wie dies zu einer Kompensation des erwartenden Meßergebnisses notwendig erschien. Das war eine sehr spezielle Annahme, mit deren Hilfe die Diskrepanz zwischen Theorie und Experiment aufgehoben werden sollte. Lorentz sprach später selbst von „von einer zufälligen Aufhebung einander entgegengesetzter Effekte".

Im folgenden Abschnitt bezieht sich Lorentz auf neueste Experimente von Rayleigh und Brace, die wegen der Lorentz-Fitzgerald Kontraktion eine Doppelbrechung aller Materialien nachzuweisen versuchten. Die Versuche ergaben jedoch ein negatives Resultat. Um die Sache weiter zu verwirren, waren Trouton und Noble in einem Experiment, das sich mit einem geladenen, im Äther drehbaren Kondensator beschäftigte, ebenfalls auf ein negatives Ergebnic gestoßen. Darüber hinaus kritisierte der französische Physiker Henri Poincaré, daß Michelsons negatives Resultat durch eine nur zu diesem Zweck eingeführte neue Hypothese erklärt werden sollte, weil ähnliche Notwendigkeiten sich schließlich bei jedem neuen Faktum ergeben könnten. Auch Lorentz war der Meinung, daß diese Art von Spezialannahmen zur Erklärung neuer experimenteller Daten artifiziell sei und kündigte in seiner Arbeit einen fundamentaleren Ansatz an.

Tatsächlich mußte er – explizit oder implizit – eine Fülle von Spezialannahmen treffen, ohne die erhofften Resultate zu erzielen. Um es aus heutiger Sicht zu beschreiben, konnte Lorentz keine exakte Kovarianz erreichen. In seiner modifizierten Theorie waren die Maxwellschen Gleichungen nicht vollständig invariant, auch nicht bei niedrigen Geschwindigkeiten. Trotzdem war die Erklärungskraft seiner Arbeit vielversprechend. Im letzten Teil vergleicht er seine Theorie mit den Ergebnissen Kaufmanns über die Elektronenbahnen in elektrischen und magnetischen Feldern. Befriedigt stellt er fest, daß „diese Daten eine zufriedenstellende Übereinstimmung mit meiner Formel erwarten lassen".

Dieser Ansatz zur Weiterentwicklung des physikalischen Weltbildes ist zumindest geeignet, ohne grundlegender Veränderungen in einer komplizierten Welt Schritt für Schritt weiterzukommen. Im Jahr darauf zeigte Poincaré, wie man die Lorentz-Theorie unter Beibehaltung des Äthers sogar noch verbessern kann. Hätte nicht Einstein einen anderen und viel fundamentaleren Weg der Naturbetrachtung gewiesen, so würde vielleicht auch heute noch eine derartige Physik existieren.

Der Wettstreit zwischen den Weltbildern

Auf einer tiefer liegenden Ebene des physikalischen Denkens beschäftigte die Wissenschaftler allerdings ein schwerwiegender Mangel. Tatsächlich ruht der Tempel der Wissenschaften auf veränderlichen Fundamenten, die sich aus den Siegen von Theorie, Experiment, Programm und Methode ergeben. Jahrzehnte früher gab es einen heftigen Streit über das letzte Ziel dieser Arbeit und es fehlte die thematische Übereinstimmung über die Richtung, in die die Erklärungen laufen sollten. Kurz gesagt läßt sich diese vieldiskutierte[13] Episode der intellektuellen Geschichte etwa so beschreiben, daß um 1900 sehr verschiedene Konzepte über die letzte Struktur miteinander im Wettstreit standen.

In der deutschen physikalischen Literatur dieser Zeit ist vor allem vom „mechanischen Weltbild" und vom „elektromagnetischen Weltbild" die Rede. Ersteres läßt sich auf das ehrwürdige mechanische Weltkonzept – die Weltuhr oder Newtonsche Maschine – zurückführen: alle Phänomene können verstanden werden, wenn sie auf ihre mechanischen Wurzeln zurückgeführt sind. Konzepte wie Trägheit besitzen axiomatische Kraft, der Äther ist ein mechanisches Medium, aus dem vielleicht sogar die Elektronen und andere Bausteine der Materie aufgebaut sind. Newton schrieb dazu im Vorwort der Erstausgabe seiner *Principia*, offensichtlich beflügelt von seinen Erfolgen bei der Erklärung der Planetenbewegung, der Mondbewegung und der Gezeiten: „Ich hoffe, daß wir auch die anderen Naturphänomene durch die gleiche Art von Denkweisen aus mechanischen Prinzipien herleiten können".

Newton hatte gehofft, daß der gleiche Ansatz auch die chemischen und die anderen Eigenschaften der Materie, vielleicht sogar die Sinneswahrnehmung erklären könnte. Für ihn und seine Schüler ging der Antrieb der wissenschaftlichen Erklärung von der Mechanik aus. Noch 1894 erklärte Heinrich Hertz: „Nach übereinstimmender Meinung aller Physiker ist es Aufgabe der Physik, die Naturphänomene auf die einfachsten Gesetze der Mechanik zurückzuführen".

Der zweite Zugang war zu Beginn von Einsteins Arbeiten sehr aktuell und ging von einem elektromagnetischen Weltbild aus, das die Erklärung aus der entgegengesetzten Richtung erwartete, nämlich von der Elektrizität zur Mechanik. Die Trägheit gewöhnlicher Objekte und insbesondere z.B. des Elektrons wurde nun nicht als erklärende Ursache, sondern als zu erklärendes Rätsel betrachtet – man dachte etwa, daß die Materie, in der sich die elektrischen Ladungen verteilen, während der Bewegung mit dem Äther in Wechselwirkung treten und durch eine Art von Selbstinduktion dabei den Trägheitseffekt erzeugen. 1901 erklärte Walter Kaufmann enthusiastisch: „Können wir nicht statt all „der unfruchtbar gebliebenen Versuche, die elektrischen Erscheinungen mechanisch zu erklären, nun umgekehrt versuchen, die Mechanik auf elektrische Vorgänge zurückzuführen? Wenn alle materiellen Atome aus einem Conglomerat von Elektronen bestehen, dann ergibt sich ihre Trägheit ganz von selbst.

Zur Erklärung der Gravitation muß noch angenommen werden, daß die Anziehung zwischen ungleichartigen Ladungen etwas größer sei, als die Abstoßung zwischen gleichartigen."[14]

Eine dritte und weniger ausgeformte Betrachtungsweise wird mit Wilhelm Ostwald und bis zu einem gewissen Grad mit Ernst Mach in Verbindung gebracht. Hier gehen alle Erklärungen vom Begriff der Energie aus und die Betrachtung der Phänomene ist möglichst unhypothetisch. Dieses Weltbild, die „Energetik", wollte all zu großer Distanz von den direkten Empfindungen entgegenwirken. Die Aufgabe des Physikers sei es, eine Korrelation zwischen den Sinneserfahrungen herbeizuführen, wie sie die empirischen Gesetze Keplers darstellen und eine ökonomische Beschreibung der beobachteten Gesetzmäßigkeiten herbeiführen. Dieses Weltkonzept war größten Teils das Produkt eines Sieges, den der Monismus in der zweiten Hälfte des 19. Jahrhunderts über seine methaphysischen Gegenspieler erobert hatte. Daher gingen diese Ambitionen weit über ein rein wissenschaftliches Weltbild hinaus.

Einsteins Kritik

Eine detaillierte Studie der Ursprünge und der Bedeutung des Begriffes „wissenschaftliches Weltbild" wollen wir einer anderen Gelegenheit vorbehalten. Besonders die deutschen Wissenschaftler versuchten, ein Bild der Realität zu entwerfen, in dem – um mit Max Weber zu sprechen – „Ereignisse nicht nur da sind und passieren, sondern auch eine Bedeutung haben und wegen dieser Bedeutung geschehen". Für die Zwecke dieser Arbeit ist es jedenfalls wichtiger, einige von Einsteins expliziten und charakteristischen Kritikpunkten an den damaligen Weltbildern herauszuarbeiten. In seinem Essay „*Äther und Relativitätstheorie*"[15] (1920), zeichnet Einstein seine Sicht der physikgeschichtlichen Entwicklung des 19. Jahrhunderts, die nicht in der Lage war, „ein mechanisches Modell des Äthers" zu entwickeln, mit dessen Hilfe eine „befriedigende mechanische Interpretation der Maxwellschen

Gesetze des elektromagnetischen Feldes" gewonnen werden kann. Während die Physiker zunächst von einer „endgültigen Theorie gefordert hatten, daß sie mit Grundbegriffen auskomme, die ausschließlich der Mechanik angehören (z.B. Massendichten, Geschwindigkeiten, Deformationen, Druckkräfte), gewöhnten sie sich allmählich daran, elektrische und magnetische Feldstärken als Grundbegriffe neben den mechanischen Grundbegriffen zuzulassen ...". Auf diese Weise wurde die „rein mechanische Naturauffassung verlassen."

Dafür mußte allerdings ein Preis bezahlt werden: „Diese Wandlung führte aber zu einem auf die Dauer unerträglichen Dualismus in den Grundlagen. Um ihm zu entgehen, suchte man umgekehrt die mechanischen Grundbegriffe auf die elektrischen zu reduzieren ...". Dies um so mehr, als die Experimente mit schnellen Elektronen „das Vertrauen in die strenge Gültigkeit der mechanischen Gleichungen Newtons erschütterten." Aber auch dieses Programm führte nicht zum Erfolg. Die Hertzsche Theorie schrieb der Materie und dem Äther mechanische und elektrische Zustände zu, die miteinander nicht in Einklang standen. Die Lorentzsche Theorie reinigte die Materie von elektromagnetischen Eigenschaften und den Äther von mechanischen (ausgenommen von der Unbeweglichkeit des Äthers, die als mechanisches Konzept erst von der speziellen Relativitätstheorie aufgelöst wurde); so verblieb der Physik das Konzept eines ausgezeichneten Koordinatensystems, das bezüglich des Äthers ruht. Die Phänomene zeigen eine solche Präferenz nicht. „Eine solche Asymmetrie des theoretischen Gebäudes, der keine Asymmetrie des Systems entspricht, ist für den Theoretiker unerträglich". Wir erkennen hier einen besonderen Antrieb zur Entwicklung neuer Theorien, um nämlich auch dort „unerträglichen" Theorien zu entkommen, wo dies empirisch nicht notwendig ist.

In seinen „*Autobiographischen Notizen*" schreibt Einstein 1947,[16] also zwanzig Jahre später, über die Kritik am „mechanischen Weltbild" der vorrelativistischen Physik und spricht von „dogmatischer Starrheit". Daß Gott die Newtonschen Gesetze der Bewegung sowie die notwendigen Massen und Kräfte geschaffen hat, konnten die Wissenschaftler bis dahin annehmen. Die Versuche jedoch, den Elektromagnetismus auf dieser theoretischen Struktur aufzubauen, waren zum Scheitern verurteilt.

Ehe er in Details geht, unterbricht Einstein seine Kritik und fragt generell, mit welchem Recht man irgendeine physikalische Theorie überhaupt kritisieren kann. Als Antwort entwickelt er zwei Kriterien: Zum ersten darf die Theorie nicht durch die empirischen Fakten widerlegt werden. Dieses Kriterium nennt er das Prinzip der „äußeren Bewährung". Aber auch ein zweites Kriterium ist notwendig, weil man ja zumeist eine falsche Theorie durch *Ad-hoc*-Annahme reparieren kann, etwa „durch künstliche zusätzliche Annahmen", die an der grundlegenden Fragestellung vorbeigehen. Das zweite Kriterium nennt er „innere Vollkommenheit". Als „vage Charakterisierung" stellt er die Forderung nach „Natürlichkeit" oder „logischer Einfachheit" der Prämissen auf.

Im Lichte dieser Kriterien kehrt Einstein zu seiner Kritik zurück. Die mechanistischen Theorien scheitern am ersten Kriterium; so können z.B. optische Effekte nicht mit Hilfe mechanischer Modelle erklärt werden. Noch wesentlicher aber sind die Fehlschläge, die dem zweiten Kriterium entsprechen und quasi-ästhetische Betrachtungen ins Spiel bringen. Hier gibt Einstein vier spezifische Mängel an.

Es war „besonders häßlich", daß es in der Newtonschen Mechanik nicht nur unendlich viele Inertialsysteme gibt, sondern daß sich jedes von ihnen ganz speziell von allen beschleunigten Systemen unterscheidet. Zum zweiten fand sich in der Definition der Kraft oder potentiellen Energie keine innere Notwendigkeit, sondern beträchtliche Willkür. Zum dritten zeigt die Theorie eine innere Asymmetrie, da das Konzept der Masse in den Newtonschen Bewegungsgesetzen und im Gesetz der Gravitationskraft auftaucht, nicht aber in den Ausdrücken für die elektrische Kraft. Und schließlich findet es Einstein „unnatürlich", daß es zwei Arten von Energie gibt, nämlich die feldabhängige potentielle Energie und die teilchenabhängige Bewegungsenergie.

Trotz dieser Einwände Einsteins gegen das mechanische Weltbild kann sich auch das elektromagnetische Weltbild seiner Kritik nicht entziehen. Wie Einstein in Erinnerung ruft, erklärt die Lorentzsche Elektronentheorie auf der Grundlage der Maxwellschen Gleichungen in keiner Weise die Stabilität der elektrischen Ladung des Teilchens. Irgendeine nicht-elektromagnetische Kraft muß das Elektron entgegen allen Explosionstendenzen zusammenhalten. Bereits in seinem ersten Papier über die Quantentheorie des Lichtes (1905) vermerkt Einstein seine Unzufriedenheit mit dem rein elektromagnetischen Gesichtspunkt: Die Phänomene der Erzeugung und Umwandlung von Licht (z.B. der photoelektrische Effekt) legen es nahe, die Annahme von diskontinuierlichen endlichen Lichtquanten – und damit ein mechanisches Konzept – in die Realität der Maxwellschen Theorie des Elektromagnetismus einzuführen.[17] Zwei Jahre[18] später erinnert er seine Leser neuerlich, daß „unser heutiges elektromagnetisches Weltbild nicht geeignet ist", die Phänomene zu erklären.

Einsteins frühe Publikationen

Wenn wir uns nun auf Einsteins erste Publikationen konzentrieren, müssen wir mit Verwunderung feststellen, wie wenig sich Einstein für die damaligen Siege, für die aufregenden Experimente, für die Forschungsprogramme, für die vorherrschenden Methoden oder für die Weltbilder der Physik interessierte. Statt dessen entwickelte er sein eigenes Verfahren, um Physik zu betreiben.

Einsteins erste Veröffentlichung wurde im Dezember 1900 eingereicht und bewegt sich dem Anschein nach völlig außerhalb der damaligen Aktualitäten. Es beschäftigt sich mit der Kapillarität, einem scheinbar besonders stupiden Problem. Liest man das Papier jedoch sorgfältig, so läßt sich bereits die Spur des jungen Löwen erkennen. Vor allem geht es ihm in dieser und der nächsten Publikation um das Problem der Molekulärkräfte; wie er seinem Freund Marcel Grossmann damals schreibt, verfolgt ihn „die Frage nach der inneren Verwandtschaft der Molekularkräfte mit den Newtonschen Fernkräften".[19] Auf das Modell der molekularen Anziehungskräfte, die sich in der Kapillarität äußern, „hat mich die Analogie mit der Gravitation" gebracht.

Hier zeigt sich zum ersten Mal ansatzweise Einsteins Streben nach einer Vereinheitlichung der Naturkräfte. Wie er in einem Brief an Grossmann bekundet, „ist es ein herrliches Gefühl, die Einheitlichkeit eines Komplexes von Erscheinungen zu erkennen, die der direkten sinnlichen Wahrnehmung als ganz getrennte Dinge erscheinen" – wie etwa Kapillarität und Gravitaiton oder die Physik von Mikro- und Makroregionen. Studiert man sorgfältig die Veröffentlichungen, die der Relativitätstheorie des Jahres 1905 vorangehen und sehr verschiedene Gebiete behandeln, so findet man immer wieder das Streben, eine gemeinsame Grundlage für scheinbar verschiedene und gut entwickelte Gebiete zu finden. In einem Brief an den Astronomen W. de Sitter spricht er später von „meinem Verallgemeinerungsbedürfnis". Zu verallgemeinern und dabei zu vereinheitlichen, das sollte sein Markenzeichen werden.

Seine dritte Arbeit[20] hat z.B. das Ziel, „Gesetze über das Wärmegleichgewicht und den zweiten Hauptsatz unter alleiniger Benutzung der mechanischen Gleichungen und der Wahrscheinlichkeitsrechnung herzuleiten."

Das Hauptergebnis umschreibt Einstein so: „Der zweite Hauptsatz erscheint also als notwendige Folge des mechanischen Weltbildes." Mit der Verwendung des Begriffes „Weltbild" trat der damals 23jährige Neuling das erste Mal auf jene Bühne, auf der damals der heftigste Wettbewerb zwischen den deutschen Physikern stattfand. Er allerdings bezeichnete seine Arbeit nicht als neuen Triumpf des mechanischen Weltbildes, wie es andere getan hätten. Im Gegenteil schließt er mit Mißtrauen gegenüber dem Verallgemeinerungsanspruch: „Die Resultate sind allgemeiner, als die mechanische Darstellung der Herleitung". Wenig später sollte er zeigen, wie begrenzt die mechanischen Methoden sind. Sie können die Brownsche Bewegung ebensowenig adäquat beschreiben wie das elektromagnetische Weltbild die Fluktationsphänomene des Lichts. Wie er es später ausdrückte, würde allerdings auch der Sieg eines der beiden Weltbilder den Widerspruch zwischen „zwei Typen von begrifflichen Elementen, einerseits der Materiepunkte mit zwischen ihnen wirkenden Fernkräften und andererseits dem kontinuierlichen Feld..." nicht beseitigen. Die Physik bleibt in einem „Zwischenzustand" und „ohne einheitliche Basis für das Ganze".[21] Um 1907 wird Einstein sein eigenes relativistisches Weltbild öffentlich entwickeln können, mit seinen Worten „ein vollständiges, dem Relativitätsprinzip entsprechendes Weltbild".[22]

Einsteins erste Arbeit über Relativität

Aber wir greifen der Entwicklung vor. Zunächst wollen wir einige entscheidende Stellen aus Einsteins Arbeit behandeln, in der er 1905 die Begriffe von Raum und Zeit veränderte.[23] Diese Arbeit gehört heute zu den berühmtesten in der Wissenschaftsgeschichte, obwohl sie sich mit keinem jener Probleme beschäftigt, denen sich die Physiker der damaligen Zeit vorrangig widmeten: Wir finden kein Wort über die Theorie der Materie, die Natur des Elektrons oder die Eigenschaften des Äthers. Trotzdem kann man in einigen wenigen Abschnitten das Neue an seiner Denkweise erkennen, die sich vor allem auf die Vereinheitlichung, die Vereinfachung, die Rationalisierung der physikalischen Welt konzentriert.

Die Arbeit heißt „*Zur Elektrodynamik bewegter Körper*" und wird als erste von anderen als Relativitätstheorie bezeichnet (bis 1913 spricht Einstein in seinen Publikationen von der „sogenannten Relativitätstheorie", um zu unterstreichen, daß er den entgegengesetzten und präziseren Begriff einer Invarianztheorie vorgezogen hätte, die sich ja vor allem mit den konstanten Größen in den wechselnden Phänomenen befaßt). Sein erster Satz ist eine seltsame Anklage: „Daß die Elektrodynamik Maxwells – wie dieselbe gegenwärtig aufgefaßt zu werden pflegt – in ihrer Anwendung auf bewegte Körper zu Asymmetrien führt, welche den Phänomenen nicht anzuhaften scheinen, ist bekannt". Einstein bezieht sich dabei nicht auf den Inhalt der Theorie sondern auf die Form, nicht auf eine Diskrepanz zwischen der etablierten Theorie und irgendwelchen neuen Experimenten, wie dies Lorentz tat, sondern auf überholte Asymmetrieerwartungen in den Hirnen der Physiker, denen keine Asymmetrie der Phänomene entspricht.

So wird bei der Induktion eines Stromes in einem Leiter durch einen relativ dazu bewegten Magneten immer die gleiche Stromstärke gemessen, ob nun der Leiter festgehalten und der Magnet bewegt oder der Leiter bewegt und der Magnet festgehalten wird. Es kommt nur auf die relative Geschwindigkeit an. Die aus der Maxwellschen Theroie von den Physikern zur Berechnung des Stromes hergeleiteten Gleichungen sehen allerdings in den beiden Fällen sehr verschieden aus. Für Einstein ist dies Indiz für die Notwendigkeit, einen allgemeineren Gesichtspunkt einzuführen, unter dem sich beide Fälle auf das gleiche theoretische Ereignis zurückführen lassen, da sie auch in der Praxis zum gleichen Effekt führen.

Durch diesen einleitenden Hinweis mag Einstein vielleicht die Aufmerksamkeit seiner Leser verloren haben, diskutierte er damit doch ein Experiment, das 70 Jahre zuvor von Faraday durchgeführt wurde, das jedem Physiker bekannt war und von dem sich niemand irgend ein weiteres Forschungsinteresse erwartete. Natürlich gab es zwei verschiedene Gleichungen zur Berechnung des selben Induktionsstromes, aber jede von ihnen funktionierte auf ihre Weise. Kein bedeutender Physiker beschäftigte sich mit solchen „Asymmetrien" oder hatte diesen quasi-ästhetischen Mangel vorher beklagt. Und es schien bei dieser Abneigung des Autors gegenüber jeder Asymmetrie auch nicht sehr viel bedeutendes herauszukommen.

Erst viel später wurden – hauptsächlich als Ergebnis von Einsteins Arbeit – die Begriffe Symmetrie, Invarianz und Kovarianz, die miteinander eng zusammenhängen, zu grundlegenden Werkzeugen physikalischen Denkens. (Die Theorie der Relativität kann als Theorie der Symmetrie aufgefaßt werden, die einer Kovarianz der Naturgesetze bezüglich jener Gruppe von Raum-Zeit-Transformationen entspricht, die diese Gesetzte in verschiedenen Bezugssystemen beschreibt). Meiner Meinung nach war es ein Glück für Einstein und für uns, daß Max Planck, der als einziger bedeutender Physiker Einsteins Relativitätstheorie würdigte, damals Herausgeber der *Annalen der Physik* war, als Einstein seine Arbeit zur Publikation einsandte.

Auch die folgenden Zeilen der ersten Seite von Einsteins Publikation sind überrachend:

„Beispiele ähnlicher Art, sowie die mißlungenen Versuche, eine Bewegung der Erde relativ zum „Lichtmedium" zu konstatieren [hier faßt Einstein alle bis dahin bekannten Experimente einfach zusammen], führen zu der Vermutung, daß dem Begriffe der absoluten Ruhe nicht nur in der Mechanik, sondern auch in der Elektrodynamik keine Eigenschaften der Erscheinungen entsprechen."

Viel mehr Platz wäre nötig, um diesen Halbsatz voll zu würdigen. Hauptsächlich geht es um folgendes: Der Faradaysche Induktionsversuch zeigt, daß die beobachteten Phänomene nur von der relativen, nicht von der absoluten Bewegung abhängen. Die Ätherdriftexperimente – es gibt nun sieben davon, die meisten sind optischer Art –, die Lorentz bis ins Detail untersucht hatte, bewiesen, daß die Bewegung der Erde in bezug auf den Äther nicht gemessen werden kann. Daher hat auch das Konzept der absoluten Ruhe oder der absoluten Bewegung keine operationalisierbare Bedeutung. Lassen wir nun einmal Elektrizität, Magnetismus und Optik beiseite und wenden uns der Newtonschen Mechanik zu, so stellt sich heraus, daß auch dort zu Newtons Bedauern eine absolute Bewegung nicht nachgewiesen werden kann. Ernst Mach hat in seiner *Wissenschaft der Mechanik,* von der Einstein im Alter von 18 Jahren stark beeindruckt war, seine vernichtendste Kritik der „begrifflichen Monstrosität des absoluten Raumes" gewidmet, „eines Gedankendinges, das in der Erfahrung nicht aufgezeigt werden kann."

Nun kommt Einsteins Trieb zur Verallgemeinerung und Vereinheitlichung zum Tragen: In der Mechanik ist die Bedeutungslosigkeit der absoluten Bewegung seit langem bekannt. Warum sollte diese Tatsache nicht auf andere Gebiete der Physik ausgedehnt werden? Tatsächlich, schließt Einstein weiter, liegt es auf Grund von Elektrodynamik und Optik nahe, „daß vielmehr für alle Koordinatensysteme, für welche die mechanischen Gleichungen gelten, auch die gleichen elektrodynamischen und optischen Gesetze gelten [wenn wir sie nur geeignet formulieren]". Solche Bezugssysteme heißen Inertialsysteme; sie sind Bewegungssysteme mit einer konstanten Relativgeschwindigkeit bezüglich der Fixsterne, was mit hinreichender Genauigkeit für alle wirklichen Laboratorien gilt. Um es anders zu sagen: da niemand die absolute Bewegung eines Inertialsystems mit Hilfe elektrodynamischer oder optischer Phänomene nachweisen konnte, und da die gängigen Theorien der Elektrodynamik in verwirrender *Ad-hoc*-Manier diesem Mangel angepaßt werden müssen, sollten wir letztlich aus dieser Entwicklung den Schluß ziehen, daß Elektrodynamik und Optik sich von der Mechanik nicht unterscheiden. Einstein scheint zu sagen: Warum soll Gott eine Welt geschaffen haben, in der die Teilgebiete der Physik asymmetrisch sind? Die scheinbaren Grenzen zwischen den Teilgebieten sind nicht von der Natur gezogen, sondern vom historischen Prozeß der wissenschaftlichen Ideengeschichte.

Sicher betrachtet Einstein dies alles als „Vermutung". Hätte Einstein eine „konstruktive Theorie" aufgebaut, die sich aus den Phänomenen induktiv herleiten läßt, wie dies viele andere taten, dann hätte er an diesem Punkt innehalten müssen. Er aber führt später in seinen „*Autobiographischen Notizen*" aus: „Nach und nach verzweifelte ich an der Möglichkeit, die wahren Gesetze durch auf bekannte Tatsachen sich stützende konstruktive Bemühungen herauszufinden. Je länger und verzweifelter ich mich bemühte, desto mehr kam ich zu der Überzeugung, daß nur die Auffindung eines universalen formalen Prinzips uns zu gesicherten Ergebnissen führen kann."[24]

Damit haben wir jenen Teil von Einsteins Theorienkonstruktion erreicht, der sich von seinen Zeitgenossen am meisten unterscheidet, – es geht ihm um den großen Sprung zu universalen Prinzipien, weit jenseits der Phänomene, denen ursprünglich die Aufmerksamkeit gegolten hatte. Ohne sich zu verteidigen, sagt er: „Wir wollen diese Vermutung, (deren Inhalt im folgenden „Prinzip [nicht Theorie!] der Relativität" genannt werden wird), zur Voraussetzung erheben ..." Damit wird die Relativität von Galilei und Newton, von der die Mechanik lange Zeit bestimmt war, ausgedehnt. Die Gesetze der Elektrodynamik und der Ausbreitung des Lichts werden so formuliert, daß sie schon durch ihre Formulierung dieselben Resultate für jedes Inertialsystem ergeben. Die Transformationsgesetze von Lorentz und anderen, die früher nur auf elektromagnetische Phänomene angewendet wurden, gelten nun für alle Bereiche der Physik.[25] Einstmals divergierende Konzepte werden vereinheitlicht, die historische Mauer zwischen der Mechanik und dem Rest der Physik wird eingerissen, und die Frage, ob das mechanistische, das elektrodynamische oder das energetische Weltbild das eigentlich beherrschende ist, erweist sich unter dem Gesichtspunkt dieser Axiome letztlich als bedeutungslos. Die Teilgebiete der Physik sind nunmehr gleichwertig; es gibt keinen Grund, warum eines von ihnen bei der Erklärung der anderen dominieren sollte.

Aber ich darf nicht innehalten, weil ich nur die Hälfte des Satzes untersucht habe. Einstein fügt ohne Beistrich hinzu, daß er auch ein anderes Postulat einführen will, scheinbar ohne Bezug auf Phänomene aus der Luft gegriffen. Dieses zweite Postulat ist „scheinbar unverträglich" mit dem ersten (allerdings nur scheinbar, solange man es nicht genau betrachtet): Licht breitet sich im leeren Raum stets mit einer vorgegebenen Geschwindigkeit aus, die vom Bewegungszustand des emittierenden Körpers unabhängig ist. All den großen Experimentatoren, die in vielen Jahren versucht hatten, die Lichtgeschwindigkeit in Abhängigkeit von der Erdbewegung zu messen, wird in diesem Halbsatz gesagt, daß ihre Mißerfolge ganz naturgemäß zu erwarten gewesen seien. So als ob Einstein Goethes Hinweis an Zelter gefolgt hätte: „Die größte Kunst im Lehr- und Weltleben besteht darin, das Problem in ein Postulat zu verwandeln, damit kommt man durch."[26] Mit Hilfe dieser beiden Postulate[27] kommt Einstein zur Formulierung eines deduktiv einfachen und in sich geschlossenen Theorie für die elektrodynamischen Phänomene, die in ihren Annahmen sparsam ist und sich zur Durchdringung aller anderen Zweige der Physik eignet. Langjährige Rätsel werden damit gelöst. Tatsächlich erweist sich „die Einführung eines 'Lichtäthers' ... als überflüssig" – der geliebte Äther, die Blume der Physik des 19. Jahrhunderts! Für viele war diese protokollwidrige Entlassung des Ätherkonzeptes nicht nur unglaubwürdig, sondern unverzeihlich. Einstein wollte nicht nur explizit zeigen, daß sich die Lorentz-Fitzgerald Kontraktion – als *Ad-hoc*-Gesetz im vorigen Jahrzehnt eingeführt – ohne jedes weitere grundlegende Postulat und ohne jede weitere Annahme als einfache Schlußfolgerung ergibt und daß in dieser Formulierung eine Fülle von Problemen der elektrodynamischen Theorie einfach nicht mehr erscheinen. Diese Probleme werden nicht nur gelöst; sie erweisen sich geradezu als Nicht-Probleme, als Folgen einer falschen Betrachtungsweise.

Nach Einführung dieser mutigen Postulatmehtode[28] ändert Einstein plötzlich seine Tonart. Zur Vorbereitung der neuen Definition der Gleichzeitigkeit wählt er einen instrumentalen Zugang und beginnt mit detallierten Untersuchungen der elementaren Kinematik. Wenn wir die Bewegung eines Massenpunktes beschreiben, so müssen wir seine Koordinaten als Funktion der Zeit angeben, wobei „eine derartige mathematische Beschreibung erst dann einen physikalischen Sinn hat, wenn man sich vorher darüber klar geworden ist, was hier unter „Zeit" verstanden wird. Wir haben zu berücksichtigen, daß alle unsere Urteile, in welchen die Zeit eine Rolle spielt, immer Urteile über *gleichzeitige Ereignisse* sind." Um dies darzustellen, schreibt Einstein einen Satz, den einer seiner Kommentatoren als den simpelsten aller Sätze in den *Annalen der Physik* bezeichnet: „Wenn ich z.B. sage: ‚Jener Zug kommt hier um 7 Uhr an', so heißt dies etwa: ‚Das Zeigen des kleinen Zeigers meiner Uhr auf 7 und das Ankommen des Zuges sind gleichzeitige Ereignisse' ".

Damit sagt Einstein drei wichtige Dinge. Zum ersten ist die Zeit eines Ereignisses durch Ablesen einer Uhr festzustellen, die am Ort des Ereignisses ruht. Zeit ist daher lokalisiert und an jedem Raumpunkt separat gegeben. Zeit ist nicht auf irgendeine körperlose Weise über den Raum verteilt, wie dies von der absoluten Zeit angenommen wurde. Zeit ist ein operationales Konzept – wie Einstein das erste Mal beim Lesen von Humes *Treatise of Human Natur* und von Machs *Wissenschaft der Mechanik*[29] vermutet haben mag. Einstein sagt weiter, daß mit der Identifizierung eines Ereignisses die Messung von Raum und Zeit verbunden ist; daher spricht er von der Koinzidenz des kleinen Uhrzeigers und des Zugs-Anfangs, die an einem Punkt zu einem Augenblick zusammentreffen (Minkowski wird dies später den Schnittpunkt zweier Weltlinien in der Raum-Zeit nennen). Und zum dritten betont er das Wort „Ereignis", das auf dieser und der nächsten Seite elfmal vorkommt; Einstein führt einen neutraleren Weg der Beobachtung von Phänomenen ein, durch den die Physik von den alten konzeptiven Werkzeugen und von den Kontroversen darüber weggeführt wird. Er diskutiert Koinzidenzen anhand von Meßinstrumenten und nicht die Struktur der Materie oder den Druck des Äthers auf die Elektronen.

Eine Konsequenz dieses „Ereigniskonzeptes" war es, daß Ereignisse, die an verschiedenen Orten zur gleichen Zeit, also gleichzeitig, in einem bestimmten Koordinatensystem erscheinen sollten, von einem anderen Koordinatensystem betrachtet als ungleichzeitige Ereignisse erschienen. Eine andere Konsequenz war die massive Zustimmung der Positivisten zu dem instrumentalistischen Aspekt von Einsteins Theorie. Sie versuchten alsbald, ihn ihrem Lager zuzurechnen. Dies war allerdings auf zu weitgehende Vereinfachungen zurückzuführen, die sie vornahmen. Wie wir gesehen haben, wendete Einstein bei der Konstruktion tiefliegender „Prinziptheorien" eine *duale Methode* an. Über die Induktion hinausgehend trat nämlich ein anderes Element der Theorienbildung auf, das Einstein freimütig als „Intuition". „wissenschaftlichen Instinkt" oder „kreativen Akt" bezeichnete – der platonische Sprung von einigen, nach etwas unklaren Gesichtspunkten ausgewählten aber fundierten experimentellen Tatsachen zu einem Postulat. Diese zwei Aspekte seiner Methode wirken zusammen wie Kiel und Segel eines Bootes: Keines von beiden hätte allein ausgereicht, um ihn sicher vorwärts zu bringen. Zusammen bestimmen sie einen Stil des Fortschritts, der die wissenschaftliche Arbeit dieses Jahrhunderts prägte.

Einige Lehren

Welche Lehren erteilt uns Einsteins Frühwerk? Zunächst: Einstein war an leichten Siegen nicht interessiert und war bereit, große intellektuelle Risiken aufsisch zu nehmen. Damals beschäftigte sich fast jeder bekannte Physiker mit sogenannten „aktuellen“ Problemen, wie etwa den Eigenschaften der Röntgenstrahlung, der Radioaktivität oder des Elektrons. Man wollte etwas Neues schaffen. Einstein stellte sich stattdessen viel schwierigere Fragen. Wie er später gegenüber seinem Assistenten Ernst Straus feststellte: „Was mich wirklich interessiert, ist die Frage, ob Gott irgendeine Wahl bei der Schöpfung der Welt hatte“. Dies bedeutet den Verzicht auf alles, was nicht den Stempel der Notwendigkeit trägt. Das bedeutet, daß Grenzen in Frage gestellt und entfernt werden, die anderen bequem geworden sind – also genau jene Betrachtungsweise, wie wir sie bei anderen Personen finden, die die gleiche kulturelle Rolle gespielt haben: Kopernikus gab die Unterschiede in den Bewegungszuständen der Erde und anderen Planeten auf, Galilei und Newton führten die Synthese zwischen irdischer und astronomischer Physik herbei, Darwin unterstrich die Kontinuität von *Homo sapiens* und anderen Lebensformen. Freud entdeckte die psychologische Kontinuität von der Kindheit zum erwachsenen Menschen sowie jene von Bewußtem und Unbewußtem.

Eine weitere Lehre: Dieser junge Außenseiter nahm seine Ideen ernst. Dies wurde schnell und in überzeugender Weise bewiesen, als 1905 unmittelbar auf die Publikation von Einsteins Relativitätsarbeit in den *Annalen der Physik* ein experimenteller Test von niemand geringerem als dem berühmten Experimentalphysiker Kaufmann aus Göttingen publiziert wurde. Die Resultate schienen unwiderlegbar. Kaufmann warf die Arbeiten von Lorentz und Einstein in einen Topf, wie dies seit einigen Jahren üblich war, weil ihre Aussagen nahe genug beisammen lagen, und leitete die Attacke mit folgender Zusammenfassung ein: „*Ich nehme das allgemeine Resultat der im folgenden zu beschreibenden Messungen gleich hier vorweg: Die Meßresultate sind mit der Lorentz-Einsteinschen Grundannahme nicht vereinbar.*“[30] Hätte Einstein der Falsifikationsstrategie naiv vertraut, so hätte er diese Widerlegung durch eine unbezweifelbare Autorität akzeptiert und sich anderen Fragen zugewendet. Denn die Daten in Kaufmanns Papier zeigten, daß die Elektronenbewegung viel besser mit der Äthertheorie des Elektrons von Max Abraham übereinstimmt.

Was tat Einstein? Er kümmerte sich nicht darum und setzte seine Publikationen fort, als ob nichts geschenen wäre. Schließlich überredete er den deutschen Physiker Johannes Stark, in einer Publikation des frühen Jahres 1908 die Herausforderung anzunehmen. Einstein billigte Kaufmann zu, daß dessen Rechnungen keinen offensichtlicheren Fehler aufwiesen. Während man auf weitere Experimente warten mußte, um die Möglichkeit eines systematischen Fehlers zu untersuchen, legt Einstein seine Gründe für die „Aufhebung der Zweifel“ an seiner eigenen Arbeit dar und erklärte, warum er über das Ergebnis nicht besorgt sei: „Jenen Theorie kommt aber nach meiner Meinung eine ziemlich geringe Wahrscheinlichkeit zu, weil ihre die Masse des bewegten Elektrons betreffenden Grundannahmen nicht nahegelegt werden durch theoretische Systeme, welche größere Komplexe von Erscheinungen umfassen."[31] Obwohl die publizierten Experimente die Theorie seiner Gegner unterstützten, hielt Einstein den *Ad-hoc*-Charakter und die begrenzte Sicht ihrer Theorien für signifikanter und daher auch angreifbarer, als die scheinbare Nichtübereinstimmung seiner eigenen Theorie mit diesen neuen Messungen. Dies wurde die für ihn charakteristische Antwort auf derartige Publikationen.

Die Sicherheit, mit der dieser junge Mann die Enträtselung des Schöpfungsmusters erfühlte, wird noch beachtlicher, wenn man die Geschichte von Kaufmanns Experiment weiterverfolgt: es benötigte 10 Jahre (bis 1916), um voll nachzuweisen, daß Kaufmanns Meßapparat fehlerhaft gewesen war; offensichtlich war im Vakuumsystem ein Leck, das die den Elektronenstrahl ablenkenden effektiven Felder veränderte. Damals war aber die Entscheidung bereits aus anderen Gründen gefallen.

Das Ergebnis der Suche

Die dritte Lehre betrifft das Schicksal von Einsteins Hauptanliegen, der Suche nach einem wissenschaftlichen Weltbild, das „so vollständig wie möglich" die „größtmögliche logische Vereinheitlichung" bieten sollte.[1] Die Worte „vollständig" und „einheitlich" gehören zu den häufigsten in Einsteins zahlreichen Publikationen, in denen er seine Weltsicht erklärt, und treten ebenso oft in seiner wissenschaftlichen Korrespondenz auf. Immer wieder spricht er von seinem Interesse an der Entwicklung eines „einheitlichen Weltbildes" mit dessen Hilfe die notwendige Basis für alle Naturphänomene gefunden und die verschiedenen vereinheitlicht werden könnten.[2] Bereits im Jahre 1918 bekannte er, daß jeder Mensch mit dieser Aufgabenstellung konfrontiert sei: „Der Mensch sucht in ihm irgendwie adäquater Weise, ein vereinfachtes und übersichtliches Bild der Welt zu gestalten, und so die Welt des Erlebens zu überwinden, indem er sie bis zu einem gewissen Grade durch dies Bild zu ersetzen strebt." Verdient aber die Weltsicht des theoretischen Physikers den „stolzen Namen ‚Weltbild'? Ich glaube, der stolze Name ist wohlverdient, denn die allgemeinen Gesetze, auf welche das Gedankengebäude der Theoretischen Physik gegründet sind, erheben den Anspruch, für jedes Naturgeschehen gültig zu sein. Höchste Aufgabe des Physikers ist also das Aufsuchen jener allgemeinsten elementaren Gesetze, aus denen durch reine Deduktion das Weltbild zu gewinnen ist."

Zweifellos leisteten die spezielle Relativitätstheorie[32] des Jahres 1905 und ihre Weiterentwicklung während der nächsten Jahre einen großen Beitrag zu diesem „höchsten Ziel". Die Newtonsche Welt war nun mit der Maxwellschen auf eine Ebene gebracht, durch das Relativitätsprinzip war jenes Verfahren gewonnen, das die Provinzialisierung behob und beide in einem allgemeineren Ganzen vereinigte, in dem einstmals getrennte Untergebiete der Physik nun ihren natürlichen Platz gefunden hatten. In seiner Nobelpreisrede aus dem Jahr 1923 widmete sich Einstein vor allem der Relativitätstheorie und gab eine Reihe von „wesentlichen Fortschritten"[33] an, die sich aus der Relativitätstheorie ergeben hätten. Sie haben „Mechanik und Elektrodynamik versöhnt" und die „Zahl der voneinader logisch unabhängigen Hypothesen der letzteren veringert. Sie zwang zu einer erkenntnistheoretische Klärung der Grundbegriffe. Sie vereinte Impuls- und Energiesatz und erwies die Wesenseinheit von Masse und Energie."

Einstein hätte mit einer Fülle weiterer Vereinheitlichungen fortsetzen können. In der Elektrodynamik konnten nun elektrische und magnetische Phänomene als im wesentlichen ein und dasselbe, von verschiedenen Bezugssystemen aus gesehen, betrachtet werden. Die alten Konzepte von Raum und Zeit waren ihres absoluten Charakters entkleidet und wurden Teile der Raum-Zeit. Mit dem Verschwinden des Begriffes der absoluten Gleichzeitigkeit für Ereignisse an verschiedenen Orten konnten alle Phänomene auf die Ausbreitung stetiger Funktionen im Raum zurückgeführt werden. Bei der Entwicklung des relativistischen Weltbildes ging ein großer Teil der Ereignisse und Prozesse in einer vierdimensionalen Struktur auf, die Minkowski im Jahre 1908 „die Welt" getauft hatte – ein Parmenidesches Kristalluniversum, in dem Veränderungen und Bewegungen erstarrt sind[34] – als Hauptbegriffe bleiben Konstanz und Invarianz, Determinismus, Notwendigkeit und Vollständigkeit.

Über allem liegt die Relativitätstheorie als strenger Filter. Keines der früheren Weltbilder – sei es mechanisch, elektromagnetisch oder energetisch – bleibt bestehen, vielmehr wirkt die Relativität selbst als Auswahlregel für die Form und Art der Naturgesetze: „Der gesamte Gehalt der speziellen Relativitätstheorie ist im folgenden Postulat enthalten: Die Gesetze der Natur sind bezüglich der Lorentz-Transformation invariant. Die Bedeutung dieser Forderung liegt in der Tatsache, daß sie die möglichen Naturgesetze in einer sehr bestimmten Weise einschränkt."[34] Wenn man die physikalische Literatur dieser Zeit studiert, kann man beobachten, wie nach einer Anfangsphase der Ablehnung die Mehrheit der Physiker die Einsteinschen Ansichten übernahm und die früher konkurrierenden Weltbilder allgemein als zu eng beschränkt betrachtete. Nach der Veröffentlichung der ersten ernst zu nehmenden Lehrbücher der Relativitätstheorie durch Max von Laue im Jahre 1911 bestand daran kein Zweifel mehr, obwohl der Durchschnittsphysiker die Einsteinschen Konzepte zur Lösung relativ enger Problembereiche heranzog und sich nicht so sehr mit dem großen Programm beschäftigte, das dahinterstand.

Schließlich wurde Einsteins Relativitätsarbeit von 1905 überall als eine der größten Errungenschaften der Wissenschaft respektiert. Typischerweise wußte Einstein selbst – und er wiederholte diese Feststellung schon von einem sehr frühen Zeitpunkt an – um die Grenzen seiner Arbeit. Die ersten Ansätze zur Überwindung dieser Grenzen waren recht unvollständig, weil sie nur auf Inertialsysteme anwendbar waren und das große Rätsel der Gravitation außer acht ließen. In seiner Nobelvorlesung[33] meint er:

„Die spezielle Relativitätstheorie bevorzugt ebenso wie die klassische Mechanik gewisse Bewegungszustände – nämlich die Inertialsysteme – gegenüber allen übrigen Bewegungszuständen. Dies war eigentlich schwerer zu ertragen als die Bevorzugung eines einzelnen Bewegungszustandes, wie es die Theorie des ruhenden Lichtäthers tat; denn diese dachte einen Realgrund für diese Bevorzugung, nämlich den Lichtäther."

Dieser Grund war nunmehr weggefallen und Einstein schloß deshalb: „Eine Theorie, die von vornherein keinen Bewegungszustand bevorzugt, muß befriedigender erscheinen."

Doch gab es noch immer hartnäckige Rätsel: Was ist die wirkliche Natur des Lichtquants? Was bedeutet die Gleichheit der trägen und der schweren Masse aller Körper? Ferner sagte Einstein:

„Es fällt auf, daß die Theorie (außer den vierdimensionalen Raum) zweierlei physikalische Dinge einführt, nämlich 1. Maßstäbe und Uhren, 2. alle sonstigen Dinge, z.B. das elektromagnetische Feld, den materiellen Punkt usw. Dies ist in gewissem Sinne inkonsequent; Maßstäbe und Uhren müßten eigentlich als Lösungen der Grundgleichungen (Gegenstände, bestehend aus bewegten atomistischen Gebilden) dargestellt werden, nicht als gewissermaßen selbstständige Wesen."

Dies nannte er „eine Sünde", die „man nicht legitimieren darf".[35] Eine Behebung dieser Sünde setzte allerdings die Vollendung des Gesamtprogrammes voraus, nämlich die Entwicklung einer einheitlichen Feldtheorie, in der „die Teilchen selbst als *überall* singularitätsfreie Lösungen der vollständigen Feldgleichungen sich darstellen lassen. Dann erst wäre die allgemeine Relativitätstheorie eine *vollständige* Theorie".[36] Deshalb muß die Suche nach den allgemeinsten Elementargesetzen fortgesetzt werden, aus denen sich rein deduktiv ein einziges konsistentes und vollständiges Weltbild ergibt.

Dieses Streben – konstant und angesichts der Jahrzehnte von Enttäuschungen auch heroisch – charakterisierte Einstein von Anfang bis Ende und zeigt sich in seiner ersten Publikation sowie in seinem Brief an Marcel Grossmann (April 1901), obwohl Einstein damals selbst noch nicht gewußt haben kann, wie sehr ihn das Streben nach „Erkenntnis der Einheit" fesseln würde. Retrospektiv könnte man versucht sein, die Festlegung von Einsteins Lebensprogramm sehr früh anzusetzen. So gesehen wäre seine spezielle Relativitätstheorie als erster Schritt auf der Suche nach der verallgemeinerten Relativitätstheorie aufzufassen. Auf deren Vollendung folgt das Bemühen um eine vereinheitlichte Theorie, denn: „es war ... für den theoretischen Geist der Gedanke unerträglich, daß es zwei voneinander unabhängige Strukturen des Raumes gäbe, nämlich die metrisch-gravitationelle und die elektromagnetische. Es drängte sich die Überzeugung auf, daß beide Feldarten einer einheitlichen Raumstruktur entsprechen müssen."[37]

Die Verallgemeinerung der speziellen Relativitätstheorie führte zu der Forderung, daß die mathematische Beschreibung der Naturgesetze kovariant bezüglich aller stetigen Koordinatentransformationen sein muß, sie führte zu einem noch strengeren Filter für die Naturgesetze:[38] „Das Prinzip der allgemeinen Relativität führt zu außerordentlich strengen Einschränkungen für die theoretischen Möglichkeiten. Ohne dieses restriktive Prinzip wäre es praktisch unmöglich, die Gravitationsgleichungen zu entdecken." Darüber hinaus sah Einstein keinen Grund zur Annahme, daß die heuristische Bedeutung des allgemeinen Relativitätsprinzips auf die Gravitation eingeschränkt sei und der Rest der Physik unabhängig davon aufgrund der speziellen Relativitätstheorie behandelt werden könne. „Es bleibt die Hoffnung, daß das Ganze später in ein allgemein relativistisches Schema gebracht werden kann."

Nahe dem Ende seines Lebens wiederholt Einstein hier den Traum, der seine Arbeit jahrzehntelang beherrscht hatte – die Vereinigung von Gravitation und Elektromagnetismus. Damit sollte die gesamte Physik zu einem „geschlossenen Denksystem" werden. So hatte er 1920 seine allgemeinen Ziele formuliert.[39]

Die Bedrohung des Einsteinschen Weltbildes

Um 1920 wurde Einstein bereits als Musterbeispiel dafür zitiert, was der menschliche Geist in der Wissenschaft erreichen kann.

Gerade zu dieser Zeit wendete sich sein Geist aber von dem Erreichten zu dem hin, was noch zu tun war. Gelegentlich hoffte Einstein, das Ende des Weges bereits am Horizont erkennen zu können; aber solche Perioden dauern nur kurz. Seine Briefe und Essays zeigen die wachsende Überzeugung, daß die große Einheit vielleicht unerreichbar war. Als er 1931 in einem Artikel die 100. Wiederkehr von Maxwells Geburtstag würdigte[40], stellte er fest, daß der grundlegende Wandel in der „Auffassung von der Struktur des Realen" in eine gewisse Sackgasse geführt hatte:

„Vor Maxwell dachte man sich das Physikalisch-Reale – soweit es die Vorgänge in der Natur darstellen sollte – als materielle Punkte, deren Veränderungen nur in Bewegungen bestehen, die durch partielle Differentialgleichungen beherrscht sind. Nach Maxwell dachte man sich das Physikalisch-Reale durch nicht mechanisch deutbare, kontinuierliche Felder dargestellt, die durch partielle Differentialgleichungen beherrscht werden. Diese Veränderung der Auffassung des Realen ist die tiefgehendste und fruchtbarste, welche die Physik seit Newton erfahren hat; man muß aber auch zugeben, daß die restlose Realisierung der programmatischen Idee noch keineswegs gelungen ist. Die erfolgreichen physikalischen Systeme, welche seither aufgestellt worden sind, stellen vielmehr Kompromisse zwischen diesen beiden Programmen dar, welche eben wegen ihres Kompromißcharakters den Stempel des Vorläufigen und logisch Unvollkommenen tragen, wenn sie auch im einzelnen große Fortschritte gemacht haben."

Die relativistischen Theorien, so fügte er hinzu, seien nicht in der Lage, die getrennte Einführung von Massenpunkten und Differentialgleichungen zu vermeiden, und die neue Quantenmechanik führe in einer fundamentalen Weise weg sowohl vom Newtonschen als auch vom Maxwellschen Programm: „Denn die in ihren Gesetzen auftretenden Größen erheben nicht den Anspruch darauf, das Physikalisch-Reale selbst zu beschreiben, sondern nur die *Wahrscheinlichkeiten* für das Auftreten eines ins Auge gefaßten Physikalisch-Realen." Dennoch werde man irgendeinmal wieder versuchen, das Maxwellsche Programm zu verwirklichen, nämlich die „Beschreibung des Physikalisch-Realen durch Felder, welche partiellen Differentialgleichungen singularitätenfrei genügen."

Ein Jahrzehnt später mußte Einstein eingestehen[41], daß der feldtheoretische Weg noch nicht in der Lage war, eine Grundlage für die gesamte Physik zu liefern. Zur Jahrhundertwende, so erklärte Einstein, habe man Fortschritte im Verständnis von neuen Phänomenen erreicht. Doch:

„Die Aufstellung eines einheitlichen Fundamentes der Physik aber war in weite Ferne gerückt. Diese Krise des Fundamentes hat sich durch die seitherige Entwicklung noch verschärft. Die Entwicklung ist durch zwei im wesentlichen voneinander unabhängige Gedankensysteme charakterisiert, die Relativitätstheorie und die Quantentheorie. Beide Systeme stehen zwar nicht gerade im Widerspruch miteinander; sie scheinen sich aber wenig dazu zu eignen, zu einer einheitlichen Theorie verschmolzen zu werden."

Wie seine Mitarbeiter übereinstimmend feststellten, war Einstein niemals entmutigt, sondern startete nach jedem Rückschlag mit Optimismus eine neue und vielversprechende Attacke. Allerdings schrieb er in seinen späteren Jahren von Zeit zu Zeit an Freunde über seine Zweifel, wie etwa im Jahre 1952 an Max von Laue:[42]

„Nun wirst Du eher begreifen, warum ich auf meine Don Quixotisch anmutenden Versuche verfallen bin, die Gravitationsgleichungen zu verallgemeinern. Wenn man den Maxwellschen Gleichungen nicht trauen kann und man wegen des allgemeinen Relativitätsprinzips auf eine Darstellung durch Feld- und Differentialgleichungen angewiesen ist, und wenn man daran verzweifelt hat, zu einer Tieferlegung der Theorie auf anschaulich konstruktivem Wege zu gelangen, dann scheint keine andersartige Bemühung offen zu sein.

Dabei besteht begründeter Verdacht, daß man an dem Kontinuum nicht wird festhalten können. Dann aber sieht man sich in ein hoffnungsloses begriffliches Vakuum hineinversetzt. –

Meine Versuche, die verallgemeinerte Gravitationstheorie physikalisch zu interpretieren, sind völlig erfolglos gewesen..."

Einstein selbst sah, welche Schwierigkeiten einer Vollendung der von ihm und seinen Nachfolgern angestrebten Aufgabe entgegenstanden. Diese Schwierigkeiten hängen miteinander relativ eng zusammen und sind doch jeweils von einem eigenen thematischen Gehalt charakterisiert:

(1) *Vollständigkeit der Beschreibung.* Wie Einstein in seinen einleitend zitierten Bemerkungen feststellt, spielt in seinem Weltbild die Vollständigkeit der Beschreibung eine fundamentale Rolle. Wiederholt spricht er von dem, was ihm „als das programmatische Ziel aller Physik erscheint: die vollständige Beschreibung der naturgesetzlich möglichen realen Sachverhalte."[43] Auf der letzten Seite eines seiner letzten Essays bekennt er:

„Die Hauptfrage ist gegenwärtig, ob eine Feldtheorie von der hier ins Auge gefaßten Art überhaupt zum Ziele führen kann. Es ist damit eine Theorie gemeint, welche das Physikalisch-Reale (mit Einschluß des vierdimensionalen Raumes) durch ein Feld erschöpfend beschreibt."[44]

Natürlich nimmt hinsichtlich dieses Punktes die Quantenmechanik oder, um genauer zu sein, die Kopenhagener Deutung der Quantenmechanik genau den entgegengesetzten Standpunkt ein und behauptet, daß der Zustand eines Systems nicht direkt, sondern nur indirekt beschrieben werden kann, nämlich durch eine statistische Aussage über mögliche Meßergebnisse. Es ist wohl bekannt, daß Einstein gegen die Gültigkeit der Quantenmechanik und der von ihr vorhergesagten Wahrscheinlichkeiten keinen Einwand erhob. Die Frage, die ihn bewegte, richtete sich nach der „Unvollständigkeit" der quantenmechanischen Beschreibungen. Eine Unvollständigkeit, die sich schon aus der Betrachtung von Mengen von Systemen anstatt von einzelnen Ereignissen ergeben mußte. War nun diese Unvollständigkeit ein Fundamentalgesetz der Natur oder nur die Unvollständigkeit einer bestimmten Theorie?

Für ihn war die Antwort klar: „Der Unvollständigkeit der Darstellung entspricht aber notwendig der statistische Charakter (Unvollständigkeit) der Gesetzlichkeit."[45] Und dann ruft Einstein klagend aus:

„Glaubt wirklich irgendein Physiker, daß wir in diese bedeutenden Veränderungen der Einzelsysteme, ihre Struktur und ihre Kausalzusammenhänge niemals werden Einblick erlangen können, trotzdem jene Einzelvorgänge dank der wunderbaren Erfindungen der Wilson-Kammer und des Geiger-Zählers in solche Erlebnisnähe gerückt sind? Dies zu glauben, ist zwar logisch widerspruchsfrei möglich, widerstrebt aber meinem wissenschaftlichen Instinkt so lebhaft, daß ich es nicht unterlassen kann, nach einer vollständigeren Auffassungsweise zu suchen."

Einstein setzt fort: „Es ist kein Zweifel, daß die Quantenmechanik ein schönes Stück Wahrheit erfaßt hat, und daß es ein Prüfstein eines künftigen theoretischen Fundaments sein wird, daß sie als Grenzfall aus diesem Fundament deduzierbar sein muß – etwa wie die Elektrostatik aus den Maxwellschen Gleichungen des elektronmagnetischen Feldes oder die Thermodynamik aus der klassischen Mechanik. Aber ich glaube, daß beim Aufsuchen jenes Fundaments die Quantenmechanik nicht als *Ausgangspunkt* dienen kann, so wenig als man umgekehrt ausgehend von der Thermodynamik beziehungsweise statistischen Mechanik auf das Fundament der Mechanik kommen könnte."

In diesem noch zu entwickelnden Weltbild muß es eine Grundlage geben, die eine vollständige und umfassende Beschreibung der Einzelereignisse gestattet – trotz der abweichenden Erwartung einer überwältigenden Mehrheit der Wissenschaftler.

(2) *Kausaler Determinismus.* Eng verbunden mit diesem Aspekt ist die Bedrohung seitens der Quantenmechanik durch den „prinzipiellen" Mangel an Vorhersagbarkeit und Determiniertheit, den Einstein bereits in seinen frühesten Arbeiten zurückgewiesen hatte.

Dieser Punkt wird am besten in historischer Perspektive klar. Schon bei seinem ersten größeren Auftritt vor einem internationalen wissenschaftlichen Auditorium legte Einstein im September 1909 in Salzburg[46] sein grundsätzliches Mißbehagen über die Symmetrie zwischen der Wellentheorie des Lichtes und der kinetischen Molekulartheorie dar. Im letzteren Fall existiert für jeden molekularen Stoß und jeden endlichen Prozeß ebenso der umgekehrte Elementarprozeß. Anders liegen die Dinge für die Emission und Absorption von Licht: nur die Emission einer expandierenden Wellenfront ist ein Elementarprozeß, während der Kollaps einer sphärischen Welle auf einen Punktbereich zwar mathematisch möglich ist, aber eine große Anzahl emittierender Elemente erfordert. Eine „Newtonsche Theorie" der Emission und Absorption würde diese Asymmetrie nicht aufweisen.

Aber auch dann wären nicht alle Probleme gelöst. Als Einstein im Jahr 1916, ein Jahrzehnt vor dem Entstehen der Quantenmechanik und ihrer Ansprüche neuerlich „den so dunklen Pozeß" der Emission und Absorption von Strahlung[47] untersuchte, verwarf er die Entdeckung des Indeterminismus in seinem eigenen Ansatz und stellte fest, daß es sich dabei nicht um ein grundlegendes Element für die weitere Entwicklung dieser Theorie handeln könne:

„Ausstrahlung in Kugelwellen gibt es nicht. Das Molekül erleidet in einer beim jetzigen Stande der Theorie nur durch den „Zufall" bestimmten Richtung bei dem Elementarprozeß der Ausstrahlung einen Rückstoß von der Größe $h\nu/c$... Die Schwäche der Theorie liegt einerseits darin, daß sie uns dem Anschluß an die Undulationstheorie nicht näher bringt, andererseits darin, daß sie Zeit und Richtung der Elementarprozesse dem „Zufall" überläßt; trotzdem lege ich das volle Vertrauen in die Zuverlässigkeit des eingeschlagenen Weges."[47]

Man hört hier bereits den Inhalt der zahlreichen Aussagen Einsteins heraus, daß es untolerierbar sei, bei der Suche nach den Grundlagen des Weltbildes auf einen würfelnden Gott an Stelle von Newtons „Gott der Ordnung" zu stoßen. Doch mußte Einstein freimütig zugeben:

„Es ist deshalb wohl ausgeschlossen, daß künftige Erfahrungen die Physik dazu zwingen können, eine statistische theoretische Grundlage zugunsten eines deterministischen theoretischen Fundaments wieder zu verlassen... Gegenwärtig [1940] besitzen wir überhaupt keine deterministische, beziehungsweise die Vorgänge direkt darstellende Theorie, die den Erfahrungen gerecht wird."[48] Und er schließt mit einer der stärksten Aussagen, die er sich selbst gestattete:

„Manche, darunter auch der Vortragende, können nicht glauben, daß wir auf eine unmittelbare Darstellung der physikalischen Realität in Raum und Zeit sollten endgültig verzichten müssen und daß das Geschehen in der Natur als nach dem Modell eines Würfelspiels aufgefaßt werden müsse. Die Richtung des Strebens steht jedem frei, und jeder darf Trost schöpfen aus Lessings schöner Bemerkung, nach welcher das Streben nach der Wahrheit köstlicher ist als deren gesicherter Besitz."

Statt ein sonst erfolgreiches, aber grundlegend indeterministisches Weltbild zu akzeptieren, würde er seine Suche falls notwendig bis in die Ewigkeit fortsetzen.

Allmählich wurde der Gegensatz zwischen der neuen Quantenmechanik und der allgemeinen Relativitätstheorie immer offensichtlicher, da erstere der Beobachtung jener grundlegenden Ereignisse entgegensteht, mit denen sich die zweite befaßt.[49] Andererseits kann man heute noch nicht sagen, daß die Quantenmechanik in ihrer endgültigen Form vorliegt. Die Probleme dieser Theorie haben P. A. M. Dirac jüngst zu folgender Aussage veranlaßt[50]: „Es werden noch weitere Veränderungen notwendig sein, genauso dramatisch wie die Veränderung beim Übergang von der Bohrschen Theorie zur Quantenmechanik. Eines Tages wird eine neue relativistische Quantenmechanik entwickelt werden, in der diese Unendlichkeiten alle nicht mehr auftreten. Es kann gut sein, daß die neue Quantenmechanik einen Determinismus im Einsteinschen Sinne aufweisen wird."

(3) *Die Unabhängigkeit der äußeren, objektiven Welt.* Nach seiner frühen Machschen und positivistischen Phase wurde Einstein, ohne es selbst zunächst wirklich zu wissen, zu einem rationalen Realisten. Man kann sogar feststellen, wann Einstein selbst diesen eigenen Standpunkt erkannte und aktiv vertrat. Dies geschah offensichtlich kurz vor 1930.[51] Vielleicht unter dem Einfluß von Max Planck war Einstein nun der Meinung, daß die physikalischen Gesetze eine Realität in Raum und Zeit beschreiben, die von Beobachter und Theoretiker unabhängig ist. In einer von mehreren frühen Formulierungen sagt er:[52] „Der Glaube in eine äußere und vom beobachtenden Subjekt unabhängigen Welt ist Basis aller Naturwissenschaft" – dies, obwohl die physikalische Wirklichkeit, von der unsere Sinneserfahrungen nur indirektes Zeugnis geben würden, „für uns nur in einer spekulativen Weise faßbar" sei.

Als Einstein im Alter von 67 Jahren seine *Autobiographischen Notitzen* verfaßte, verfolgte er die Entdeckung dieses Sachverhaltes bis in seine Kindheit zurück. Er beschreibt, wie nach seiner Abwendung vom „religiösen Paradies der Jugend" im Alter von 12 Jahren sein Streben nach einer objektiven Grundlegung der Welt erstmals einsetzte:[53]

„Es ist mir klar, daß das so verlorene religiöse Paradies der Jugend ein erster Versuch war, mich aus den Fesseln des ‚Nur-Persönlichen' zu befreien...

Da gab es draußen diese große Welt, die unabhängig von uns Menschen da ist und vor uns steht wie ein großes, ewiges Rätsel, wenigstens teilweise zugänglich unserem Schauen und Denken. Ihre Betrachtung wirkte als eine Befreiung... Das gedankliche Erfassen dieser außerpersönlichen Welt im Rahmen der uns gebotenen Möglichkeiten schwebte mir halb bewußt, halb unbewußt als höchstes Ziel vor... Der Weg zu diesem Paradies war nicht so bequem und lockend wie der Weg zum religiösen Paradies; aber er hat sich als zuverlässig erwiesen, und ich habe es nie bedauert, ihn gewählt zu haben."

Man kann sich vorstellen, wie stark der intellektuelle und psychologische Druck auf Einstein war, als der Positivismus der Kopenhagener Schule die Forderung nach einer Beschreibung der physikalischen Realität verwarf und sich mit der Wahrscheinlichkeit von Ereignissen zufrieden gab, die wir beobachten – Ereignisse, die im Prinzip mit dem Beobachtungsprozeß verknüpft sind. Damit wurde jeder Versuch einer Darstellung dessen aufgegeben, „was in Zeit und Raum tatsächlich vorhanden ist beziehungsweise vorgeht."[54] Die Bedeutung der Relativitätstheorie bestand in der Entdeckung der Unabhängigkeit der Naturgesetze vom Gesichtspunkt des einzelnen Beobachters. Einstein wiederholte diesen Standpunkt und insistierte darauf. Er kam in seiner Korrespondenz mit Born, Schrödinger und anderen immer wieder auf die Tiefe der Emotionen zu sprechen, die er beim Entstehen des neuen Weltbildes der Quantenmechanik empfand.

(4) *Evolution, nicht Revolution.* Heute kann jeder ernsthafte Student die Elemente der Relativitätstheorie verstehen. Daher ist es schwer, sich die überwältigenden Schwierigkeiten vorzustellen, die Einsteins Ideen in den ersten Jahrzehnten dieses Jahrhunderts zu überwinden hatten. Sogar Max Planck, ein konservativer Mensch in seinem Denken und in seiner Ausdrucksweise, war zu enthusiastischen Aussagen bewegt:[55]

„Diese neue Auffassung des Zeitbegriffes stellt an die Abstraktionsfähigkeit und die Einbildungskraft des Physikers die allerhöchsten Anforderungen. Sie übertrifft an Kühnheit wohl alles, was bisher in der spekulativen Naturforschung, ja in der philosophischen Erkenntnistheorie geleistet wurde... Mit der durch dieses Prinzip im Bereiche der physikalischen Weltanschauung hervorgerufenen Umwälzung ist an Ausdehnung und Tiefe wohl nur noch die durch Einführung des Kopernikanischen Weltsystems bedingte zu vergleichen."

Die Freunde von Einsteins Theorie nannten ihn einen großen Revolutionär der Physik und des menschlichen Denkens im allgemeinen – und so taten es auch seine Gegner. Einstein selbst ließ keine Gelegenheit vorübergehen, um diese Bezeichnung zurückzuweisen. Er sah sich in diesem Punkt und in vielen anderen Punkten im wesentlichen als einen Denker der Kontinuität und entwickelte spezifische Ideen über den evolutionären Entwicklungsweg wissenschaftlicher Theorien. In seinem berühmten Brief an Conrad Habicht[56] aus dem Frühjahr des Jahres 1905 beschreibt Einstein seine akutelle Arbeit und kennzeichnet seine Publikation über die Elektrodynamik bewegter

Körper (Relativität) mit dem schlichten Hinweis, daß er „eine Modifikation der Lehre von Raum und Zeit" vorgenommen habe. In seinem kleinen Buch aus dem Jahr 1917 schreibt er[57]: „Das schönste Los einer physikalischen Theorie, wenn sie selbst zur Aufstellung einer umfassenden Theorie den Weg weist, in welcher sie als Grenzfall weiterlebt".

Tatsächlich entwickelte er im Lauf der Zeit eine Theorie von wissenschaftlichen Ebenen, von einer „Schichtenstruktur des wissenschaftlichen Systems".[58] Im Streben nach logischer Einheit führt die Forschung schrittweise von der „ersten Ebene" zu einem „zweiten System" und weiter zu höheren Ebenen, von denen jede durch wachsende Sparsamkeit in den Konzepten und Relationen gekennzeichnet ist, besonders in jenen Konzepten, die direkt mit den Sinneserfahrungen zusammenhängen: „So geht es fort, bis wir zu einem System von denkbar größter Einheitlichkeit und Begriffsarmut der logischen Grundlagen gelangt sind, das mit der Beschaffenheit des sinnlich Gegebenen vereinbar ist." Natürlich gibt es keine Garantie, daß dieses „höchste Ziel wirklich weitgehend erreichbar sei" um so mehr, als alles, was uns zur Verfügung steht, unsere eigenen „frei geformten Konzepte" sind. Aber in diesem schrittweisen Verfahren könne man hoffen, bei der Konstruktion des einheitlichen Systems, das in der Ferne winke, weiter und weiter zu kommen. Im Laufe dieses Vorganges mußten vielleicht viele Diskontinuitäten begrifflicher Art eingeführt werden – und auch Axiome, die mit der experimentellen Basis nicht logisch verbunden werden können. Einzelne Forscherpersönlichkeiten wie Maxwell, Faraday und Hertz hätten „weitreichende Veränderungen"[59] herbeigeführt. Allerdings sah Einstein auch hier keine revolutionären Brüche mit der Vergangenheit.

Wahrscheinlich war ihm das „revolutionär" zu häufig, das so oft in der Zeit nach der experimentellen Bestätigung der allgemeinen Relativitätstheorie für ihn verwendet wurde. Bei seiner Ankunft in New York im April 1921 beharrt er auf dieser ablehenden Haltung:

„Es gibt eine weit verbreitete Auffassung in der Öffentlichkeit, daß die Relativitätstheorie radikal von den früheren Entwicklungen der Physik von der Zeit des Galilei und des Newton abweicht und sich von deren Auffassungen gewaltig unterscheidet. Das Gegenteil ist wahr. Ohne die Entdeckung einzelnen der großen Männer in der Physik, jener Männer, von denen die vorangehenden Gesetze entdeckt wurden, wäre es unmöglich gewesen, die Relativitätstheorie zu entwickeln und es hätte für sie keine Basis gegeben. Es ist psychologisch unmöglich, in einem Schritt und ohne die erforderlichen Vorarbeiten zu einer solchen Theorie zu kommen. Die Männer, die der Physik ihre Grundlage gegeben haben und auf die ich meine Theorie aufbauen konnte, sind Galilei, Newton, Maxwell und Lorentz."[60]

Einige Tage später stellte er sich bei M. I. Pupin an der Columbia Universität als Entdecker einer Theorie vor, die „eine Evolution, nicht eine Revolution der Wissenschaft von der Dynamik"[61] darstellt. Und noch einige

Wochen später betont er in seiner Rede am *King's College* in London neuerlich, daß die Relativitätstheorie „dem großartigen Gedankengebäude Maxwells und Lorentz' eine Art Abschluß geliefert hat"[62]. Und auch später läßt Einstein nicht davon ab, das Gerede von den Revolutionen in der modernen Wissenschaft zu verwerfen. Wir finden die sarkastische Bemerkung, daß durch solche Schriften der Eindruck entstehen könne, „es fände alle fünf Minuten eine Revolution in der Wissenschaft statt, so ähnlich wie ein Staatsstreich in einer kleinen instabilen Republik".[63] Und wie sonst sollte man denn auch auf die Entwicklung eines stabilen Weltbildes hoffen, das die vorgegebene Welt in all ihren Teilen darstellt?

Wie sich herausstellte, steht Einsteins Aufforderung zur Suche nach einem einheitlichen Weltbild in einer besseren Übereinstimmung mit den Aktivitäten vieler zeitgenössischer und berühmter Theoretiker, als dies noch in den vorangehenden Jahrzehnten der Fall war. Zeitgenössische Physiker, die den Begriff der „großen Vereinheitlichung" einfach als technischen Ausdruck für die gegenwärtige Form dieses alten Programms verwenden, folgen damit Einsteins alter Vision. Natürlich sind damit nicht die Einwände gegen Einsteins Lösung überwunden. Vollständigkeit, umfassende Darstellung und kausaler Determinismus dienen heute kaum als Grundlagen der Entwicklung. Die Forderung nach einer unabhängigen, äußeren, objektiven Welt oder nach einem evolutionären Modell für die Entwicklung der Wissenschaft statt eines revolutionären, erscheint kaum jemals explizit in den Arbeiten heutiger Physiker (weil sie größtenteils an methodischen Fragen uninteressiert sind, die für Einsteins Generation außerordentlich eng mit der Wissenschaft verknüpft waren). Allgemeine Relativitätstheorie und Quantenmechanik sind von einer „Vereinigung" weit entfernt. Quantenmechanik und klassische Mechanik sind in fundamentaler Weise verschieden; und es gibt viele solche Bruchlinien, die einer Synthese im Wege stehen. Alles in allem ist es eine historische Ironie, daß – abgesehen von jenen Gebieten, zu denen Einstein nicht beitrug, wie etwa zur Hochenergiephysik – Einsteins Erfolge einschließlich seiner Beiträge zur Quantentheorie es vielleicht sogar unmöglich gemacht haben, das von ihm heiß ersehnte einheitliche relativistische Weltbild zu entwickeln. Falls dies ein Mißerfolg ist, dann von jener großartigen Art, die auch Newtons Schicksal wurde.

Aber Einsteins unvollendetes Werk wird in einer künftigen und umfassenderen Theorie als Grenzfall enthalten sein. Daher wird dieses Werk auch unter den strengen Kriterien überleben, die Einstein selbst aufgestellt hat. Dies gilt auch für seine Hoffnung auf die Möglichkeit eines endgültigen Erfolges, die den heutigen Versionen des alten Vereinheitlichungsprogrammes Hoffnung gibt. Das Urteil von Lorentz über Einsteins allgemeine relativitätstheorie gilt – wenn auch unter neuen Gesichtspunkten – für diesen Erfolg in der Evolution des Weltbildes: sie erfüllt im höchstem Maß ästhetische Ansprüche; „wer das Schöne liebt, der muß wünschen, daß diese Theorie wahr ist".

Anmerkungen

1 A. Einstein, *Physik und Realität*, in: *Aus meinen späten Jahren* (DVA, Stuttgart 1979), S. 67

2 A. Einstein, *Das Fundament der Physik*, ibid., S. 106

3 A. Einstein, *Mein Weltbild* (hrsg. von Carl Seelig) (Querido Verlag, Amsterdam 1934). Die Briefe im Einstein-Archiv in Princeton zeigen, daß der Verleger diesen Titel auf Anraten des Einstein-Biographen und Schwiegersohns Rudolf Kayser wählte. Einstein selbst war über diesen Titel nicht erfreut und betrachtete ihn als „geschmacklos und irreführend". Schließlich stellte das Buch eine Sammlung unterschiedlicher Aufsätze und keine Darstellung eines kohärenten Weltbildes dar.

4 C. Geertz, *The Interpretation of Cultures* (Basic Books, New York 1973), S. 141

5 Siehe dazu den Abschnitt „*Was ist eigentlich Denken?*" aus Einsteins *Autobriographisches* in Schilpp (Hrsg.), *Albert Einstein als Philosoph und Naturforscher* (Vieweg, Braunschweig 1979) und den Aufsatz „*Die Gesetze der Naturwissenschaft und die Gesetze der Ethik* in *Ref. 1*

6 A. Einstein, *In Memoriam Marie Curie*, *Ref. 1*, S. 207

7 Erwin Panofsky, *Sinn und Deutung in der bildenden Kunst* (Dumont, Köln 1975), S. 23

8 A. Einstein, *Autobiographisches*, in *Ref. 5*, S. 35

9 Die Ereignisse rund um Einsteins Ankunft finden sich ausführlich bei Philipp Frank, *Einstein, sein Leben und seine Zeit* (Vieweg, Braunschweig 1979). Auch brachte die New York Times zwischen dem 3. April und dem 30 Mai 1921 einige detaillierte Berichte über Einsteins Besuch. Die hier zitierten Abschnitte stammen aus der New York Times vom 3., 4 und 5. April.

10 *Report of the Seventy-ninth Meeting of the British Association for the Advancement of Science, Winnipeg, 1909* (John Murray, London 1910), S. 3–29

11 Einsteins explizites Interesse an methodischen Fragen manifestierte sich bereits sehr früh und hielt bis zu seinem Lebensende fast hartnäckig an. Er führte die Unterscheidung zwischen „induktiver Physik" und „deduktiver Physik" in seiner Inauguralrede in Berlin „*Prinzipien der Theoretischen Physik*" im Jahre 1914 ein (*Ref. 3*, S. 110–113). Die eng damit zusammenhängenden Ausdrücke „konstruktive Theorie" und „Prinziptheorie" erschienen erstmals in seinem Aufsatz „Was ist Relativitätstheorie?" (*Ref. 3*, S. 220).

12 H. A. Lorentz, *Electromganetic Phenomena in a System Moving with Any Velocity Less than that of Light, Proceedings of the Academy of Sciences of Amsterdam* **6** (1904)

13 Vom Standpunkt der Wissenschaftsgeschichte wurde dies analysiert von Stephen Brush, Philipp Frank, Charles Gillispie, Stanley Goldberg, Werner Heisenberg, Russel McCormmach, Arthur I. Miller, Stephen Toulmin und anderen.

14 W. Kaufmann, *Entwicklung des Elektronenbegriffs*, in: *Verhandlungen der Gesellschaft deutscher Naturforscher und Ärzte* (vorgetragen im September 1901) (F. C. W. Vogel, Leipzig 1902), S. 125–126. Zwei Jahre später schloß er aus seinen Experimenten, daß sowohl β-Strahlen, als auch Kathoden-Strahlen „aus Elektronen bestehen, deren Masse rein elektromagnetischer Natur ist". Siehe dazu W. Kaufmann, *Über die „Elektromagnetische Masse" der Elektronen*, Göttinger Nachrichten (1903), S. 103.

15 A. Einstein, *Äther und Relativitätstheorie* (Julius Springer, Berlin 1920)

16 *Autobiographisches* (*Ref. 5*), S. 7–9

17 A. Einstein, *Über einen die Erzeugung und Verwandlung des Lichtes betreffenden heuristischen Gesichtspunkt, Annalen der Physik* **17** 132–149 (1905). Einstein hatte auch andere Einwände gegen die zeitgenössische Theorie. Beispielsweise führte sie zu der von Paul Ehrenfest später so genannten „Ultraviolett-Katastrophe".

18 A. Einstein, *Über die vom Relativitätsprinzip geforderte Trägheit der Energie*, Annalen der Physik **23**, S. 372 (1907)

19 Zitiert in Carl Seelig, *Albert Einstein, eine dokumentarische Biographie* (Europa Verlag, Zürich 1954), S. 61–62.

20 A. Einstein, *Kinetische Theorie des Wärmegleichgewichtes und des zweiten Hauptsatzes der Thermodynamik, Annalen der Physik*, **9**, S. 417–433 (1902)

21 *Autobiographisches* (*Ref. 5*), S. 10

22 Siehe *Ref. 18*

23 A. Einstein, *Zur Elektrodynamik bewegter Körper, Annalen der Physik* **17**, S. 891–921 (1905)

24 *Autobiographisches* (*Ref. 5*), S. 19

25 Albert Einstein erinnert sich in einem Brief an Carl Seelig vom 19. Febr. 1955 folgendermaßen an seine erste Arbeit über Relativitätstheorie:
„Es ist zweifellos, daß die *spezielle* Relativitätstheorie, wenn wir ihre Entwicklung rückschauend betrachten, im Jahre 1905 ‚reif zur Entdeckung war'. Lorentz hatte schon erkannt, daß für die Analyse der Maxwellschen Gleichungen die später nach ihm benannte Transformation wesentlich sei, und Poincaré hat diese Erkenntnis noch vertieft. Was mich betrifft, so kannte ich nur Lorentz' bedeutendes Werk von 1895, aber nicht Lorentz' spätere Arbeit, und auch nicht die daran anschließende Untersuchung von Poincaré. In diesem Sinne war meine Arbeit von 1905 selbständig. Was dabei neu war, war die Erkenntnis, daß die Bedeutung der Lorentztransformation über den Zusammenhang mit den Maxwellschen Gleichungen hinausging und das Wesen von Raum und Zeit im Allgemeinen betraf. Auch war die Einsicht neu, daß die ‚Lorentz-Invarianz' eine allgemeine Bedingung sei für jede physikalische Theorie. Dies war für mich von besonderer Wichtigkeit, weil ich schon früher erkannt hatte, daß die Maxwellsche Theorie die Mikro-Struktur der Strahlung nicht darstelle und deshalb nicht allgemein haltbar sei..."

26 Goethe an Zelter, 9.8.1828: Zitiert in: Roman U. Sexl, Helmuth Urbantke, *Relativität – Gruppen – Teilchen* (Springer 1982, Wien, S. 1)

27 Zum Unterschied von Poincaré und anderen Autoren betrachtete Einstein das Relativitätsprinzip weder als mehr oder weniger exakte empirische Tatsache noch als Feststellung, die aus einer zukünftigen Theorie folgen sollte. Es wurde vielmehr als ein Axiom postuliert, das in allen Zweigen der Physik gleichermaßen gelten sollte.

28 Es ist erwähnenswert, daß Einstein bei der Aufstellung des allgemeinen Relativitätsprinzips wiederum auf Postulate zurückgriff und dabei oberste Prinzipien verallgemeinerte. Eine Analyse von Einsteins Postulaten findet sich bei G. Holton, *Constructing a Theory: Einstein's Model, American Scholar* **48** 309–340, (1979)

29 Vlg. T. Hirosige, *The Ether Problem, the Mechanistic World View, and the Origin of the Theory of Relativity, Historical Studies in the Physcial Sciences* **7**, S. 3–82, (1976)

30 Walter Kaufmann, *Über die Konstitution des Elektrons, Annalen der Physik,* **19** 487–553, (1906) (Hervorhebungen im Original). Ein Vorbericht findet sich in W. Kaufmann, *Über die Konstitution des Elektrons,* Sitzungsbericht der k. preuss. Akademie d. Wiss. **45**, S. 949–956 (1905)

31 A. Einstein, *Über das Relativitätsprinzip und die aus demselben gezogenen Folgerungen, Jahrb. der Radioakt. u. Elektr.* **4**, 411–462 (1908). Zur Antwort Einsteins siehe G. Holton, *Thematische Aussagen der Wissenschaft* (Suhrkamp, Frankfurt 1981), S. 203 ff.

32 A. Einstein, *Motiv des Forschens,* in *Ref. 3,* S. 108–109. Ähnliche Passagen finden sich auch später wiederholt, wie beispielsweise in dem Aufsatz „*Das Raum-, Äther- und Feldproblem der Physik*", der 1930 erschien (*ibid.*, S. 238):

„Die Relativitätstheorie ist ein schönes Beispiel für den Grundcharakter der modernen Entwicklung der Theorie. Die Ausgangshypothesen werden nämlich immer abstrakter, erlebnisferner. Dafür aber kommt man dem vornehmsten wissenschaftlichen Ziele näher, mit einem Mindestmaß von Hypothesen oder Axiomen ein Maximum von Erlebnisinhalten durch logische Deduktion zu umspannen".

33 A. Einstein, *Les Prix Nobel en 1921–1922* (Stockholm, 1923), und *Nobel Lectures, 1901–1921* (Elsevier, Amsterdam 1967), S. 482–490

34 In einem seiner letzten Aufsätze, nämlich dem Aufsatz „*Relativität und Raumproblem*" Anhang 5 der Neuauflage von A. Einstein, *Über die spezielle und allgemeine Relativitätstheorie* (Vieweg, Braunschweig 1954) kehrt Einstein zu diesem Punkt zurück: „Es erscheint deshalb natürlicher, das Physikalisch-Reale als ein vierdimensionales Sein zu denken, statt wie bisher als das *Werden* eines dreidimensionalen Seins." (S. 97)

35 *Autobiographisches* (*Ref. 8*), S. 22

36 *Autobiographisches* (*Ref. 8*), S. 30 (Hervorhebungen im Original)

37 *Das Raum-, Äther- und Feldproblem der Physik* (*Ref. 32*), S. 147

38 *On the Generalized Theory of Gravitation (1950),* in: *Ideas and Opinions* (Crown, N.Y 1954), S. 352 ff. Siehe auch: *Das Fundament der Physik* (1940), *Ref. 2,* S. 112–113: „Um eine Theorie zu bauen, bedarf es nicht nur der klaren Erkenntnis eines Ziel; man muß auch einen Gesichtspunkt haben, welcher die an sich unbeschränkten Möglichkeiten genügend einschränkt."

39 *Ref. 15,* S. 14

40 A. Einstein, *Maxwells Einfluß auf die Entwicklung der Auffassung des Physikalisch-Realen,* (in *Ref. 3*), S. 208–215

41 A. Einstein, *Das Fundament der Physik* (*Ref. 2*), S. 106–121

42 Brief an Max von Laue vom 17. Januar 1952 im Einstein-Archiv in Princeton

43 A. Einstein, *Bemerkungen zu den in diesem Band vereinigten Arbeiten,* in *Ref. 8,* S. 494

44 *Ref. 34,* S. 157 (Hervorhebungen von G. H.)

45 *Ref. 2,* S. 96

46 A. Einstein, *Über die Entwicklung unserer Anschauungen über das Wesen und die Konstitution der Strahlung, Phys. Zeits.* **10**, 817–828 (1909)

47 A. Einstein, *Zur Quantentheorie der Strahlung, Mitteil. d. physikal. Ges. Zürich* (1916), S. 47–62; auch in *Phys. Zeits.* **18**, 121–128 (1917). Eine gute Diskussion gibt Martin J. Klein, „*Einstein and the Wave-Particle Duality*", *The Natural Philosopher* **3**, 1–49 (1964)

48 *Ref. 2,* S. 121

49 Dies wurde vor kurzem von Eugen Wigner in einer Ansprache am 25. April vor der Amerikanischen Physikalischen Gesellschaft „*The Basic Conflict between the Concepts of General Relativity and Quantum Mechanics*" hervorgehoben. Prof. Wigner fügte hinzu: „Es ist nicht unvernünftig zu sagen, daß die Aufmerksamkeit der allgemeinen Relativitätstheorie makroskopischen Objekten gilt, für die die Unschärfen in der Ortsbestimmung vernachlässigbar sind, während der Quantentheoretiker seine Aufmerksamkeit auf mikroskopische Pbjekte beschränkt, also auf Atome und Teilchen, deren Gravitationswechselwirkung im Vergleich zu anderen Wechselwirkungen vernachlässigbar sind."

Darauf hätte Einstein vielleicht mit einer Passage aus „*Physik und Realität*" (*Ref. 2,* S. 101) geantwortet:

„Es ist allerdings darauf hingewiesen worden, daß bereits die Einführung eines raumzeitlichen Kontinuums angesichts der molekularen Struktur allen Geschehens im Kleinen möglicherweise als naturwidrig anzusehen sei. Vielleicht weise der Erfolg von Heisenbergs Methode auf eine rein algebraische Methode der Naturbeschreibung, auf

die Ausschaltung kontinuierlicher Funktionen aus der Physik hin. Dann aber muß auch auf die Verwendung des Raum-Zeit-Kontinuums prinzipiell verzichtet werden. Es ist nicht undenkbar, daß der menschliche Scharfsinn einst Methoden finden wird, welche die Beschreitung dieses Weges möglich machen. Einstweilen aber erscheint dieses Projekt ähnlich wie der Versuch, in einem luftleeren Raum zu atmen."
Vom Jahre 1905 an, als sich die Einführung des diskontinuierlichen Lichtquants als „heuristischer", also nicht grundlegender Gesichtspunkt aufzwang, hing Einstein am Kontinuum als einem grundlegenden, thematischen Begriff. Es erschien in einer Art Maxwellschen Programm zur Formulierung einer vereinheitlichten Feldtheorie und wird in fast leidenschaftlichen Tönen in seinen Briefen verteidigt. Die atomare Diskretheit und alle ihre Folgen waren ein Problem und keine Lösung.

50 P. A. M. Dirac, *Unification: Aims and Principles,* Ansprache am 21. März 1979 beim *Jerusalem Einstein Centennial Symposium*

51 Vergleiche *Ref. 31,* S. 243–246

52 *Ref. 40,* S. 159

53 *Ref. 8,* S. 2

54 *Ref. 2,* S. 120

55 Max Planck wird in Ernst Lecher, *Physikalische Weltbilder* (Theodore Thomas Verlag, Leipzig 1912), S. 84, zitiert.

56 *Ref. 19,* S. 89

57 A. Einstein, Über die spezielle und die allgemeine Relativitätstheorie (Friedr. Vieweg, Braunschweig 1917), S. 52

58 *Ref. 2,* S. 67–69

59 *Ref. 40,* S. 159

60 *New York Times,* April 4, 1921

61 *Ibid.,* April 16, 1921

62 *Ref. 3,* S. 131; siehe auch den darauffolgenden Aufsatz „*Was ist Relativitätstheorie?*", der für die London Times vom 28. November 1919 geschrieben wurde.

63 Zitiert in M. Klein „*Einstein on Revolutions*", *Vistas in Astronomy* **17**,113 (1975). In diesem nützlichen Aufsatz fügt Klein hinzu: „Er meinte, daß die Überstrapazierung des Ausdrucks 'wissenschaftliche Revolution' zu einem falschen Bild der Entwicklung der Wissenschaft führt, die tatsächlich 'ein Entwicklungsprozeß ist, zu dem die besten Köpfe aufeinanderfolgender Generationen in unermüdlicher Arbeit beitragen', ein Prozeß der 'langsam zu tieferen Auffassungen der Naturgesetze führt'."

64 H. A. Lorentz, *The Einstein Theory of Relativity* (Brentano's, New York 1920), S. 23–24. Einstein zögerte nicht, den Ausdruck „Schönheit einer Theorie" in seine wissenschaftlichen Arbeiten aufzunehmen, siehe z.B. *Sitzungsber. d. preuss. Akad. d. Wiss.* **1919**, S. 349–356.

VI Beiträge zu einer Theorie des wissenschaftlichen Fortschrittes

Einleitung

In diesem Kapitel sollen die Grundzüge einer Theorie des wissenschaftlichen Fortschritts skizziert werden. Ich hoffe, daß dabei der heutigen Forschung ebenso Gerechtigkeit widerfährt, wie langfristigen Gesichtspunkten der Wissenschaftsentwicklung, die sich in den Erkenntnissen der Wissenschaftshistoriker widerspiegeln.

Der Begriff des wissenschaftlichen Fortschritts unterliegt gegenwärtig einer Veränderung. Obwohl sich daraus schwerwiegende Konsequenzen ergeben, ist die Diskussion dieses Themas durch den verfügbaren Begriffsapparat stark behindert. Es gibt so gut wie keine Übereinstimmung darüber, ob die Richtung und das Ausmaß einer Veränderung durch wissenschaftliche Erklärungen zumindest im Prinzip gemessen werden können. Es bleibt umstritten, wie weit die Aktivitäten der Wissenschaftler insgesamt kumulativ sind. Im Gegenteil, ein wesentlicher Teil der neueren philosophischen Literatur behauptet, daß wir nur von einer Mode, Bekehrung, „Paradigma" oder Revolution zur nächsten taumeln und Richtung oder Ziel dieser unentwegten und sinnlosen „Brown'schen Bewegung" unerkennbar bleiben.[A1]

Die Veränderungen als solche sind relativ leicht festzustellen; aber die scheinbar naheliegenden Maßstäbe, wie etwa quantiative Indikatoren der Wissenschaft, sind recht problematisch. Ebenso verlieren die Veränderungen innerhalb eines wissenschaftlichen Spezialgebietes ihre Bedeutung, wenn man sie isoliert betrachtet – ähnlich wie das Konzept der absoluten Bewegung eines Planeten, das ohne Bezugssystem (Sonnensystem, Milchstraße, Milchstraßenhaufen) sinnlos bleiben muß.

„Fortschrittliche" Veränderung oder Entwicklung ist in zweifacher Hinsicht ein problematischer Begriff. Er muß den Möglichkeiten und Methoden sowohl des individuellen Wissenschaftlers als auch seines wissenschaftlichen Umfeldes gerecht werden. Jüngste Versuche, die „Fortschrittlichkeit" mit Hilfe einer „rationalen Rekonstruktion" zu ermitteln, sind schon deshalb ohne Erfolg geblieben, weil sie sich nicht mit den tatsächlichen wissenschaftlichen Entwicklungen beschäftigt haben.[A2] Wie wir sehen werden, ist die „Fortschrittlichkeit" ein Indikator, der die Richtung und das Ausmaß einer wissenschaftlichen Veränderung in Relation zu konkreten Bezugssystemen bestimmt – wie etwa die Gewinnung eines analytischen oder experimentellen Resultats bei der Verfolgung eines impliziten und expliziten Problems oder aber auch die jahrhunderte dauernden Anstrengungen um eine begriffliche Synthese. Wie wir darüber hinaus sehen werden, sind die Bezugssysteme selbst größtenteils durch ihren thematischen Inhalt vorgegeben.

Das intuitive Modell

Die Bemühungen um die Formulierung einer Theorie des wissenschaftlichen Fortschritts sind alle jüngeren Datums. Die meisten Wissenschaftler kommen bei ihrer Arbeit ganz gut ohne analytische Selbsterkenntnis ihrer Methoden und Resultate voran. Bis vor kurzen ging man auch in der Wissenschaftsgeschichte von der ziemlich unüberprüften Annahme einer unabänderlich „voranschreitenden" Wissenschaft aus. So behauptete z.B. George Sarton, der erste moderne Wissenschaftshistoriker:

Definition: Wissenschaft ist systematisches positives Wissen oder das, was zu verschiedenen Zeiten und an verschiedenen Orten dafür gehalten wurde.
Theorem: Die Gewinnung und Systematisierung des positiven Wissens sind als einzige menschliche Aktivitäten wirklich kumulativ und voranschreitend.
Korollar: Die Geschichte der Wissenschaft ist die einzige Geschichte, die den Fortschritt der Menschheit darstellen kann. Tatsächlich hat der Begriff Fortschritt außerhalb des Gebietes der Wissenschaft keinen eindeutigen und konkret bestimmten Inhalt.[1]

Die meisten Wissenschaftler schließen sich dieser euphorischen Sicht Sartons von einem unerschöpflichen Horizont der Wissenschaft an, sobald sie öffentliche Aussagen machen oder die Forschungsförderung rechtfertigen wollen. In ihrem Inneren spüren sie allerdings die Fragewürdigkeit der „Errungenschaften", wenn etwa der Beweis gefordert ist, daß die Physik des Max Planck besser ist als jene des Aristoteles; oder wenn als Ergebnis des Fortschritts eine interessante Frage in Vergessenheit gerät (so etwa bereitete Lavoisiers „Sauerstoff – Chemie" der Faszination ein jähes Ende, die von Feuer und Farbe der chemischen Reaktionen ausging; diese Fragen wurden erst im Rahmen der Bohrschen Atomtheorie wieder aktuell). Insgesamt allerdings gibt es eine stillschweigende Übereinstimmung, daß der Fortschritt tatsächlich ein realer ist und in gewisser Hinsicht der Verbesserung unseres ewig unvollständigen Wissens über die „äußere Realität" entspricht. Auch dieser Begriff ist umstritten und wird von vielen in den Bereich des Glaubens verwiesen – als möglicherweise nur nostalgisches Überbleibsel der vorpositivistischen (und daher „unwissenschaftlichen") Periode.

Wissenschaftliche Aktivitäten können grob in zwei Kategorien eingeteilt werden: einerseits *Sammeln* und *Analysieren*, andererseits die *Synthese*. Für erstere – die bei weitem häufigere Aktivität – gilt Pierre Duhems Beschreibung:

„Die ständige Modifikation der physikalischen Gesetze angesichts experimenteller Gegenbeispiele spielt eine wesentliche Rolle in der Entwicklung der Wissenschaft. Die Physik ist durch diesen immerwährenden Kampf und durch ihr Streben zur Erklärung der Ausnahmen stetig voran gekommen. Die Physik erzielt ihre Fortschritte, weil die Experimente stets auf neue Widersprüche führen und weil die Physiker ihre Gesetze ununterbrochen den Fakten entsprechend modifizieren, um diese immer besser wiedergeben zu können. Die Gesetze der Physik können überhaupt nur durch unablässige Neuformulierung und Modifikation gewonnen werden."[2]

Die auf Synthese abzielende Arbeit ist zwar seltener, aber revoluionärer. Hierbei bedeutet Fortschritt die Einbeziehung bisher selbständiger Gesichtspunkte und die sparsame oder eingeschränkte Verwendung fundamentaler Begriffe und Annahmen. Ein Beispiel dafür liefert das heliozentrische System des Kopernikus. Durch die Kombination von umfassender Erklärungskapazität und begrifflicher Sparsamkeit konnte es „nicht nur die Phänomene erklären, sondern auch die Reihenfolge und Größe aller Planeten und die Sphären des Himmels so eng miteinander verbinden, daß die Veränderung jedes einzelnen Teiles die anderen Teile und das gesamte Universum stören würde". (Kopernikus). In seinem System bleibt nichts willkürlich; keine Umlaufbahn kann abgeändert werden, wie dies vor Kopernikus möglich war. Damit aber kommt eine weitreichende Rationalität zum Vorschein, eine zwingende Bindung jedes Details an das gesamte Muster. Wir kommen zur Überzeugung, daß unser Verständnis nurmehr diese und keine andere Bewegung der Planeten zuläßt. Ein anderes Beispiel liefert die Galileische Synthese der Himmelsmechanik und der irdischen Physik oder Newtons *Principia,* besonders ihre Theorie der Mondbewegung. Newtons Untersuchung zur Navigation erlaubte es ihm, aus den Grundgesetzen Perioden und Größen bekannter „Ungleichheiten" vorherzusagen. Newtons Erfolg stärkte die Überzeugung, daß die Begriffe von Kraft und Masse, aber auch die mathematischen und experimentellen Techniken hinreichen, um eine überwältigende Vereinheitlichung innerhalb der physikalischen Wissenschaft herbeizuführen. (Newton selbst erhoffte sich davon sogar Auswirkungen auf das Gebiet der Moralphilosophie.)

In unserem Jahrhundert brachte die Einbeziehung der Newtonschen Mechanik in die allgemeine Relativitätstheorie ein weiteres Beispiel dafür, wie eine bedeutende Synthese zum wissenschaftlichen Fortschritt beiträgt. Am Ende seiner *Principles of Quantum Mechanics* stellt P. A. M. Dirac zuversichtlich fest, daß „die Quantenmechanik als Anwendung der Bewegungsgleichungen auf atomare Teilchen definiert werden" könne und daß diese Theorie „den größten Teil der niederenergetischen Physik und Chemie erklärt". Damit sind diese Probleme sozusagen gelöst und gehören eher zur Vergangenheit als zur Zukunft der Physik, die anders zu sehen sei:

„Nun gibt es aber andere Arten der Wechselwirkung, die in den Bereich der Hochenergiephysik gehören und für die Beschreibung des Atomkernes wesentlich sind. Diese Wechselwirkungen verstehen wir heute noch nicht hinreichend, um sie in ein System von Bewegungsgleichungen einzuordnen. Allerdings ist zu hoffen, daß wir mit wachsendem Wissensstand auch die Hochenergiephysik in ein System von Bewegungsgleichungen bringen und sie auf diese Weise mit dem niederenergetischen Phänomenen vereinheitlichen".

Dieses Modell eines wissenschaftlichen Fortschritts, der mit Verallgemeinerungen und Vereinfachungen einhergeht, läßt sich in jeder neuen Nummer der Forschungsjournale finden. Victor Weisskopf[3] z.B. geht von sechs der bekannten physikalischen Konstanten aus (Masse des Protons, Masse des Elektrons, Ladung des Elektrons, Lichtgeschwindigkeit, Gravitationskonstante und Plancksches Wirkungsquantum) und leitet aus einigen der bekannten Fundamentalgesetze (deBroglie-Beziehung zwischen Teilchen-Impuls und Wellenlänge, Pauli-Prinzip) zahlreiche beobachtete Fakten her: die Größen und die Energie der Atomkerne, die Masse und die Härte von Festkörpern (wie etwa Gesteinen), die Höhe der Berge oder die Größe der Sonne und ähnlichen Sterne. Alle diese Dinge erscheinen zunächst ohne Zusammenhang und überdecken einen ungeheuren Bereich von Größenordnungen. Im Grunde handelt es sich dabei aber nur um verschiedene Konsequenzen einiger wesentlicher Voraussetzungen.[A3]

Dies ist ein Triumpf des Newtonschen Programmes. Und wenn eine von den sechs Konstanten der Weisskopf-Liste aus den anderen fünf hergeleitet werden könnte, wenn also etwa die Ladung des Elektrons aus einigen anderen fundamentalen Naturkonstanten folgt), dann wäre man um einen großen Schritt weitergekommen.

Als Nebenprodukt des wissenschaftlichen Fortschritts, wie er sich aus der stetigen Reduzierung der Grundaxiome und aus dem zunehmenden Maß an erklärten Phänomenen ergibt, folgt ein übergreifendes Zusammenwirken hinsichtlich der Verfahren und Methoden. Resultate aus einem Bereich erweisen sich oft in einem weit entfernten anderem Bereich als erstaunlich brauchbar.

Die theoretischen Instrumente der Festkörperphysik und die Behandlung makroskopischer Phänomene wie etwa Ferromagnetismus, Supraleitung und Supraflüssigkeit können heute im Rahmen submikroskopischer Konzepte und Theorien verstanden werden, so daß ein Zusammenhang mit Problemen der Sternstruktur, der Kernphysik, der Teilchenphysik und der Feldtheorien erkennbar wird. Vor kurzem schrieb Robert Sachs:

„Symmetriesätze, das Konzept der Eichtheorien und der spontanen Symmetriebrechung spielen eine übergeordnete Rolle, so daß Theoretiker des einen Bereiches die Methoden des anderen Bereichs übernehmen können. Genau wie allen Disziplinen die Methoden zur Lösung linearer Gleichungen gemeinsam sind, so könnten neue Verfahren zur Lösung nichtlinearer Gleichungen, wie sie zunächst in der Hydrodynamik behandelt wurden, nun für das Verständnis der kondensierten Materie, aber auch der Elementarteilchen von großer Bedeutung sein."[4]

Aus historischer Sicht muß man der Ordnung halber vermerken, daß all diesen Vorstellungen vom wissenschaftlichen Fortschritt eine Komponente fehlt, die Mitte oder Ende des 19. Jahrhunderts ganz allgemein akzeptiert war. Die modernen Konzepte sind alle entmythologisiert: Es gibt keinen Zusammenhang mehr zwischen wissenschaftlichem Fortschritt und Moralphilosophie oder Theologie. Auch Duhem gestattet sich nur einen versteckten Hinweis auf die letztlich religiösen Grundzüge seiner Theorie des wissenschaftlichen Fortschritts, und dies nur am Ende seiner Abhandlung: „Kurz gesagt, es wäre für den Physiker unvernünftig, am Fortschritt der physikalischen Theorie weiter zu arbeiten, wenn diese Theorie nicht wesentlich präziser wäre und wenn sie sich nicht als exaktes Abbild einer Metaphysik ergäbe; der Glaube an eine geordnete, transzendente Physik ist die einzige Rechtfertigung der physikalischen Theorie."[5]

Heute sind alle diese moralischen Spekulationen verschwunden oder scheinen jedenfalls nicht mehr an der Oberfläche auf. Der Wissenschaftler sucht heute die Kriterien erfolgreicher Arbeit innerhalb seines Forschungsbereiches, denn die Auswirkungen auf die Gesellschaft — durch technologische und kulturelle Veränderungen treten relativ langsam ein, sie sind daher erträglich oder nützlich, auch wenn man sie nicht exakt prognostizieren kann.

So weit also die intuitive und unter Wissenschaftlern gängige Auffassung des wissenschaftlichen Fortschrittes, die der heutigen Situation durchaus adäquat ist. Allerdings wurden diese und noch akzentuiertere Konzepte des wissenschaftlichen Fortschrittes in jüngster Zeit von einigen Wissenschaftsphilosophen heftig angegriffen. Aus deren Sicht ist das Ergebnis jeder wissenschaftlicher Aktivität *definitionsgemäß* und daher unvermeidlich ein Fortschritt, den zu konstatieren selbstverständlich und damit illusorisch erscheint. Andere Wissenschaftsphilosophen fordern, daß die wissenschaftliche Arbeit an allgemeinen Kriterien gemessen wird, an „allgemeingültigen Satzungen", so daß „minderwertige" Tendenzen erkannt werden können, denen Forschungsmittel und Publikation zu verweigern sind[A4]. Folgt man diesen Kriterien, so wäre allerdings Boltzmanns atomar-kinetische Theorie zwischen 1880 und 1905 ebenfalls als „minderwertig" abqualifiziert worden. Ein Kommentator beschreibt dies völlig korrekt mit folgenden Worten:

„Glücklicherweise war die wissenschaftliche Gemeinschaft damals gegenüber abweichenden Meinungen toleranter. Boltzmann, Lorenz, Smoluchowski, Gibbs, Jeans und andere Anhänger des kinetischen Programms, auch Planck und Einstein nach 1900, hatten mit der Publikation ihrer Arbeiten keine besonderen Probleme. Angesichts der heutigen Konkurrenz um Forschungsförderung und Publikationsmöglichkeiten wäre es verheerend, wenn die Methodologie wissenschaftliche Forschungsprogramme zum Tragen kommt. Man hüte sich vor Philosophen—Königen und philosophischen Forschungsverwaltern!"[6]

In den letzten Jahren wurden wissenschaftsexterne Kriterien zunehmend beachtet, zumindest in Kreisen außerhalb der Wissenschaft selbst. Allerdings ist die inhärente Nutzlosigkeit all dieser Ansätze immer offensichtlicher geworden. Alle Bemühungen um normative Kriterien können nicht über deren Distanz zur wirklichen Wissenschaft hinwegtäuschen. Deshalb möchte ich mich hier mit diesem Thema auch nicht beschäftigen. Wichtiger als die Korrektur dieser intuitiven *Ad-hoc*-Modelle ist eine präzisere Beschreibung der Praxis des modernen Wissenschaftlers.

Das zweidimensionale Modell

Zunächst wollen wir zwischen den Hauptkomponenten des wissenschaftlichen Denkens differenzieren, von denen jede ihr eigenes Potential und ihre eigene Art des Fortschritts hat. Dafür gibt es wohl keinen besseren Ausgangspunkt als das Credo eines Wissenschaftlers, dessen Werk die Hauptrichtung der wissenschaftlichen Errungenschaften vom Beginn dieses Jahrhunderts bis heute dominiert hat und dessen Ansatz, unbewußt oder bewußt, von den meisten Zeitgenossen akzeptiert wurde. Ich meine natürlich Albert Einstein. Er schrieb ausführlich über die Methoden und die Richtung des wissenschaftlichen Fortschritts. Als Einstieg zur Formulierung einer Theorie wissenschaftlicher Entwicklungen kann uns sein Essay „Zur Methode der theoretischen Physik“[7] aus dem Jahre 1933 dienen, den Philipp Frank, Einsteins Biograph und Mitarbeiter, als die „beste Formulierung seiner Ansichten über die Natur physikalischer Theorien“[8] bezeichnete.

Einstein beginnt mit einer wichtigen Warnung, deren Berücksichtigung es allerdings schwierig macht, die Möglichkeit wissenschaftlichen Fortschritts überhaupt zu verstehen. Seiner Meinung nach müssen wir zunächst „der Relation zwischen dem Inhalt einer Theorie und der Gesamtheit aller empirischen Fakten besondere Aufmerksamkeit“ widmen. Dies seien die „beiden unzertrennlichen Komponenten unseres Wissens, Empirie und Ratio“; allerdings stünden sie, so warnt uns Einstein, in einem „ewigen Gegensatz“. Um diese Annahmen zu belegen, verweist Einstein auf die innere „Dichotomie“ der westlichen Wissenschaft. Die griechischen Philosophen–Wissenschaftler sicherten das notwendige Vertrauen in die Errungenschaften des menschlichen Geistes, indem sie „das Gedankenwunder eines logischen Systems in die abendländische Wissenschaft“ einbrachten, „dessen Aussagen mit einer solchen Schärfe auseinander hervorgingen, daß jeder der bewiesenen Sätze jeglichem Zweifel entrückt war“. Ein Beispiel dafür liefere Euklids Geometrie. Allerdings seien „rein logisch gewonnene Sätze mit Rücksicht auf das Reale völlig leer. Durch bloßes logisches Denken vermögen wir keinerlei Wissen über die Erfahrungswelt zu erlangen“. Wie Einstein weiter ausführt, hätten uns erst die Wissenschaftler des 17. Jahrhunderts so weit gebracht, daß wir „Anfang und Ende all unseres Wissens um die Wirklichkeit“ in der „Erfahrung“ suchen würden (*ref. 8,* S. 114).

Bis zu diesem Punkt bewegen wir uns immer noch im dualistischen Ansatz. Einerseits, so sagt Einstein, „gibt die Ratio den Aufbau des Systems". andererseits sollen „die Erfahrungsinhalte und ihre gegenseitigen Beziehungen durch die Folgesätze der Theorie ihre Darstellung finden" (*ref. 8*, S. 115). Tatsächlich schlossen sich alle Kommentatoren Einsteins dieser Betonung des Dualismus an – und ließen es damit bewenden. Es gibt viele Spielarten dieser zweidimensionalen Sicht der Wissenschaften. Ich möchte sie hier in einer Weise betrachten, die bis zu einem gewissen Punkt verteidigt werden kann und sich folgenderweise zusammenfassen läßt: Wissenschaft behandelt zwei Arten von vernünftigen Aussagen, nämlich einerseits empirische Fakten, die sich letztlich auf Messungen und andere allgemein zugänglichen Phänomene reduzieren lassen, und andererseits Aussagen, die den logischen mathematischen Belangen zuzurechnen sind und sich in gewisser Hinsicht auf Tautologien zurückführen lassen. Die erste Kategorie – also die Aussagen über empirische Fakten – wird im Prinzip mit Hilfe protokollarischer Feststellungen in der Umgangssprache festgehalten, so daß die wissenschaftliche Gemeinde hier zur vollen Übereinstimmung kommen kann. Ich nenne dies phänomenologische Aussagen. Die zweite Kategorie, die mit dem akzeptierten Axiomensystem vereinbar sein muß, nenne ich analytische Aussagen. Zum besseren Verständnis und auch um Einsteins Warnung bezüglich des „ewigen Gegensatzes" Rechnung zu tragen, können wir uns diese beiden Kategorien als orthogonale Achsen einer zweidimensionalen Ebene vorstellen, in der sich der wissenschaftliche Prozeß abspielt[A5]. So gesehen, entspricht jeder wissenschaftlichen Aussage ein Element dieser Ebene, dessen Projektionen auf die Achsen einerseits das Beobachtungsprotokoll (z.B. „die Nadel schlägt nach links aus") und andererseits das Rechenprotokoll (z.B. „man verwende Vektoren und nicht Skalare") widergeben.

Nun meinen die meisten modernen Wissenschaftstheoretiker, die vom Empirizismus oder Positivismus ausgehen, daß jede wissenschaftliche Aussage nur insofern „Bedeutung" hat, als ihr in dieser Ebene phänomenologische oder analytische Komponenten zugeordnet werden können. Und tatsächlich fielen diesem Prokrustes-Kriterium der Wissenschaft in der Vergangenheit alle jene inneren Eigenschaften, okkulten Prinzipien und quälenden Fragen zum Opfer, für die der Konsensmechanismus keine fertigen Antworten parat hat. Immerhin kann man argumentieren, daß die Beschränkung der wissenschaftlichen Diskussion auf die phänomenologische-analytische Ebene eine der Hauptursachen für das rapide Wachstum der heutigen Wissenschaft ist. Während der Grad des Konsenses an der vordersten Front der wissenschaftlichen Erkenntnis viel geringer anzusetzen ist, als dies die meisten Wissenschaftshteoretiker annehmen, nimmt der Bereich der Übereinstimmung jedenfalls in dem Maß rasant zu, in dem sich die Front immer weiter verschiebt. Daher bewährt sich das zweidimensionale Modell vor allem dort, wo die Gesetze der wissenschaftlichen Arbeit für pädagogische Zwecke dargestellt oder für theoretische Diskussionen „rationalisiert" werden müssen.

Die Grenzen des zweidimensionalen Modells

Dennoch hat das zweidimensionale Modell seine Mängel. Es übersieht oder verneint die Existenz aktiver Mechanismen in der täglichen Arbeit jener Menschen, die sich wissenschaftlichen Problemen widmen; und das zweidimensionale Modell hilft uns auch wenig bei der Beantwortung der Fragestellungen, denen sich der Wissenschaftshistoriker gegenüber sieht, auch wenn diese Fragen vielleicht für den Wissenschaftler selbst weniger wichtig sind. Zur Illustration möchte ich zwei Beispiele anführen. Beide haben etwas mit der Richtung des wissenschaftlichen Fortschritts zu tun und beide werden uns als leichter lösbar erscheinen, wenn wir den dualistischen Ansatz etwas modifizieren.

Wenn nämlich die wissenschaftliche Diskussion völlig vom Diktat der Logik und der Empirie bestimmt ist, warum ist die Wissenschaft selbst dann nicht eine große totalitäre Maschine, die jeden unbarmherzig zum gleichen unvermeidlichen Zeitpunkt führt? Die Gesetze der Vernunft, die Phänomene und die menschlichen Talente sind über den Erdball gleichmäßig verteilt – und doch waren die Reaktionen auf die Einsteinschen Theorien historisch in Deutschland und England, in Frankreich und Amerika sehr verschieden. Es waren persönliche Präferenzen, die einige von Einsteins Zeitgenossen zur intensiven Beschäftigungen mit Äther-Drift-Experimenten veranlaßten, während er selbst diese Versuche gegenüber seinem Freund de Haas als dumm und aussichtslos bezeichnete (als ob man Träume studieren wollte, um die Existenz von Geistern zu beweisen). Einstein und Bohr waren wie Schrödinger und Heisenberg bestens für den Diskurs im zweidimensionalen Modell ausgestattet, und unabhängig davon existierten fundamentale Gegensätze zwischen ihnen, die sich in Programmen, in Vorlieben und auch in Glaubenshaltungen äußerten. Unter diesen wissenschaftlichen Gegnern kam es sogar zu leidenschaftlichen Ausbrüchen.

Ein anderes Beispiel ist die große Vielfalt im persönlichen Stil der Wissenschaftler, die alle an dem „gleichen" Problem arbeiten. Wäre die Wissenschaft tatsächlich „zweidimensional", so müßte die Arbeit der Wissenschaftler in einem vorgegebenen Bereich und zur jeweiligen Zeit von strengen und eindeutigen Gesetzen bestimmt sein. Die nachweisbare Existenz dieses Pluralismus weist uns auf eine Schwäche des zweidimensionalen Modells hin – und auch auf den Ausweg aus dieser Situation.

Eine zweite Frage, die sich dem einfachen Modell entzieht, und der ich in den vergangenen Jahren eine Anzahl von Fallstudien gewidmet habe, lautet: Warum sind viele Wissenschaftler, insbesondere am Beginn ihrer Arbeit – oft sogar unter großen Risiken – so immun gegen jeden Zweifel an der Unwiderlegbarkeit ihrer Vermutungen und warum tun sie dies so oft, ohne sich auf empirische Belege stützen zu können; warum tun sie dies sogar angesichts gewichtiger Gegenargumente?

Eines der zahllosen Beispiele liefert uns Max Planck, der Entdecker des Quants, der als ausgesprochener Gegner korpuskularer Theorien noch im Jahr 1927 ausrief: „Müssen wir den Lichtquanten wirklich eine physikalische Realität zubilligen?". Dies geschah immerhin vier Jahre nach Veröffentlichung und Verifizierung von Arthur H. Comptons Ergebnissen. Als andererseits das Elektron im Rahmen der Ansätze von de Broglie und Schrödinger mit Plancks Worten „als Schwingung einer stehenden Welle in einem kontinuierlichen Medium" dargestellt werden konnte, akzeptierte Planck diese Ideen ganz glücklich und fügte hinzu, daß „diese Prinzipien bereits eine fundierte Basis gefunden hätten" –, obwohl Planck zu diesem Zeitpunkt keine Hinweise auf experimentelle Belege hatte, wie sie von Davisson und Germer[9] geliefert wurden.

Einstein war sogar noch wagemutiger. Eines von vielen Beispielen liefert sein Buch *„Über die spezielle und die allgemeine Relativitätstheorie"* aus dem Jahr 1916. Dort muß Einstein zugeben, daß damals nur eine einzige Konsequenz seines theoretischen Gebäudes durch Beobachtung verifizierbar war, nämlich die Präzession der Merkurbahn. Die vorhergesagte Ablenkung des Lichtes und die Rotverschiebung der Spektrallinien waren derart kleine Effekte, daß sie sich bis dahin einer Beobachtung entzogen. Dennoch kommt Einstein zu einer mutigen Schlußfolgerung, mit der die ersten fünfzehn Auflagen seines Buches (von 1917–1919) abschließen: „Ich zweifle nicht daran, daß auch diese Konsequenzen der Theorie ihre Bestätigung finden werden." Dies ist wieder ein Beispiel für den Vertrauensvorschuß, der in der Praxis des experimentellen und theoretischen Wissenschaftlers so wesentlich ist.[10]

Die Funktion von Voraussetzungen

Welche Schlüsse müssen wir aus Plancks Vorliebe für das Kontinuum und gegen die Korpuskeln, aus Einsteins Neigung für eine Theorie mit größerer Erklärungskapazität ziehen, für deren waghalsige Interpretation er sogar seinen Ruf aufs Spiel setzte? Wie sollen wir die vielen Beispiele für den Vertrauensvorschuß deuten, den eine Theorie trotz noch mangelhafter Experimente oder sogar zuwiderlaufender Daten genießt? Diese Fälle weisen auf einen dritten Mechanismus hin, der gerade in der Anfangsphase die Entscheidungen der Wissenschaftler beeinflußt, zusätzlich zur phänomenologischen und analytischen Dimension. Tatsächlich finden wir eine Aussage dazu in Einsteins Vorlesung *„Zur Methode der theoretischen Physik"*: Das zweidimensionale Modell, dem anfänglich große Bedeutung beigemessen wird, macht im Rahmen einer genaueren Untersuchung Platz für eine differenziertere und angemessenere Sicht. Zu den beiden untrennbaren, aber gegensätzlichen Komponenten kommt eine dritte, die sich oberhalb der von der empirischen und logischen Dimension definierten Ebene entfaltet.

Einstein präsentiert dem Auditorium wie so oft seine Argumente mit dem Hinweis, daß die phänomenologisch-analytische Dichotomie die Herleitung der Prinzipien einer Theorie „aus der Erfahrung" durch „Abstraktion" (also „auf einem logischen Weg") nicht zulassen. Im logischen Sinne seien „die zugrundeliegenden Begriffe und Grundgesetze freie Erfindungen des menschlichen Geistes" und in diesem Sinne unterschieden sie sich auch von den unveränderlichen Kategorien Kants. Einstein wiederholt mehr als einmal, daß die „Grundlagen der Theorie" einen „rein fiktiven Charakter"[11] hätten oder, wie er es bald nachher[12] formulierte: Bei der Relation zwischen Sinneserlebnissen und Begriffen „handelt es sich nicht um eine Beziehung wie die der Suppe zum Rindfleisch, sondern eher wie die der Gardarobennummer zum Mantel".

Wie Einstein erklärt, sei die Willkür bei der Wahl der Grundlagen "dadurch völlig evident, daß zwei wesentlich verschiedene Grundlagen aufgezeigt werden können [die allgemeine Relativitätstheorie und die Newtonsche Physik], die mit der Erfahrung weitgehend übereinstimmen" – nämlich in wichtigen Bereichen der Mechanik. So garantiere die elementare Erfahrung keine logische Brücke zu den Grundkonzepten und den Postulaten der Mechanik. Vielmehr müsse „die axiomatische Grundlage der Theoretischen Physik frei erfunden werden".

Mit dieser Feststellung hat Einstein natürlich auch die Unsinnigkeit aller Versuche klargelegt, der praktischen Arbeit des Wissenschaftlers (oder den wissenschafts-historischen Studien) äußere Standards „wissenschaftlicher Rationalität" aufzuerlegen, oder wissenschaftliche Vorgänge, die solchen Kriterien nicht entsprechen, als „irrational" abzulehnen. Einstein weist nach, daß fundierte wissenschaftliche Überlegungen weder den Regeln der Dionysier noch der Apollonier folgen. Er ist sich allerdings auch darüber im Klaren, daß diese Einsicht ein neues Problem aufwirft: wie „dürfen wir dann überhaupt hoffen, den richtigen Weg zu finden? Existiert dieser richtige Weg nicht nur in unserer Illusion? Dürfen wir denn hoffen, von der Erfahrung sicher geleitet zu werden, wenn es Theorien gibt (wie die klassische Mechanik), die der Erfahrung weitgehend gerecht werden, ohne die Sache in der Tiefe zu erfassen?"

Wir haben bisher den einleitenden, zuversichtlichen Teil der Einsteinschen Vorlesung bei Seite gelassen. Aber gerade an dieser Stelle warnt uns Einstein, „daß es den richtigen Weg nach meiner Meinung gibt, und daß wir ihn auch zu finden vermögen."

Hier geht Einstein plötzlich hinter seine früheren Kategorien der empirischen und logischen Wirksamkeit zurück und gibt uns ein ganzes System von Auswahlregeln, mit deren Hilfe wir – wie mit Karte und Kompaß – den „richtigen Weg" zu einem impliziten Ziel finden können. Überall tauchen Leitkonzepte auf, sie weisen uns auf die früher definierte Ebene und auf den richtigen Weg.

Das erste Leitprinzip Einsteins beruht auf seinem Glauben an die Kraft formaler Strukturen. Das „schöpferische Prinzip liegt in der Mathematik", nicht in mechanischen Modellen. Dann folgt ein beachtlicher Hymnus auf den Grundsatz der Einfachheit: „Die Natur ist die Realisierung des mathematisch denkbar Einfachsten", und er liefert uns viele Beispiele für die Effizienz dieses Grundsatzes: „Nehme ich die Riemannsche Metrik [im vierdimensionalen Kontinuum] an und frage nach den einfachsten Gesetzen, welchen eine solche Metrik genügen kann, so gelange ich zur relativistischen Gravitationstheorie des leeren Raumes. Nehme ich in diesem Raum ein Vektorfeld bzw. das aus denselben abzuleitende antisymetrische Tensor-Feld und frage nach den einfachsten Gesetzen, denen ein solches Feld genügen kann, so komme ich auf die Maxwellschen Gleichungen des leeren Raumes". So stellt sich unter dem Banner der Einfachkeit ein Sieg nach dem anderen ein.

Davor finden wir in der Vorlesung zwei andere eng miteinander verknüpfte Ideen: das Konzept der Sparsamkeit und der Vereinheitlichung! Mit dem Fortschreiten der Wissenschaft, so sagt uns Einstein, wird der „logische Bau" um so mehr „vereinheitlicht", „auf je weniger logisch voneinander unabhängige begriffliche Elemente man den ganzen Bau zu stützen vermag". Weiter oben auf der gleichen Seite finden wir das „vornehmste Ziel aller Theorie", nämlich „jene irreduziblen Grundelemente so einfach und so wenig zahlreich wie möglich zu machen, ohne auf die zutreffende Darstellung irgendwelcher Erfahrungsinhalte verzichten zu müssen".

Auch zu einem weiteren Leitkonzept bekennt sich Einstein fast euphorisch, zum Kontinuum, zum Feld. Seit 1905, als Einstein selbst durch das Lichtquant die Diskontinuität erneut in die Physik einbrachte, setzte er all seine Hoffnung auf ein Programm, das Kontinuum als Fundamentalkonzept zu sichern und verteidigte es mit Enthusiasmus in seinen Briefen. Das Kontinuum war Teil seines „Maxwellschen Programms" für eine vereinheitlichte Feldtheorie. Atomistische Diskretheit und ihre Folgen waren nicht die Lösung, sondern das Problem: „Der schwierigste Punkt für eine derartige Feldtheorie liegt einstweilen in dem Begreifen der atomistischen Struktur der Materie und der Energie."

Es sei unmöglich, so dachte er, eine grundlegende Dualität in der Natur zuzulassen, in deren Rahmen dem Feld und seine Antithese ein gleicher Status zukommt. Sicherlich ist dies weder durch Logik noch durch Erfahrung verboten, und doch scheint es fast undenkbar, wie er seinem alten Freund Michele Besso schreibt: „Ich halte es für möglich, daß die Physik letztlich nicht auf dem Konzept des Feldes – also auf kontinuierlichen Elementen – beruht.

Dann allerdings bleibt von meinem Luftschloß – inklusive der Gravitationstheorie und des Großteils der zeitgenössischen Physik – kaum etwas übrig."[13]

Damit sind wir keineswegs am Ende der Liste jener Denkkategorien, von denen sich Einstein leiten ließ. Trotzdem wollen wir hier unterbrechen und darauf hinweisen, wie klar Einstein den Einfluß dieser Grundsätze auf seine wissenschaftliche Arbeit erkannte – darin stand er fast allein da. Sir Isaiah Berlin vermerkt in seinem Buch „*Concepts and Categories*": „Der erste Schritt zum Verständnis des Menschen ist die Bewußtmachung des Modells oder der Modelle, die sein Denken und Handeln beherrschen und durchdringen. Wie alle Versuche, dem Menschen die Kategorien seines Denkens bewußt machen, ist dies ein schwieriges und schmerzhaftes Bemühen, das möglicherweise sogar sehr beunruhigende Ergebnisse zutage bringt."[14] Dies ist im allgemeinen richtig, nicht aber für Einstein. Und zwar aus mindestens zwei Gründen. Schließlich war er es, der als erster die „Willkür" des „Axioms des absoluten Charakters der Zeit, bzw. der Gleichzeitigkeit, das unerkannt im Unbewußten verankert war", erkannte, wie er selbst in seinen Notizen „*Autobiographisches*" mitteilt. „Dieses Axiom und seine Willkür klar zu erkennen, bedeutet eigentlich schon die Lösung des Problems."[15] Die Preisgabe einer expliziten oder impliziten Voraussetzung war häufig der charakteristische Schritt eines großen und heiligen Aktes der modernen Wissenschaft; wie wir in den Schriften von Kepler, Planck, Bohr und Heisenberg erkennen können, steht ein solcher Akt oft am Höhepunkt einer Periode, die rückblickend durch das Wort „Verzweiflung" beschrieben werden muß. Die Erkenntnis und Überwindung der negativen, versklavenden Rolle von Vorurteilen hinderte Einstein nicht an der objektiven Einschätzung positiver und emanzipatorischer Kräfte. In einem seiner frühesten erkenntnistheoretischen Essays, „*Induktion und Deduktion in der Physik*", schreibt er:

„Schon ein flüchtiger Blick auf die tatsächliche Entwicklung lehrt, daß die großen Fortschritte wissenschaftlicher Erkenntnis nur zum kleinen Teil auf diese [induktive] Weise entstanden sind. Wenn nämlich der Forscher ohne irgendwelche vorgefaßte Meinung an die Dinge heranginge, wie sollte er aus der ungeheuren Fülle kompliziertester Erfahrung überhaupt Tatsachen herausgreifen können, die einfach genug sind, um gesetzmäßige Zusammenhänge offenbar werden zu lassen?"[16]

Viele Jahre später kehrt er zu dem „ewigen Gegensatz" zurück und sieht in der Unterscheidung zwischen „Sinneseindrücken" und „bloßen Vorstellungen" das grundlegende begriffliche Instrument, für das er keine zwingende Evidenz anführen kann. Trotzdem benötigt er diese Unterscheidung „als Kategorie, derer wir uns bedienen, um uns in der Welt der unmittelbaren Wahrnehmungen besser zurechtzufinden". So wie andere begriffliche Unterscheidungen, für die es „auch keine logisch-philosophische Rechtfertigung" gebe, müßten wir dieses Prinzip als „Voraussetzung jedlichen physikalischen Denkens" akzeptieren. Dabei sei allerdings zu bedenken, daß „auch hier in der Brauchbarkeit die einzige Rechtfertigung" liege. Wir befassen uns mit „Kategorien" oder Denkweisen, deren Auswahl uns prinzipiell offensteht und deren Wert nur daran gemessen werden kann, inwieweit die Gesamtheit der Bewußtseinsinhalte dadurch „intelligibel" wird. Abschließend kritisiert er schroff etwaige Angriffe gegen diese „Kategorien" oder „freien Setzungen", denn „ohne die Setzung von Kategorien und von Begriffen überhaupt zu denken, wäre so unmöglich, wie Atmen in einem Vakuum"[17].

Themata

Einsteins beachtliche Selbsterkenntnis bezüglich der fundamentalen Annahmen, die er in seinem wissenschaftlichen und erkenntnistheoretischen Schriften trifft, gestattete uns die Zusammenfassung einer Liste von rund zehn Hauptthemata, die seiner Theorie des Fortschrittes während seiner gesamten Laufbahn zugrunde liegen: Primat für formale (statt materialistische und mechanische) Erklärung, Einheit oder Vereinheitlichung, kosmologische Gültigkeit von Gesetzen, logische Sparsamkeit und Notwendigkeit, Symmetrie (so weitgehend wie möglich), Kausalität (im wesentlichen im Sinne Newtons), Vollständigkeit und Ausschöpfung, Kontinuum und schließlich Konstanz sowie Invarianz.[A5]

Diese Themata, zu denen sich Einstein unerschütterlich bekannte, erklären, warum er seine Arbeit in eine gegebene Richtung auch dann fortsetzte, wenn dafür experimentelle Tests schwierig oder gar nicht erbringbar waren oder warum er umgekehrt experimentell gut belegte Theorien ablehnte (wie die Bohrsche Quantenmechanik), wenn deren Grundannahmen zu seinen eigenen entgegengesetzt waren. Das gleiche gilt für die meisten anderen großen Wissenschaftler, mit denen ich mich beschäftigt habe, von Johannes Kepler bis zu unseren Zeitgenossen. Jeder hat seine eigene, manchmal starrsinnige „Sammlung" von fundamentalen Leitlinien, die voneinander unabhängig betrachtet werden können, wie die Struktur von Chromosomen während der Spaltung eines Zellkernes.

Mit diesen Erkenntnissen müssen wir nun den Erklärungsrahmen des zweidimensionalen Modells konfrontieren. Ich habe seine Mängel durch die Definition einer dritten senkrechten Achse behoben. Diese orthogonale Dimension ist nicht auf die phänomenologische oder analytische Achse reduzierbar. In dieser Dimension finden sich die fundamentalen Vorsussetzungen, die oft stabil und weit gestreut für die Motivation des arbeitenden Wissenschaftlers und das Endprodukt seines Strebens typisch sind. Die Entscheidung zwischen diesen Voraussetzungen erfolgt – wenn überhaupt – wie durch Richterspruch, anstatt wie in der phänomenologisch-analytischen Ebene nach dem Prinzip der algorithmischen Entscheidbarkeit. Da diese fundamentalen Voraussetzungen weder aus der Beobachtung noch aus der analytischen Ratio hergeleitet werden können, benötigen wir dafür eine eigene Bezeichnung. Ich nenne sie *Themata* (Singular: *Thema*, aus dem Griechischen: das Niedergelegte, das Vorausgesetzte, das erste Wort).

Unter diesem Gesichtspunkt – und wieder einfach als Erkenntnisrahmen – ist eine wissenschaftliche Aussage nicht länger Element der zweidimensionalen Ebene sondern eines dreidimensionalen Raumes, dessen

Komponenten entlang dreier orthogonalen Achsen (nämlich der phänomenologischen, der analytischen und der thematischen Achse) liegen. Die Projektion einer Größe auf die zweidimensionale Ebene hat nach wie vor eine nützliche Rolle; für unsere Analyse müssen wir aber auch die Projektion des Elements auf die dritte Achse betrachten, entlang derer man sich die Themata vorstellen kann. Die Aussagen verschiedener Wissenschaftler entsprechen also zwei Volumenelementen, die sich nicht völlig überlappen, sondern in ihren Projektionen zumindest teilweise unterscheiden.

Der Wissenschaftler ist sich im allgemeinen der von ihm verwendeten Themata nicht bewußt, auch wenn er sie manchmal vage erahnt und seine Arbeit als „theoriebeladen" bezeichnet. Der Wissenschaftshistoriker kann das „Wachstum" eines gegebenen Themas an Hand des Werkes eines individuellen Wissenschaftlers im Lauf der Zeit beschreiben und dessen Wirkung auf die wissenschaftlichen Vorstellungen analysieren. Thematische Zuordnungen charakterisieren dann wie Fingerabdrücke einen Wissenschaftler oder einen Teil der wissenschaftlichen Gemeinde zu einem ganz bestimmten Zeitpunkt. Dabei müssen wir jeweils eine Auswahl aus der Gesamtheit erkennen können.

Wie sich zeigen läßt, sind die meisten Themata älteren Ursprungs und langlebig. Manche treten als gegensätzliche Diaden oder Triaden auf, die den Konflikt zwischen Individuen oder Gruppen dominieren, wenn deren Arbeit auf die jeweils gegensätzlichen Themata gestützt wird. Ich war sehr beeindruckt von der relativ kleinen Anzahl wichtiger thematischer Paare oder Triaden. Wahrscheinlich genügen uns weniger als fünfzig davon, um die Geschichte der physikalischen Wissenschaft zu beschreiben. Mit Interesse habe ich festgestellt, daß thematische Analysen ähnlicher Art – langsam aber sicher – auch in anderen Wissensgebieten wichtige Ergebnisse gebracht haben[18].

Mit diesem Instrument können wir nun zu einigen unserer früheren Rätsel zurückkehren. Woher kommt der logische oder emotionale Hintergrund, von dem aus jeder individuelle Wissenschaftler seine riskanten Spekulationen und seinen fehlenden Zweifel am Ausgangspunkt der Forschungsarbeit motiviert? Auf Grund von Fallstudien kommen wir zur Überzeugung, daß Auswahl und Entscheidungen dieser Art sehr oft auf der Loyalität gegenüber thematischen Prinzipien beruhen. Wenn diese nach Einstein „freie Erfindungen des menschlichen Geistes" sind, müßte man dann nicht eine unendliche Vielfalt möglicher Axiomen-Systeme erwarten, die man entweder fallenlassen oder an denen man festhalten kann? Vielleicht ist jedes dieser Systeme zur Entwicklung von Theorien unbrauchbar. Aber welche Hoffnung auf Erfolg sollte dann bestehen, es sei denn, man verläßt sich auf das Glück? Die Antwort liegt nahe: Der freie Geist des Theoretischen Physikers kann ein bestimmtes Axiomen-System verwerfen, er kann aber nicht auf jedes System verzichten. Das System ist eng begrenzt durch die Auswahl jener Themata, die seinen Stil, seine Richtung und seinen Fortschritt auf dem neuen Gebiet gestalten.

So wie die individuellen Themata-Systeme einander überlappen, so ist auch der sogenannte Fortschritt der wissenschaftlichen Gemeinde eingeschränkt und ausgerichtet. Andernfalls würde eine anarchische „Freiheit" den gesamten Erfolg zerstören.

Mendelejev sieht dies so: „Da sich die wissenschaftliche Welt nicht nur von einer Periode zur nächsten verändert, sondern auch von einer Person zur anderen, müssen wir darin auch einen Ausdruck der Kreativität erkennen. Jeder Wissenschaftler will die Weltsicht der von ihm vertretenen Schule zu einem absoluten Prinzip machen." In der Praxis aber sind die Zusammenhänge viel enger, als man es auf Grund dieser Überlegungen erwarten müßte. Wir werden bald den Mechanismus näher untersuchen, der dafür verantwortlich ist.

Der „Zwang zur Verallgemeinerung"

Eine großen Anzahl von Problemen könnten wir nun mit diesen Instrumenten untersuchen. Am ergiebigsten ist es jedoch, zu jener mysteriösen Stelle am Anfang von Einsteins Essay aus dem Jahre 1933 zurückzukehren, wo er von der Notwendigkeit spricht, „den Zusammenhängen zwischen dem Inhalt der Theorie und der Gesamtheit der empirischen Fakten besonderes Augenmerk zu widmen".

Die Gesamtheit der empirischen Fakten! Diese Formulierung kehrt in seinen Schriften immer wieder und belegt die Breite seiner bewußten Ambition. Aber noch mehr: das Mutigste aller wissenschaftlichen Themata offenbart sich, und die gesamtheitliche Motivation hinter dem „wissenschaftlichen Fortschritt" kommt zutage. Einstein hofft explizit und offen auf eine Theorie, die vollständig und vereinheitlicht sein sollte. Diese Vision führte ihn von der speziellen zur allgemeinen Theorie und dann zur einheitlichen Feldtheorie. Die Suche nach einer großen, architektonischen Struktur war allerdings nicht Einsteins Erfindung, sondern ist vielmehr ein alter Traum, dessen negative Auswirkungen auch autoritäre Ansätze hervorgerufen haben. Diese aber sind in der Wissenschaft genau so sinnlos, wie ihr Äquivalent in der Politik gefährlich sein kann. Zumindest aber hat das Streben nach Einheit die verschiedenen großen Synthesen in der eher monotonen Landschaft der analytischen Wissenschaft hervorgerufen, zumindet insbesondere in den letzten Dekaden der physikalischen Wissenschaft. Die Anhänger derartiger Ansätze in der heutigen Elementarteilchenphysik, die ihre Arbeiten gelegentlich mit der Überschrift „große Vereinheitlichung" schmücken, sind in einem sehr realen Sinn erfolgreiche Nachfahren der ersten Synthese-Apostel, der Ionischen Philosophen. Sicherlich laufen wir Gefahr, in eine Falle zu laufen, wie uns auch Isaiah Berlin in „*Concepts und Categories*" warnt: die „Ionische Täuschung" geht zwischen Aristoteles und Betrand Russel von einer in gewisser Hinsicht nicht empirischen Suche nach den letzten Bestandteilen der Welt aus. Oberflächlich gesehen sind die Synthese-Apostel der Physik, besonders in ihren monistischen Ansätzen, in diese Falle gelaufen: Copernicus, der als Hauptergebnis seiner Arbeit „die Form der Welt und die sichere Vergleichbarkeit ihrer Teile“ erkennt, ebenso wie Einsteins Zeitgenosse Planck, der im Jahre 1915 ausrief, die physikalische Forschung könne „nicht rasten, solange nicht mit der Mechanik und der Elektrodynamik auch die Lehre der ruhenden und der strahlenden Wärme zu einer einzigen einheitlichen Theorie zusammengeschweißt wurde“[19].

Zeitgenössische Theoretiker imitieren in ihren populären Darstellungen den Urvater der alten Griechen, nämlich Thales selbst, und reduzieren alles auf das unaussprechliche Quark.

Einen wesentlichen Punkt in meiner Auffassung von Wissenschaft sehe ich darin, daß Wissenschaftler – sofern sie erfolgreich sind – in der Praxis durch die Vielfalt ihrer Themata vor dieser Täuschung bewahrt bleiben. Durch diese Vielfalt erhalten sie jene Flexibilität, die einem autoritären und auf ein einziges Thema aufgebauten Forschungsprogramm fehlen muß. Ich möchte mich dieser Frage später noch einmal widmen, stimme aber der Feststellung gerne zu, daß Einstein in seinem Hang zur großen Vereinheitlichung dem Ionischen Charme erlegen ist. Ist man einmal auf diesen Gesichtpsunkt aufmerksam geworden, so findet man ihn von Anfang an in seinem Werk. In seiner ersten Publikation (1901) geht es darum, die scheinbar gegensätzlichen Kräfte der Kapillarität und der Gravitation zu verstehen. In einem Brief an seinen Freund Marcel Grossmann erklärt er: „Es ist ein herrliches Gefühl, die Einheitlichkeit eines Komplexes von Phänomenen zu erkennen, die dem Beobachter als ziemlich verschieden erscheinen“ – so wie Kapillarität und Gravitation, die Physik von Kleinem und Großen erreichen. In jeder seiner nächsten Arbeiten finden wir etwas Ähnliches, was er später als „meinen Trieb zum Verallgemeinern“ bezeichnet. Er überprüft, ob die Gesetze der Mechanik eine hinreichende Basis für die allgemeine Theorie der Wärme bieten, oder ob die Fluktuationserscheinungen der statistischen Mechanik auch Verhalten und Interferenz von Lichtstrahlen, sowie die Brownsche Bewegung mikroskopischer Teilchen in Flüssigkeiten und die Fluktuation elektrischer Ladungen in Leitern erklären. Auch in seinem bedeutendsten Werk aus diesen frühen Jahren, in der speziellen Relativitätstheorie, finden wir Einsteins mächtigen Hang zur Vereinheitlichung. Es geht ihm um einen generellen Gesichtspunkt, unter dem sich die scheinbar abgegrenzten und gegensätzlichen Probleme und Methoden der Mechanik und der Elektrodynamik vereinigen. Dabei beweist er, daß das elektrische und das magnetische Feld verschiedene Aspekte einer Einheit sind, die von verschiedenen Bezugssystemen aus betrachtet wird; er beweist, daß Raum und Zeit nicht getrennt sind, daß Energie und Masse durch einen Erhaltungssatz verbunden sind, und bald danach, daß Bezugssysteme mit Gravitation und mit Beschleunigung einander äquivalent sind. Immer wieder gelingt der Beweis des Zusammenhangs von früher getrennten Begriffen.

Einstein folgte diesem Programm beharrlich bis ans Ende seines Lebens und wollte „das Gravitationsfeld und das elektromagnetische Feld in einem gemeinsamen Gebäude" unterbringen, um die ganze Physik zu einem „geschlossenen Denksystem zu machen". Durch sein Streben nach dem einheitlichen Weltbild – eine Struktur, die deduktiv die „Gesamtheit" der empirischen Fakten bewältigt – fühlt man sich wohl oder übel an Goethes Faust erinnert, der nach „der inneren Kraft, die die Welt zusammenhält und ihren Weg leitet", greift. Aus dem gleichen Grund wollte auch Newton eine einheitliche Struktur errichten, der auch kleinste Details nicht entkommen sollten.

Das einheitliche Weltbild als „höchstes Ziel"

In seiner modernen Form wird das Ionische Streben nach einem einheitlichen Weltbild auf Humboldt und Schleiermacher, Fichte und Schelling zurückgeführt. Der Einfluß der Naturphilosophen auf Physiker wie Hans Christian Oersted, dem auf diese Weise die erste experimentelle Vereinheitlichung von Elektrizität und Magnetismus gelang, wurde bereits oft dargestellt. Am Ende des 19. Jahrhunderts, war in Deutschland das wissenschaftliche Streben nach einem einheitlichen Weltbild schon beinahe ein Kult. Von der anderen Seite des Kanals gesehen behauptete J. T. Merz im Jahre 1904, daß das Leben der kontinentalen Denker der „Realisierung eines großen Ideals gewidmet sei. Englische Wissenschaftler würden dem entgegenhalten, es sei unvernünftig, ausschließlich auf die Führungskraft einer reinen Idee zu vertrauen. So ist das Ideal der deutschen Forschung sehr oft irreal in einem Ausmaß, wie es in keinem anderen Land zu einer solchen systematischen Untersuchung von Phantomen und zur Systematisierung leerer Begriffe geführt hat. Dies geschah im Land der Idee mit viel Zeitaufwand und hohem Krafteinsatz".[29]

Einstein selbst hätte sich und dem Streben nach Vereinheitlichung auch als junger Mensch nur schwer entziehen können. So erhielt er bereits als Knabe Ludwig Büchners populäres Buch „*Kraft und Stoff*", von dem Einstein oft erzählte, mit welchem großem Interesse er es gelesen habe. Der kleine Band beschäftigt sich mit Energie und Materie und ist im wesentlichen eine Polemik im Stil der späten Aufklärung. Büchner landet explizit und enthusiastisch bei einem empirischen, fast lukretischen Wissenschaftsmaterialismus, in dem eine „materialistische Weltsicht" zur „Einheit von Kraft und Stoff" gelangt und damit „die dualistische Vorstellung beseitigt"[21].

In der „*Wissenschaft von der Mechanik*" formuliert Mach: „Die Naturwissenschaft tritt nicht mit dem Anspruch auf, eine fertige Weltanschauung zu sein. Eine zureichende Weltanschauung kann uns nicht geschenkt werden, wir müssen sie erwerben. Dann werden wir uns hoffentlich zum Wohle der Menschheit langsam, allmählich aber sicher, jenem Ideale einer einheitlichen Weltanschauung nähern, welches allein verträglich ist mit der Ökonomie eines gesunden Gemütes."[22]

Tatsächlich schlugen sich die deutschen Wissenschaftler am Anfang dieses Jahrhunderts mit einer beachtlichen Flut von Publikationen herum, die schon in der Überschrift nach einer Vereinheitlichung oder Reform des „Weltbildes" aufriefen. Planck und Mach trugen eine bittere Schlacht in der *Physikalischen Zeitschrift* aus, mit Titeln wie „*Die Einheit des physikalischen Weltbildes*". Friedrich Adler, einer von Einsteins engsten Freunden, schrieb ein Buch mit demselben Titel und griff darin Planck an. Max von Laue erwiderte mit dem Essay „*Das Physikalische Weltbild*". Der angewandte Physiker Aurel Stodola, ein von Einstein in Zürich bewunderter ältere Kollege, korrespondierte lange Zeit mit Einstein über ein Buch, daß schließlich unter dem Titel „*Das Weltbild eines Ingenieurs*" erschien. Ähnliche Werke wurden von anderen Mitarbeitern und Freunden Einsteins, wie etwa Ludwig Hopf und Philipp Frank, veröffentlicht.

Das vielleicht aufschlußreichste Dokument dieser Art ist das 1912 in der *Physikalischen Zeitschrift* publizierte Manifest der neuen *Gesellschaft für positivistische Philosophie,* das 1911 am Höhepunkt der Weltbild-Schlacht zwischen Mach und Planck verfaßt worden war. Erklärtes Ziel dieses Manifests war nichts geringeres, als „eine zwingende Weltanschauung zu entwickeln" und dadurch „zu einer widerspruchsfreien Gesamtauffassung" zu kommen. Das Dokument wurde unter anderem von Ernst Mach, Josef Petzold, David Hilbert, Felix Klein, George Helm, Albert Einstein (der damals gerade bekannt wurde) und vom umstrittenen Architekten einer anderen Weltsicht, nämlich von Sigmund Freud, unterzeichnet.[23]

Es war dies wahrscheinlich das erste Manifest, das Einstein unterzeichnete. Nicht nur zufällig beschäftigte er sich mit diesem Thema, zu dem er auch später oft zurückkehrte. Sein aussagekräftigster Essay dazu entstand gegen Ende des Jahres 1918 und wurde vielleicht zum Teil durch Spenglers „*Der Untergang des Abendlandes*" angeregt. Einstein beschäftigt sich darin mit einer Polemik gegen Spenglers „Wissenschaftliches Weltbild des Westens". Er ergriff die Gelegenheit, um anläßlich einer Rede zu Ehren von Max Planck (Prinzipe der Forschung) im Detail die Methode zur Konstruktion eines korrekten Weltbildes darzulegen. Er bestand darauf, daß es nicht nur möglich sei, für sich selbst ein „übersichtliches Bild der Welt" zu entwickeln, sondern daß dies überhaupt „höchste Aufgabe" des Wissenschaftlers sei. Insbesondere verdient das Weltbild des Theoretischen Physikers „den stolzen Namen Weltbild, weil das Gedankengebäude der Theoretischen Physik den Anspruch erhebt, für jedes Naturgeschehen gültig zu sein. Höchste Aufgabe der Physiker ist also das Aufsuchen jener allgemeinsten elementaren Gesetze, aus denen durch reine Deduktion das Weltbild zu gewinnen ist".[24]

Zweifellos orientierte sich Einsteins Arbeit während dieser Jahre mit großem Erfolg an dieser selbstgestellten Aufgabe. Bei der Entwicklung des relativistischen Weltbildes wurde ein großer Teil der Welt von Ereignissen und Prozessen in eine vierdimensionale Struktur integriert, die Hermann Minkowski im Jahr 1908 einfach „die Welt" nannte. Sie entspricht der Auffassung der Welt als Parmenidischer Kristall, in dem Veränderungen (z.B. Bewegungen) weitgehend aufgehoben sind. Die Aufmerksamkeit ist vielmehr den Hauptthemata der Konstanz und Invarianz, des Determinismus, der Notwendigkeit und Vollständigkeit gewidmet.

Kein einziges Ereignis darf ausgelassen werden

Es ist typisch, daß Einstein selbst die Grenzen seiner Arbeit am besten kannte und auch häufig davon sprach. Auch als die spezielle Relativitätstheorie langsam anerkannt wurde, sprach er von der Unvollständigkeit dieser Lösung, die nur für Inertial-Systeme gelte und das Phänomen der Gravitation vernachlässige. Später arbeitete er an der Beseitigung hinderlicher Dualismen. „Maßstäbe und Uhren müßten eigentlich als Lösungen der Grundgleichungen dargestellt werden, nicht als gewissermaßen theoretisch selbstständige Wesen". Dies nannte er eine „Sünde", die „man nicht legitimieren darf". Die Überwindung dieser Sünde war Teil der erhofften Vervollkommnung des Gesamtprogrammes, dessen Ziel eine einheitliche Feldtheorie bleibt, in der „die Teilchen selbst als überall singularitätsfreie Lösungen der vollständigen Feldgleichungen sich darstellen lassen. Dann erst wäre die allgemeine Relativitätstheorie eine vollständige Theorie."[25] Daher müsse die Suche nach den allgemeinsten Grundgesetzen fortgesetzt werden, aus denen durch reine Deduktion ein einfaches, konsistentes und vollständiges Weltbild abgeleitet werden kann.

Selbst Einsteins Streben nach Vollständigkeit des gesuchten Weltbildes weist aber eine beachtliche Polarität auf. Einerseits beharrte er stets darauf, daß kein einziges Einzelereignis sich dem endgültigen Gesamtnetz entziehen dürfe. Wir haben bereits die Oxford-Vorlesung aus dem Jahr 1933 erwähnt, in der es um die „Erfahrungswelt" geht und in der als höchstes Ziel der Theorie postuliert wird, „nicht auf die zutreffende Darstellung irgendwelcher Erfahrungsinhalte"[26] verzichten zu müssen.

Darüber hinaus werden am Ende seiner Vorlesung die alten Vorwürfe gegenüber der Bohr-Born-Heisenberg-Auffassung der Quantenphysik wiederholt: „Ich glaube noch an die Möglichkeit eines Modells der Wirklichkeit, d.h. eine Theorie, die die Dinge selbst und nicht nur die Wahrscheinlichkeit ihres Auftretens darstellt." Drei Jahre später insistiert er noch schärfer:

„Ich frage nun aber: Glaubt wirklich irgendein Physiker, daß wir in diese bedeutenden Veränderungen der Einzelsysteme, Strukturen und ihre Kausalzusammenhänge niemals werden Einblick erlangen können, obwohl jene Einzelvorgänge dank der wunderbaren Erfindungen der Wilson-Kammer und des Geiger-Zählers in solche Erlebnisnähe gerückt sind? Dies zu glauben, ist zwar logisch widerspruchsfrei möglich, widerstrebt aber meinem wissenschaftlichen Instinkt so lebhaft, daß ich es nicht unterlassen kann, nach einer vollständigeren Auffassungsweise zu suchen."[27]

Obwohl Einstein ängstlich bemüht schien, kein einzelnes Ereignis aus seinem endgültigen Weltbild auszulassen, war er doch an kernphysikalischen Problemen seltsam uninteressiert, die gerade in jenen Jahren zunehmende Aufmerksamkeit erregten. Offensichtlich betrachtete er die Phänomene dieses relativ neuen und unerforschten Gebietes als für die tieferen Wahrheiten nicht so wesentlich – und man könnte sagen, daß er recht hatte, denn bis 1930 gab es keine vernünftige Theorie der Kernstruktur, und erst die großen Beschleuniger lieferten adäquate Konzepte und Instrumente zur Erforschung der Kernkräfte.[A6]

Einsteins permamentes Streben nach einer fundamentalen Theorie, deren Erklärungskraft sich kein einziges Erfahrungsdatum entziehen dürfe, beweist einen außerordentlichen Mangel an möglichem Zweifel, wenn man berücksichtigt, daß Einstein das Verständnis nuklearer Phänomene völlig außer acht ließ. Ein historisches Kuriosum ist, daß gleichzeitig mit Einsteins Versuchen zur Vereinheitlichung der beiden langreichweitigen Kräfte (Elektromagnetismus und Gravitation) beim Studium der Atomkerne zwei zusätzliche Fundamentalkräfte auftraten, von denen eine (die kurzreichweitige) zwei Jahrzehnte nach Einsteins Tod und am Ende einer Periode der Ratlosigkeit mit einer der langreichweitigen Kräfte (dem Elektromagnetismus) vereinheitlicht wurde. In dieser Hinsicht scheint das Labyrinth der Physik heute weniger symmetrisch, als Einstein dies seinerzeit annahm.

Aus diesen und anderen Gründen identifizieren wenige der heutigen „großen Vereinheitlicher" ihre Ansätze mit jenen Einsteins. Ihre Aufmerksamkeit ist von thematischen Gegensätzen gekennzeichnet, wie sich dies an ihrer Bereitschaft zeigt, eine grundsätzlich probalistische Welt zu akzeptieren. Dennoch kann der Historiker wesentliche Elemente der Kontinuität erkennen. Heute ist, ebenso wie zur Zeit Einsteins und seiner Vorgänger, die tiefe Sehnsucht der Grundlagenforschung nach einem logisch einheitlichen und sparsam aufgebauten Denksystem zu erkennen, das die einer wissenschaftlichen Erkenntnis zugänglichen Erfahrungen in ihrer vollen Vielfalt konzeptiv erklärt, soweit dies für den Menschen möglich ist. Dieses Streben setzt der wissenschaftlichen Arbeit ein Ziel und besteht seit den Anfängen der westlichen Welt. Die meisten Wissenschaftler arbeiten an kleinen Bereichen der Gesamtstruktur und sind sich über ihre Teilnahme an der großen monistischen Aufgabe nicht im klaren, obwohl alle ihre Bemühungen letztlich doch davon geleitet sind. Offensichtlich hat Josef Needham recht, wenn er meint, daß das Konzept der einheitlichen Naturwissenschaft im Monotheismus vorbereitet wurde. So ist es verständlicher, daß die moderne Wissenschaft im Europa des 17. Jahrhunderts und nicht in China entstanden ist.

Thematischer Pluralismus und die Richtung des Fortschritts

Verschiedenheit im Spektrum der Themata, mit denen sich die individuellen Wissenschaftler beschäftigen, und doch gewisse Überlappungen dieser

Themata-Systeme: diese Formel scheint mir die Frage kurz und knapp zu beantworten, warum das Streben nach einem einheitlichen Weltbild die Physiker nicht in ein totalitäres Desaster geführt hat, wie dies im Rahmen eines „Ionisches Irrtums" durchaus möglich gewesen wäre. Bei jedem Schritt wurde jedes der verschiedenen Weltbilder nur als vorläufige Version betrachtet, sozusagen als Mahnung an den heiligen Gral. Darüber hinaus war jedes dieser verschiedenen, hoffnungsvollen aber unvollständigen Weltbilder nicht eine fugenlose, unlösbare Einheit (anders als ein „Paradigma"). Auch innerhalb der jeweiligen Gruppe ist das Weltbild nicht undifferenziert. Jedes Mitglied arbeitet mit einem ganzem Spektrum von getrennten Themata, die teilweise im Spektrum rivalisierender Weltbilder erscheinen. So übertrifft die Zahl jener Bereiche, in denen Bohr und Einstein übereinstimmten, bei weitem die Zahl jener Themata, wo sie dies nicht taten. Auch sind die meisten Themata einer Zeit nicht neu – sie sind dies sogar sehr selten–, sondern wie die jeweils geläufigen Aspekte auch in späteren Versionen aufscheinen. Einstein bezeichnete sein Projekt in diesem Sinne als „Maxwellsches Programm".[28]

Aus diesem Grunde hielt sich Einstein mit erstaunlicher Bestimmtheit überhaupt nicht für einen Revolutionär, wie seine Freunde und Feinde dies so gerne taten. Er ergriff jede Gelegenheit, um sich als Glied einer evolutionären Kette darzustellen. Während seiner Arbeit an der Relativitätstheorie nannte er dieses Gedankengebäude im Jahr 1905 „eine Modifikation" der Theorie von Zeit und Raum. Als er später zum revolutionären Heros einer neuen Wissenschaft akklamiert wurde, beharrte Einstein in seiner King's-College-Vorlesung: „Es handelt sich keineswegs um einen revolutionären Akt, sondern um eine natürliche Fortentwicklung einer durch Jahrhunderte verfolgbaren Linie". Die Relativitätstheorie „gibt eine Art Abschluß zum großartigen Gedankengebäude Maxwells und Lorentz' ".[29]

Mit diesen beiden Wissenschaftlern stimmte er auch bezüglich einiger grundlegender Annahmen überein, z.B. in der Annahme, die Realität notwendigerweise durch Kontinua (Felder) beschreiben zu müssen, obgleich er in anderer Beziehung ganz andere Meinungen hatte, beispielsweise bezüglich der Rolle des Plenums.

Innerhalb dieses Modells können wir verstehen, warum Wissenschaftler nicht von denselben Annahmen ausgehen müssen, wenn sie untereinander über fehlende oder vorhandene Übereinstimmungen diskutieren oder zur kumulativen Weiterentwicklung der Wissenschaft beitragen. Diese Annahmen haben eine recht differenzierte Struktur, die einerseits hinreichend stabilisierende Gemeinsamkeiten aufweist, andererseits aber genügend thematische Auseinandersetzungen enthält, die grundlegend für jede intellektuelle Freiheit sind. Neuerungen – auch so „weitreichende Veränderungen", wie sie Einstein in den Beiträgen von Maxwell, Faraday und Hertz erkennt – erfordern es, daß weder der individuelle Wissenschaftler noch die wissenschaftliche Gemeinde die radikalen und plötzlichen Veränderungen (dem Beispiel der Alltagssprache folgend) als Revolution, Umsturz, Diskontinutät, Unvergleichbarkeit, Bekehrung usw. bezeichnen. Im Gegenteil: diese Innovationen ergeben sich aus dem Modell des evolutionären wissenschaftlichen Fortschritts, zu dem sich Einstein selbst bekannte und das auch aus den tatsächlichen historischem Studium seiner Arbeiten folgt.

So glaube ich, daß größere wissenschaftliche Errungenschaften im allgemeinen als Teil eines evolutionären Prozesses verstanden werden können, in dessen Rahmen einige, aber keineswegs alle der aktuellen Themata in Widerstreit stehen. Die Arbeit der Wissenschaftler – als Individuen oder in der Gruppe, synchron oder diachron – bleibt nicht auf die phänomenologisch-analytische Ebene beschränkt. Das Abenteuer der Wissenschaft offenbart sich im Pluralismus ihrer vielen inneren Freiheitsgrade. So können wir auch verstehen, warum der wissenschaftliche Fortschritt oft ungeordnet, aber niemals katastrophal vor sich geht; warum es viele Irrwege und Enttäuschungen, aber nicht den großen Irrtum gibt; und wie menschliche Wesen angesichts der scheinbar endlosen und verwickelten Rätsel des Universums überhaupt den Weg zum Elysium einer einzigen Weltkonzeption vorankommen können – zu einem Weltbild, daß der Gesamtheit aller Phänomene Rechnung trägt.

Anmerkungen

1 George Sarton, *The Study of History of Science* (1906; Neuauflage Dover, New York 1957), S. 5

2 Pierre Duhem, *The Aim and Structure of Physical Theory* (Atheneum, New York 1962), S. 176–278

3 Victor Weisskopf, „*Of Atoms, Mountains, and Stars: A Study in Qualitative Physics,*" *Science* **187**, 605–612 (1975)

4 Robert G. Sachs, „*Structure of Matter: A Five-Year Outlook,*" *Physics Today* **32**, 27 (December 1979)

5 Duhem (*Ref. 2*), S. 335

6 S. G. Brush, „*Review,*" *American Journal of Physics* **45**, 687–688, (1977)

7 A. Einstein, *Mein Weltbild* (Ullstein, Frankfurt am Main 1977), S. 113–119.

8 P. Frank, *Albert Einstein: Sein Leben und seine Zeit* (Vieweg, Braunschweig 1979)

9 Zitiert in: Richard K. Gehrenbeck, *C. J. Davisson, L. H. Germer and the Discovery of Electron Diffraction* (University of Minnesota, Ph. D. thesis, 1973), S. 343–344

10 Dieser Satz wurde bis zur Publikation der Lichtablenkung im November 1919 beibehalten und in der Ausgabe 1920 gestrichen: nun war es nur mehr eine Konsequenz der Theorie, die sich bis dahin einer Beobachtung entzog (nämlich die Rotverschiebung der Spektrallinien); allerdings fügte er hinzu: „ich zweifle nicht daran, daß auch diese Konsequenz der Theorie bald ihre Bestätigung finden wird" [A. Einstein, „*Über die spezielle und die allgemeine Relativitätstheorie*" (21. Auflage, Vieweg, Braunschweig 1973) S. 82].

11 A. Einstein, *Mein Weltbild* (Ullstein, Frankfurt 1977) S. 116

12 *„Physik und Realität"*, 1936, in: Albert Einstein, *Aus meinen späten Jahren*, (Deutsche Verlagsanstalt, Stuttgart 1979) S. 68

13 In Pierre Speziali (Hrsg.), *Albert Einstein, Michele Besso, Correspondence 1903–1955* (Hermann, Paris 1972), S. 527

14 Isaiah Berlin, *Concepts and Categories* (Viking Press, New York 1979), S. 159

15 Albert Einstein, in: Paul A. Schilpp (Hrsg.), *Albert Einstein als Philosoph und Naturforscher* Vieweg, Braunschweig 1979, S. 20

16 A. Einstein, *„Induktion und Deduktion in der Physik,"* Berliner Tageblatt, 25. Dezember 1919

17 *Ref. 15*, S. 499–500. Siehe auch S. 504: „Begriffe sind unentbehrliche Elemente des Denkens"

18 Ein kurzer Überblick der thematischen Analyse wird in der Einführung und im ersten Kapitel von Gerald Holton, *Thematische Analyse der Wissenschaft* (Suhrkamp Taschenbuch, 1982) gegeben.

19 *„Verhältnis der Theorien zueinander"* in: Max Planck, *Vorträge und Reden* (Vieweg, Braunschweig 1958) S. 105

20 J. T. Merz, *A History of European Thought in the Nineteenth Century* (London, William Blackwood & Sons 1904), Band 1, S. 251–252

21 Ludwig Büchner, *Kraft und Stoff* (Theodor Thomas, Leipzig 1902)

22 Ernst Mach, *Die Mechanik in ihrer Entwicklung, historisch-kritisch dargestellt* (F. A. Brockhaus, Leipzig 1897), dritte Ausgabe

23 Vergleiche *„Aufruf"*, *Physikalische Zeitschrift* **13**, 735–736 (1912) und Friedrich Herneck, *„Albert Einstein und der philosophische Materialismus"*, *Forschungen und Fortschritte* **32**, S. 206 (1958). Ich danke Dr. Herneck, der mir eine Kopie des Originals zugänglich machte.

24 A. Einstein, *„Prinzipien der Forschung"*, in: *Mein Weltbild.* (Ullstein, Berlin 1956), S. 107

25 Siehe Schilpp (Hrsg.), *Ref. 15*, S. 22, 30. In der Spencer-Vorlesung streicht Einstein das ganze Problem nur oberflächlich und sagt zum Schluß:" Der schwierigste Punkt für eine derartige Feldtheorie liegt im Begreifen der atomistischen Struktur der Materie und der Energie. Die Theorie ist nämlich in ihrer Grundlage insofern nicht atomistisch, als sie ausschließlich mit kontinuierlichen Funktionen des Raumes operiert" (S. 118). Hierin unterscheidet sie sich von der klassischen Mechanik, deren wichtiges Konzept der Massenpunkt ist, wie dies einer atomaren Struktur der Materie entspricht. Allerdings sieht er einen Ausweg: „Um dem atomaren Charakter der Elektrizität gerecht zu werden, brauchen die Feldgleichungen nur zur folgenden Konsequenz zu führen: ein dreidimensionaler Raumteil, an dessen Begrenzung die elektrische Dichte überall verschwindet, enthält stets eine elektrische Gesamtladung von ganzzahligem Betrag. In einer Kontinuumstheorie würde sich also der atomistische Charakter der Integralsätze befriedigend äußern können, ohne Lokalisierung der die atomistische Struktur ausmachenden Gebilde" (S. 119). Und die Bezugnahme auf die Ganzzahligkeit der elektrischen Gesamtladung stellt den Zusammenhang zu den Resultaten von R. A. Millikan her.

26 A. Einstein, *Mein Weltbild, (Ref. 7)*, S. 114

27 Im Aufsatz *„Physik und Realität" (Ref. 12)*, S. 99–100

28 Dies gilt ziemlich allgemein. So ist Keplers Welt aus drei einander überlappenden thematischen Strukturen aufgebaut, aus zwei alten und einer neuen: das Universum als theologische Ordnung, das Universum als mathematische Harmonie, und das

Universum als physikalische Maschine. Newtons wissenschaftliches Weltbild enthielt selbstverständlich animistische und theologische Elemente. Lorentz' vorwiegend elektromagnetische Weltsicht war tatsächlich eine Mischung aus der Newtonschen Mechanik des Massenpunktes (Elektronenbewegung) und aus Maxwells Feldphysik. Ernest Rutherford schreibt an seinen neuen Protege Niels Bohr am 20. März 1913: „Deine Ideen über das Zustandekommen des Wasserstoffspektrums sind genial und funktionieren offensichtlich; aber die Mischung von Plancks Quantisierungsideen mit der alten Mechanik machen es nicht leicht, das zugrundeliegende physikalische Konzept zu erkennen". Tatsächlich war Bohrs Zugang zur neuen Quantenmechanik über das Korrespondenzprinzip ein bewußter Versuch, diesen Weg ausgehend von der klassischen Basis schrittweise zu finden.

29 *„Über die Relativitätstheorie"*, in: *Mein Weltbild (Ref. 7)*, S. 131

Anmerkungen des Übersetzers

A1 Dies bezieht sich vor allem auf Thomas S. Kuhn, *Die Struktur wissenschaftlicher Revolutionen* (Suhrkamp, Frankfurt 1973, amerikanische Erstauflage 1963) und die zahlreichen Reaktionen, die dieses Buch hervorgerufen hat.

A2 Siehe dazu Imre Lakatos, *Die Methodologie wissenschaftlicher Forschungsprogramme*, Philosophische Schriften, Band 1 (Vieweg, Braunschweig 1982)

A3 Siehe dazu auch Roman und Hannelore Sexl, *Weiße Zwerge, Schwarze Löcher* (Vieweg, Wiesbaden 1975)

A4 Derartige Schlüsse wurden manchmal aus den Arbeiten von Lakatos (A2) gezogen.

A5 Dies ist auch das Thema des einleitenden Aufsatzes zu diesem Band.

A6 Erst die Ergebnisse der letzten Jahre haben gezeigt, daß die von Einstein außer acht gelassene Kernphysik im niederenergetischen Bereich, der damals bekannt war, außerordentlich komplex ist und grundlegende Erkenntnisse dort ebensowenig zu erlangen sind, wie aus den Spektren schwerer Elemente. Erst bei hohen Energien wird die starke Wechselwirkung – wegen der „asymptotischen Freiheit" – wieder einfach, und dort bewähren sich auch die von Einstein in die Physik eingeführten Methoden.

VII Der Erfolg heiligt die Mittel: Heisenberg, Oppenheimer und der Übergang zur modernen Physik

Ein radikaler Neuerer

Wahrscheinlich hat keine andere Wissenschaft eine turbulentere und fruchtbarere Epoche durchlebt als die Physik in den drei Jahrzehnten zwischen der Jahrhundertwende und dem Ende der zwanziger Jahre. Begriffe, die anfänglich über jeden Zweifel erhaben schienen, wurden zu fast unbekannten Relikten einer weit zurückliegenden „klassischen" Periode. Sogar der Zugriff zu wissenschaftlichen Problemen änderte sich dramatisch, und auch die Namen einiger der Hauptakteure – der Curies, Rutherford, Planck, Einstein, Minkowski, Schrödinger, Bohr, Born und andere in ihrer Generation – bezeichnen oft „revolutionäre" Neuerungen.

Dennoch kann man argumentieren, daß diese Physiker trotz aller hart erarbeiteten Neuerungen der klassischen Tradition im Grunde ihres Herzens näher standen als den Begriffen, die Physiker heute hochhalten. Sogar Bohr mußte sich langsam und schmerzhaft von seinem Korrespondenzprinzip lösen, das im Grunde mechanistische Erklärungen liefert und seine Idee der Komplementarität wandte sich nicht von der Tradition ab, sondern versuchte sie zu inkorporieren.

Um diejenigen zu finden, die sich in dieser Übergangsperiode ohne sichtbare Ambivalenz der Entwicklung einer neuen Physik zuwandten – die wirklich „Radikalen" also – muß man sich den Schülern der älteren Generation zuwenden. Darunter sticht vor allem Werner Heisenberg hervor[A1], der als junger Mann keinerlei Bindungen an alte Ideen zu haben schien, die ihn behindern oder seine Fortschritte verzögern könnten. Es ist wahrscheinlich richtig, daß es „einfach keine *logische* Grundlage einer Verbindung zwischen klassischer und Quantenmechanik gibt"[1], was es wahrscheinlich unvermeidbar macht, daß der entscheidende Schritt beim Übergang von der einen zur anderen von einem Mann ausging, der weder eine psychologische noch eine voraussetzungsmäßige Verbindung mit der alten Physik hatte.

Heisenbergs offene Briefe und Interviews[2] bereichern unser Verständnis seiner zahlreichen wissenschaftlichen und nichtwissenschaftlichen Publikationen wesentlich, und sind damit wichtige Schlüsse zum Verständnis der persönlichen Reaktion eines neuzeitlichen Wissenschaftlers, der widersprüchlichen Anforderungen und Loyalitäten gerecht zu werden suchte. Aufschlußreich ist die Darstellung seiner Selbstentdeckung als Physiker, zu Beginn seines 20. Lebensjahres als drittsemestriger Student an der Universität München. Nur vier Wochen nachdem er Arnold Sommerfelds Seminar über „*Die Theorie der Spektrallinien auf Grundlage des Bohrschen Atommodells*" begann, durfte der junge Mann bereits sein Glück an einer Aufgabe versuchen, an der Sommerfeld selbst gescheitert war, nämlich der Erklärung der Meßergebnisse des anormalen Zeeman Effekts. Vor der Entdeckung des Elektronen-Spins und der Spin-Bahnkopplung war es damals nämlich nicht möglich, die beobachtete Aufspaltung der Dublet- und Triplet-Spektren in einem schwachen magnetischen Feld mit dem Mechanismus der sonst so erfolgreichen Bohr-Sommerfeld Quantisierung zu behandeln. Die Aufspaltung zwischen den Komponenten der Spektrallinien konnte zwar durch rationale Brüche (z.B. 2/3, 4/3) dargestellt werden, doch wie konnten diese Brüche mit einem Atommodell in Zusammenhang stehen, in dem ganze Quantenzahlen die Anfangs- und Endzustände des emittierenden Atoms charakterisierten?

In einem Interview im Jahre 1963 erinnerte sich Heisenberg an diese erste Erprobung seiner Geschicke als Forschungsstudent:

„Sommerfeld zeigte mir die experimentellen Daten bezüglich des anormalen Zeeman-Effekts. Er hatte gerade eine kleinere Arbeit publiziert, von der er mir sagte, daß sie nicht bedeutend war. Er meinte: ‚Da wir aufgrund von Bohrs Arbeiten annahmen, daß jede Frequenz einer Differenz zweier Energien entspricht, sollte man erwarten, daß in diesen sonderbaren Zahlen, die man für die Aufspaltung beim anormalen Zeeman Effekt erhält, deren Nenner das Produkt zweier Nenner sein sollte, die den beiden Zuständen entsprechen' ... er ersuchte mich, die Anfangs- und Endzustände mit Hilfe der Auswahlregeln zu bestimmen ...

Nach sehr kurzer Zeit, vielleicht nach ein oder zwei Wochen, kehrte ich mit einem kompletten Niveauschema zu Sommerfeld zurück. Dabei stellte ich eine Behauptung auf, die ich fast nicht zu äußern wagte, und die ihn verständlicherweise sehr schockierte. Ich sagte: ‚Das funktioniert alles nur, wenn man *halbzahlige* Quantenzahlen verwendet.' Damals hatte noch niemand an halbzahlige Quantenzahlen gedacht, die Quantenzahl mußte einfach ganzzahlig sein, und nur ganzzahlig. ‚Nun', meinte er, ‚das muß falsch sein. Das ist absolut unmöglich, denn das einzige, was wir über die Quantentheorie wissen, sind ganze Zahlen und nicht halbe Zahlen, das gibt es einfach nicht.' ... Da ich ein völliger Dilettant und Amateur war und nichts wußte, dachte ich aber: ‚Warum sollte man nicht auch halbe Quantenzahlen versuchen?'"[3]

Es gibt keine Hinweise darauf, daß diese Arbeitstage dem jungen Mann tiefe Seelenängste verursachten. Im Gegenteil, als Alfred Landé Heisenberg wenig später schrieb, daß dieser Ansatz die alte Quantentheorie in ihren Grundlagen erschütterte, antwortete Heisenberg einfach (26. Oktober 1921), daß „man viel von der früheren Mechanik und Physik aufgeben muß, wenn man den Zeeman-Effekt erklären will." Sogar ein Ikonioklast wie Wolfgang Pauli war beunruhigt, aber Heisenberg antwortete ihm am 19. November 1921 mit dem Leitmotiv „Der Erfolg heiligt die Mittel". Als Heisenbergs Arbeit – seine erste – im Frühjahr 1922 erschien, war die Reaktion dieselbe wie auf viele seiner weiteren Arbeiten während der nächsten Jahre: ihre Brillanz und Wagemut war eine Herausforderung und Quelle der Verwunderung für seine Lehrer.[4]

Die Bereitschaft, die Vergangenheit aufzugeben, fiel Heisenberg vielleicht deshalb leicht, wie er in einem Interview im Jahre 1963 erklärte, weil sein idiosynkratischer und unregelmäßiger Ausbildungsgang ihn zur Quantentheorie geführt hatte, bevor er gute Grundlagen in der klassischen Mechanik aufwies. Einige Ironie liegt auch in der Tatsache, daß dieser radikale Neuerer im Jahre 1901 als Sohn eines klassischen Gelehrten für griechische Philosophie in der alten deutschen Tradition geboren wurde. Wenn wir seinen Werdegang verfolgen, so finden wir, daß seine Entwicklung durch zwei grundverschiedene Kräfte beeinflußt war, nämlich durch die wechselnden Geschicke der deutschen Politik und durch die atemberaubenden Entwicklungen der Physik. Hier wie dort sah sich Heisenberg vor die Wahl zwischen Tradition und Neuerung gestellt – oder, um dies durch ihre thematischen Äquivalente annähernd auszudrücken – zwischen Kontinuität und Diskontinuität.

Bezüglich der Politik war seine Wahl vorwiegend konservativ. Heisenberg gestand einmal die Anziehung, die „die Prinzipien des preußischen Lebens – die Unterordnung des individuellen Ehrgeizes unter das Gemeinwohl, Bescheidenheit im Privatleben, Ehrlichkeit und Unbestechlichkeit, Höflichkeit und Pünktlichkeit" – auf ihn ausübten. Einer der frühesten Einblicke, den Heisenberg uns in seine Jugend in München[5] gab, zeigt ihn im Alter von 17 Jahren. Deutschland wurde von der Revolution des Jahres 1919 erschüttert und die Straßen Münchens waren Schlachtfelder. Weit davon entfernt, sich der jugendlichen Rebellion anzuschließen, kämpften der junge Werner und seine Freunde auf Seiten der Truppen der neuen bayerischen Regierung, die die Stadt wieder einnahmen. Nach dem Wacheschieben zog sich der junge Mann auf das Dach eines nahegelegenen Priesterseminars zurück, wo er „in der Dachrinne liegend und von den ersten Sonnenstrahlen durchwärmt", in aller Ruhe seinen Studien nachgehen konnte – speziell seiner griechischen Schulausgabe von Platos Dialogen, auf die ihn geradezu Kepler selbst hätte hinweisen können.

Dort begegnete ihm im *Timaios* Platos Diskussion der Theorie der Materie. Jedes kleine Teilchen soll durch die mathematischen Eigenschaften von vier regelmäßigen Körpern geformt und bestimmt sein. Heisenberg faszinierte die alte Idee, daß Materie in ihrer unüberschaubaren Vielfalt durch wenige Beispiele mathematischer Form erklärt werden kann, und daß sich deshalb eine Ordnung hinter der scheinbaren Unendlichkeit unterschiedlicher

Eigenschaften der Materie verbirgt. Dadurch angeregt begann er zu spekulieren, ob in ähnlichem Sinne Ordnung auch hinter den turbulenten Tagesereignissen in den Straßen zu finden sei. Er fragt sich, ob man die alte Ordnung des traditionellen Europas und die „bürgerlichen Tugenden" des Elternhauses aufgeben müsse, oder ob eine neue Ordnung auf die alte gebaut werden könne. Es ist bemerkenswert, daß Heisenberg sein ganzes Leben lang außergewöhnlich oft mit derartigen Fragen bezüglich Physik und Politik konfrontiert wurde.

Die Reise durch den Begriffsdschungel

Die überragenden geistigen Qualitäten des 21jährigen Heisenberg waren bereits unverkennbar. Kurz bevor Niels Bohr den Nobelpreis erhielt, war er im Jahre 1922 zu einigen Vorlesungen nach Göttingen gekommen, wo sich Heisenberg damals aufhielt. Während der Diskussion stellte dieser junge Student einige derart tiefschürfende Fragen, daß Bohr ihn einlud, die Debatte auf einem ausgedehnten Spaziergang fortzusetzen. Ihre dreistündige Diskussion war der Beginn einer langen Zusammenarbeit.

Im wesentlichen brachte folgendes Problem Bohr und Heisenberg zusammen: Bohrs klassische Arbeit aus dem Jahre 1913 hatte eine elegante Verbindung zwischen einer Anzahl unterschiedlicher Tatsachen aufgewiesen. Beispielsweise kann ein Atom wie das Wasserstoffatom durch Zusammenstöße bei hoher Geschwindigkeit mit anderen Atomen oder durch Strahlung gestört werden, es kehrt aber stets wieder in seinen ursprünglichen stabilen Zustand zurück. Bemerkenswert ist auch die Tatsache, daß das Licht einer Wasserstoffquelle sehr viel, sehr spezifische Frequenzen aufweist – aber stets die gleichen, während die übrigen gleichsam diesem Atom unzugänglich sind.

Bohr hatte dieses Rätsel durch sein wohlbekanntes Atommodell gelöst, in dem der Kern von Elektronen umkreist wird. Die Elektronen sollten nach Bohr üblicherweise in „diskreten, stationären Zuständen" zu finden sein, in denen es keine Strahlung gibt. Wenn aber ein Elektron von einem dieser Zustände zum anderen übergeht, wird Strahlung emittiert und zeigt sich als Linie des charakteristischen Spektrums. In den stationären Zuständen genügt das Atom den Gesetzen der klassischen Mechanik Newtons; wenn das Atom aber Strahlung emittiert, dann weist es vor allem das Quantenverhalten auf, dessen Gesetze erstmals Planck im Jahre 1900 formuliert hatte. Bohrs Atom des Jahres 1913 ist deshalb eine Art Meerjungfrau – eine unmögliche Zusammenstellung unpassender Teile – und keine neuartigen Kreation, in deren Zentrum die Quantentheorie stehen würde.

Dem Modell war zugute zu halten, daß es eine Reihe von Phänomenen ausgezeichnet erklärte, wie beispielsweise die bekannten Linien des Wasserstoffspektrums. Fast jedermann, auch Bohr, fühlte von Anfang an, daß dieses gemischte Modell nur der erste Schritt auf einem langen Weg war. Einige Physiker waren durch die Art abgestoßen, in der die Diskontinuitäten der

Quantentheorie den kontinuierlichen Gesetzen der Dynamik aufgepfropft wurden, was die Regel der klassischen Physik verletzte. Otto Stern meinte beispielsweise, nachdem er Bohrs Arbeit gelesen hatte, zu einem Freund: „Wenn dieser Unsinn richtig ist, den Bohr gerade veröffentlicht hat, dann will ich kein Physiker mehr sein." Ernest Rutherford schrieb seinem Protégé Bohr am 20. März 1913 leicht rügend: „Ihre Ideen über die Entstehung des Wasserstoffspektrums sind sehr erfinderisch und scheinen gut zu funktionieren. Die Mischung der Planckschen Ideen [Quantisierung] mit der alten Mechanik macht es aber sehr schwierig, sich ein physikalisches Bild von den Grundlagen der Theorie zu machen."

Es wurde auch bald vermutet, daß eine Reihe von Grundbegriffen der Bohrschen Atomtheorie zwar der Vorstellung, nicht aber der Messung zugänglich waren. Man konnte beispielsweise die für das Elektron angenommenen Bahnen rund um den Kern nicht tatsächlich sehen oder testen. Auch erwies sich die Frequenz der vermuteten Orbitalbewegung als unmeßbar, da die Frequenzen des tatsächlich emittierten Lichtes nur mit den Unterschieden zwischen den Energien des Elektrons in stationären Zuständen zusammenhingen.

Bohrs Göttinger Vorlesungen des Jahres 1922 schienen Heisenberg zu zeigen, daß Bohr selbst den Grundlagen seiner Theorie kritisch gegenüberstand und „einen fast unerträglichen Widerspruch empfand, den er mit dem Gedanken seines Korrespondenzprinzips nur notdürftig zu überbrücken suchte."[6] Auf dem langen Spaziergang lernte Heisenberg damals erstmals „wie schwierig, ja fast wie hoffnungslos diese Probleme der Atomdynamik damals schienen."

Bohr wußte bereits, daß das Problem nicht nur die Physik, sondern auch die Erkenntnistheorie betraf. Die menschliche Sprache ist zur Beschreibung atomarer Prozesse, die mit unserer Erfahrung nur sehr indirekt zusammenhängen, ungeeignet. Da jedes Verständnis und jede Diskussion aber von der verfügbaren Sprache abhängt, machte dieser Mangel damals jede Lösung schwierig. Bohr gestand, daß er seine komplexen Atommodelle anfänglich nicht mit Hilfe der klassischen Mechanik ausgearbeitet hatte, „daß sie sich ihm vielmehr intuitiv aufgrund der Erfahrung als Bilder angeboten hatten," welche die Ereignisse im Atom darstellten. Über Elektronenbahnen im Atom zu denken und darüber zu sprechen war einfach – aber diese Bilder entstammten eigentlich aus der makroskopischen Welt, wie etwa der Beobachtung tatsächlicher Elektronenbahnen in Nebelkammern, also in einem Maßstab, der milliarden mal größer als das Atom selbst ist. Ähnlich erlaubten es einem die Eigenschaften des Lichtes, es entweder in Analogie zu Wasserwellen oder – bei anderen Experimenten – in Analogie zu energiereichen Geschossen, den Quanten, zu sehen. Wie konnte Licht aber beides sein? Die Visualisierbarkeit und auf Modellen beruhende Anschaulichkeit physikalischer Begriffe war in der Vergangenheit stets nützlich gewesen, doch 1922 schien sie auf den neuen Gebieten langsam zur Falle zu werden. Wie konnte man aber ohne sie auskommen?

In den Jahren 1921 und 1922 begann für die meisten Physiker eine lange Reise durch den Begriffsdschungel – sogar für Heisenberg, wie er im Detail beschrieben hat.[7] Es waren Jahre „unablässiger Diskussionen, und wir sahen, daß wir stets Scherereien hatten, da wir auf Widersprüche und andere Schwierigkeiten stießen. Es gelang aber nicht, diese Schwierigkeiten rational zu bewältigen ... allmählich verzweifelten wir, auch noch nachdem wir das mathematische Schema gefunden hatten – das jedem von uns anfänglich als eine Art Wunder erschien ... Diese Verzweiflung führte allmählich zum Sinneswandel. Plötzlich meinten wir, daß die übliche Sprache einfach nicht mehr ausreichte, und daß wir in einem Reich der Physik sind, in dem unsere Worte nicht viel bedeuten." Wolfgang Pauli erklärte im Jahre 1925: „Die Physik ist momentan wieder einmal sehr verfahren, für mich ist sie jedenfalls viel zu schwierig und ich wollte, ich wäre Filmkomiker oder so etwas und hätte nie etwas von Physik gehört!"

Bald ging aber aus diesem Dschungel die Matrixmechanik und die äquivalente Wellenmechanik hervor, und P. A. M. Dirac konnte 1928 zuversichtlich schreiben: „Die allgemeine Theorie der Quantenmechanik liegt nun fast vollständig vor. Die physikalischen Gesetze, die einer mathematischen Theorie eines großen Teiles der Physik und der gesamten Chemie zugrunde liegen, sind nunmehr vollständig bekannt." Zwar folgten anfänglich nur die abenteuerlustigsten Geister diesem Weg (und die Mehrheit der europäischen Physiker wurde erst nach einigen Jahren dazu bekehrt), aber die Physik hatte doch unbestreitbar eine neue Reife erlangt. Die Quantenmechanik bildete das Werkzeug zur Bewältigung einer großen Zahl hartnäckiger Rätsel, die von der Spektroskopie und der Theorie des Magnetismus bis zur Physikalischen Chemie und Kernphysik reichten.

Ein Schlüsselereignis auf diesem Weg von der Verzweiflung zur Euphorie waren die Untersuchungen, die Heisenberg im Frühjahr 1925 anstellte.[8] Heisenberg hatte Max Born, bei dem er Assistent war, um zwei Wochen Urlaub ersucht, um seinen Heuschnupfen auf Helgoland auszukurieren. Auf dieser einsamen Insel arbeitete er einen formalistischen Zugang zum Verständis der Atomspektren aus, wobei er eine Mathematik verwendete, die reiferen Wissenschaftlern als Matrix-Algebra bekannt war. Heisenberg hatte das Konzept der Elektronenbahnen vollständig eliminiert, ebenso wie jedes andere „Bild" des Atoms. (Born empfand dies zunächst als „beunruhigend"). An die Stelle dieser Bilder setzte Heisenberg ein mathematisches Schema, das auf den Gesetzen der Quantenphysik aufbaute, die den emprischen Daten, wie beispielsweise den Frequenzen und Intensitäten der Spektrallinien, angepaßt waren. In seinem aufschlußreichen Artikel „*Quantenmechanik*"[9] erklärt er, daß die übliche „Anschauung" – die dem gewöhnlichen Raum-Zeit-Begriffen entstammt, die im Prinzip kontinuierlich sind – im atomaren Bereich durch die „Unanschaulichkeit" diskontinuierlicher Elemente zu ersetzen war. Für ihn liegt das Grundproblem der Atomphysik darin, diese Elemente und die ihnen entsprechende „Art der Realität" zu begreifen.

Nachdem sich die anfängliche Betroffenheit der Physiker über diese Ideen gelegt hatte, zeigte sich, daß sie auf Ergebnisse führten, die glänzend mit den Arbeiten anderer übereinstimmten, darunter Bohr, Pauli, Dirac und Schrödinger. Wenngleich eine Minorität von Physikern diese Ideen bis heute nur als Halbwahrheit betrachten – und wenngleich auch noch keine sinnvolle Darstellung der Theorie die Mauern der Naturwissenschaftlichen Fakultäten durchdrungen hat – war das Ziel einer wirklichen Quantentheorie erreicht. Sogar das Problem der Anschaulichkeit, das in Kreisen deutscher Physiker als so wichtig galt, daß es sich sogar in den Titeln bedeutender Forschungsarbeiten fand[10], schien lösbar, als dieser Begriff neu gedeutet war[11].

Die neue Quantenmechanik war das Produkt vieler Geister, die direkt oder indirekt zusammenarbeiteten, von Individuen und Gruppen, von formalen und informellen Diskussionen. Die täglichen Fortschritte und die entsprechenden Prioritäten waren in den letzten zwei Jahrzehnten sowohl Gegenstand vieler öffentlicher und privater Erinnerungen der Hauptakteure, als auch von detaillierten Abhandlungen und gelegentlichen Kontroversen zwischen Wissenschaftshistorikern. Unbeschadet der Nützlichkeit derartiger Untersuchungen über kollegiale Beziehungen und die Existenz einer „unsichtbaren Fakultät" möchte ich mich hier auf das Individuum konzentrieren und eine Frage behandeln, die aus sich dem Vergleich zwischen den Arbeiten zweier etwa gleichalter brillianter Physiker ergibt, die zur gleichen Zeit und vom gleichen Lehrer in die Quantenmechanik eingeführt wurden, aber völlig unterschiedliche Karrieren machten. Dabei möchte ich zunächst untersuchen, was das Neue an Heisenbergs eigenen Beiträgen in der kritischen Periode von 1925–1927 war.

Heisenbergs Anspruch auf eine Schlüsselrolle im Übergang zur modernen Physik kann kaum bezweifelt werden. Beispielsweise stellt Max Jammer kategorisch fest: „Die Entwicklung der modernen Quantenmechanik begann im Frühsommer des Jahres 1925, als Werner Heisenberg ... auf die Idee kam, physikalische Größen durch Schemata zeitabhängiger komplexer Zahlen darzustellen."[12] Eine derartige Einschätzung lenkt die Aufmerksamkeit auf einige eng verwandte methodologische Elemente in Heisenbergs Denken während dieser kritischen Jahre:[A2]

(a) Die Theorie der Beschreibung quantenmechanischer Ereignisse eliminiert die unmittelbaren bildlichen Darstellungen und Interpretationen, z.B. Bahnen und später das Elektron selbst, die allgemein mit den grundlegenden physikalischen Größen assoziiert waren. Ein typischer Ausspruch Heisenbergs war beispielsweise: „Das Programm der Quantenmechanik mußte daher sein, sich zunächst von diesen anschaulichen Bildern freizumachen ... Die neue Theorie [sollte] auf die Anschaulichkeit zunächst ganz verzichten ..."[9]

(b) Wie die diskrete Natur der beobachteten Spektrallinien anzeigt, ist die Physik im atomaren Bereich im Wesentlichen diskontinuierlich. Deshalb müssen die Elemente einer kontinuierlichen Darstellung eliminiert werden, die für die makrophysikalische Kinematik und Mechanik charakteristisch sind. So schrieb Heisenberg an Pauli am 23. November 1926: „Daß die Welt kontinuierlich sei, halte ich mehr denn je für gänzlich undiskutabel." Born und Jordan beschrieben im Jahre 1925 Heisenbergs Arbeit als „wahre Diskontinuumstheorie".

(c) Die statistische Interpretation muß als grundlegender Zug der Naturbetrachtung beibehalten werden. Die Wahrscheinlichkeit ist eine fundamentale Eigenschaft submikroskopischer Phänomene und muß der Quantenmechanik nicht extra auferlegt werden. Dies meinte Heisenberg nämlich über Borns Wahrscheinlichkeitsdeutung der Wellenfunktion im Jahre 1926. (Born hatte eingestanden, hier den Ideen Einsteins zu folgen, als er die Wahrscheinlichkeit als Eigenschaft einer Art „Gespensterfeldes" interpretierte.[13])

Während andere Ansichten (beispielsweise Bohrs Komplementarität und Einsteins Realismus) als Meinungen einer Minorität erhalten blieben, wurden die drei oben beschriebenen, eng miteinander zusammenhängenden Grundelemente, die Heisenberg in seinen Arbeiten entwickelt hatte, für die Mehrheit der Physiker zur Grundlage des Denkens über die moderne Physik. Der junge Mann hatte den Weg zum neuen Kontinent gewiesen.

Heisenberg und die Tradition

Heisenberg hat Einstein und seine Arbeiten mehrmals diskutiert, wobei vielleicht am aufschlußreichsten die Darstellung eines längeren Spazierganges ist, der sich im Jahre 1926 an einen Vortrag Einsteins in Berlin anschloß. Im Aufwind seiner Erfolge berichtete Heisenberg von seiner Überzeugung, wonach das Atommodell nur auf direkte Ergebnisse experimenteller Beobachtungen aufbauen dürfe. Er meinte auch, darin direkt der Naturphilosophie Einsteins zu folgen, die diesen auf die spezielle Relativitätstheorie geführt hatte. Zu seiner Verblüffung antwortete Einstein aber: „Vielleicht habe ich diese Art von Philosophie benutzt, aber sie ist trotzdem Unsinn ... Vom prinzipiellen Standpunkt aus ist es ganz falsch, eine Theorie nur auf beobachtbaren Größen gründen zu wollen. Denn es ist ja in Wirklichkeit genau umgekehrt. Erst die Theorie entscheidet darüber, was man beobachten kann."[5] Bei keinem komplizierteren Experiment kann man die empirische Beobachtung von den mathematischen und anderen theoretischen Konstruktionen und Begriffen trennen.

Als mir Heisenberg diese Geschichte einige Jahre vor ihrer Veröffentlichung mitteilte, fügte er hinzu: „Einstein hatte sicher recht. Tatsächlich zeigte ich in meiner Arbeit über die Unschärferelation, die bald darauf entstand, daß die Theorie sogar entscheidet, was wir *nicht* beobachten können." Dies trifft zu, doch geht Einsteins Einwand weiter. Im Gegensatz zu Einstein war Heisenberg nie an direkten Experimenten aus erster Hand interessiert. Er vertraute darauf, daß seine Theorie auf den gesicherten Ergebnissen von Experimenten aufbauen könne, die sich in anderen Instituten abspielten. Was die

Frequenz der Spektrallinien betrifft, war dies in den zwanziger Jahren gerechtfertigt. In Bezug auf die verfeinerten und oft uneindeutigen Experimente an der Front physikalischer Forschung war diese Haltung aber von zweifelhaftem Wert, wie wir noch sehen werden.

In seinem letzten Buch[6] berichtet Heisenberg nochmals von dieser Begegnung mit Einstein und eröffnet damit die Frage, ob die neue Physik, an deren Entstehen er so wesentlich mitgearbeitet hatte, wirklich die „traditionellen Methoden der Wissenschaft" über Bord geworfen hatte. Steht die Quantenmechanik, die oft als „Revolution" der Physik betrachtet wird, wirklich außerhalb der Arbeitstradition, die in den Zeiten Galileis entstand? Ist es richtig, Heisenberg als heroischen Eroberer qualitativ neuer Gebiete zu sehen? Heisenberg glaubte nicht daran. Er meint: „Die grundlegende Methode war immer die gleiche" und, an anderer Stelle: „Ich glaube, daß die Wissenschaft immer mehr oder weniger die gleiche Struktur aufweist. Die Wissenschaft unterscheidet sich beträchtlich in ihren philosophischen Aspekten, aber ich würde dies nicht als Krise der Wissenschaft betrachten. Es ist dies keine Revolution, sondern eine Evolution der Wissenschaft ... [Die Wissenschaft schreitet tatsächlich] in langsamen Schritten voran, die später als Revolution betrachtet werden."[7]

Die wissenschaftlichen Veränderungen, die Heisenberg herbeiführte, sind nicht so umwälzend wie beispielsweise Goethes Ruf nach einer Rückkehr zu einer deskriptiven Wissenschaft, einer Wissenschaft, die nicht auf Experimente aufbaut und neue Effekte „künstlich" hervorruft, sondern auf den direkt sichtbaren Naturphänomenen. Heisenberg meint sogar, daß die Tradition der Physik im 20. Jahrhundert in drei wesentlichen Aspekten kontinuierlich verlaufen sei: Die Arten der *Probleme,* die die Wissenschaftler auswählen, die *Methoden* die sie verwenden, und vor allem die Arten der *Begriffe,* die sie zur Beschreibung der Phänomene verwenden, weisen eine starke Kontinuität auf.

Das Reservoir spezifischer Konzepte verändert sich natürlich im Laufe der Zeit. So wurde beispielsweise der Äther als Lichtträger nach 1905 aufgegeben und damit der Traum, die Elektrodynamik auf Mechanik zurückzuführen. Raum und Zeit zeigten sich als mehr voneinander abhängig, als Newton geglaubt hatte. Die absolut „objektive Beschreibung" eines physikalischen Systems erwies sich als unmöglich. Bei jedem dieser Schritte wurde die Tradition schließlich als Hindernis einer progressiven Entwicklung betrachtet, da sie – wie dies üblicherweise formuliert wird – „den Geist der Wissenschaftler mit Vorurteilen erfüllt". Heisenberg meint aber gegen Ende seiner Karriere, daß dies eine falsche Auffassung der Rolle der Tradition in der Wissenschaft sei, und daß die Bezeichnung „Vorurteil" einen wesentlichen, positiven und funktionalen Mechanismus des wissenschaftlichen Ideenreichtums herabwürdigt. Wollen wir Phänomene untersuchen, so brauchen wir dazu eine Sprache. Zu Beginn jeder tiefgreifenden Untersuchung stehen die neuen Worte noch nicht zur Verfügung, so daß wir die alten, traditionellen (und daher intuitiven) Begriffe verwenden, um über das Problem nachzudenken, und die anfänglichen Fragen zu stellen. Diese Worte sind aber mit den „sogenannten Vorurteilen" verknüpft, die einen notwendigen Teil der alten Sprache bilden. Die Erkenntnis, daß natürliche, traditionelle Begriffe wie beispielsweise die Bahn eines Elektrons im Atom, sinnlos sind, mag schmerzlich sein. Auf dem Weg zu dieser fruchtbaren Erkenntnis erweist sich die entgegenstehende Tradition aber sowohl als Hindernis, als auch als Notwendigkeit.

Es gibt auch in einem anderen Sinn keinen Ausweg aus der Tradition. Das Gegenteil einer heute herrschenden Tradition ist eine andere, vielleicht gleichalte Tradition. Um dies zu illustrieren, brauchen wir nur ein Thema zu betrachten, das Heisenberg in seinen letzten Jahren am meisten beschäftigte, nämlich den Begriff des Elentarteilchens in der modernen Physik. Er spürt der Verwendung von elementaren Grundgrößen als Erklärungsstrukturen 2500 Jahre lang nach, bis zurück zu Demokrit. Er bemerkt aber auch, daß unsere Elementarteilchen, wie beispielsweise das Proton, tatsächlich nicht unteilbar sind, wie es das griechische Atom sein sollte. Im Gegenteil, das Proton hat eine ähnliche Größe und es kann geteilt oder verändert werden. Wenn hochenergetische Protonen miteinander zusammenstoßen, entstehen viele Teile, die die gleiche Größe aufweisen wie das Proton. Deshalb ist das Proton nicht wirklich elementar, sondern besteht „aus jeder beliebigen Anzahl und Art von Teilchen". Sogar das heute als Urbaustein der Materie betrachtete Quark ist diesbezüglich nicht besser. In manchen Theorien kann auch das Quark geteilt werden – in zwei Quarks und ein Antiquark, oder ähnliche Kombinationen. Daher benötigt man im Prinzip zur Erklärung jedes Teilchens auch alle anderen Teilchen.

Aus diesem Teufelskreis sah Heisenberg schließlich nur einen Ausweg: Die Philosophie Demokrits und der Begriff des Elementarteilchens war aufzugeben. Stattdessen sollte man zur Antithese der griechischen atomaren Materialisten zurückkehren, nämlich zu den Begriffen, die sich von Plato herleiten, speziell zu seiner Idee der Symmetrie. Dadurch wird aber die Verbundenheit mit einem alten Thema in diejenige mit seinem Gegenteil verwandelt, wenn dies auch schwierig erscheinen mag: „Wir sind nun zu dem uralten Problem zurückgekehrt, ob den Ideen mehr Realität zukommt als ihrer materiellen Realisierung." Nicht das Elementarteilchen, die Verkörperung der physikalischen Diskontinuität, bildet demnach den grundlegenden Boden der Erklärung, sondern die mathematischen Symmetrieeigenschaften, aus denen sich Materie in größerem Maßstab aufbaut.

Dieser Gedanke ist, wie Heisenberg gestand, „unglücklicherweise sehr weit von der Intuition entfernt und dem mathematisch unausgebildeten Leser kaum zugänglich". Er hätte hinzufügen können, daß auch heute nur wenige Physiker bereit sind, ihm in dieser Richtung zu folgen. Es ist aber die Richtung, in die ihn seine Pilgerreise führte – ihn, der früher der Demokrit unseres

Zeitalters gewesen war und der die moderne Atomtheorie und ihre wesentlichen Diskontinuitäten mitgeformt und mitbestimmt hatte. In seinen letzten Jahren kehrte er zu Plato zurück, zu dem *Timaios*, der seine Jugend beherrscht hatte.

Aufbruch in eine neue Welt

Kehren wir nun zu der entscheidenden Periode der zwanziger Jahre zurück, in der die Quantenmechanik entstand. Wir verlassen Heisenberg und Deutschland, um einen Aspekt dieses großartigen Forschungsprojektes zu streifen, der sich jenseits des Ozeans abspielte. Als Einleitung dazu dient vielleicht am besten Heisenbergs eigener Bericht über seine Reise in die Vereinigten Staaten im Jahre 1929. Anlaß der Reise war, eine Reihe von Vorlesungen über die Prinzipien der Quantentheorie an der Universität Chicago und anderen Hochschulen zu geben. Kurz zuvor hatte er seine neue Stellung an der Universität Leipzig angetreten, wo er in seinem ersten Seminar über Atomtheorie nur einen einzigen Studenten vorfand. Ganz im Gegensatz dazu standen seine Erfahrungen in den Vereinigten Staaten. Seine Vorlesungen waren wohlbesucht, das Interesse war groß und das Auditorium gut informiert. Heisenberg berichtet in seiner Autobiographie „*Schritte über Grenzen*"[5]: „Die neue Welt schlug mich fast vom ersten Tag an in ihren Bann. Die freie, unbekümmerte Aktivität der jungen Menschen, ihre unkomplizierte Gastlichkeit und Hilfsbereitschaft, der fröhliche Optimismus, der von ihnen ausging, all das erweckt in mir ein Gefühl, als seien Lasten von meinen Schultern genommen. Das Interesse für die neue Atomtheorie war groß." Um dieses rosige Bild noch zu bekräftigen, fügt Heisenberg ein aufschlußreiches Gespräch mit einem jungen Experimentalphysiker an, der den charakteristischen freien Forschungsstil dieser Zeit andeutet, einen Stil, der vielen jungen amerikanischen Wissenschaftlern half, mit bemerkenswerter Geschwindigkeit ein neues Territorium zu erobern:

„Die Rede kam auf eine Beobachtung, die ich bei meinen verschiedenen Vorträgen in Amerika immer wieder gemacht hatte und die mich verwunderte. Während in Eurpa die unanschaulichen Züge der neuen Atomtheorie, der Dualismus zwischen Teilchen- und Wellenvorstellung und der nur statistische Charakter der Naturgesetze, in der Regel zu heftigen Diskussionen, manchmal zu erbitterter Ablehnung der neuen Gedanken führten, schienen die meisten amerikanischen Physiker bereit, die neue Betrachtungsweise ohne jede Hemmung zu akzeptieren. Ihnen machte sie offenbar keine Schwierigkeiten. Ich fragte Barton, wie er sich diesen Unterschied erkläre, und erhielt etwa folgende Auskunft:

‚Ihr Europäer, und besonders ihr Deutschen, neigt dazu, solche Erkenntnisse so schrecklich prinzipiell zu nehmen ... Vielleicht macht ihr den Fehler die Naturgesetze für absolut zu erklären, und ihr wundert euch dann, wenn sie geändert werden müssen. Schon die Bezeichnung Naturgesetz stellt, so scheint mir, eine bedenkliche Glorifizierung einer Formulierung dar, die im Grunde doch nur eine praktische Vorschrift für den Umgang mit der Natur in dem betreffenden Gebiet sein kann. Also würde ich folgern, muß man jeden Absolutheitsanspruch vollständig aufgeben; dann gibt es keine Schwierigkeiten.'

‚Es wundert Dich also gar nicht', wandte ich ein, ‚daß ein Elektron einmal als Teilchen, ein anderes Mal als Welle erscheint. Du empfindest das nur als eine – vielleicht in dieser Form nicht erwartete – Erweiterung der früheren Physik.'

‚Doch, darüber wundere ich mich schon; aber ich sehe ja, was in der Natur geschieht, und damit muß ich mich abfinden.' "

In den Vereinigten Staaten schien niemand besonders an den heftigen Debatten über Anschaulichkeit interessiert, die Heisenbergs deutsche Kollegen, Freund wie Feind, beschäftigten. Was er seiner Meinung nach antraf, war ein Pragmatismus, der neuen Ideen gegenüber offen war, und auch denjenigen, die sie überzeugend darstellen konnten. Die beste Darstellung dieser im Wesen anti-metaphysischen Haltung der neuen Physik gegenüber war die charakteristisch-amerikanische Philosophie von P. W. Bridgmans kurz zuvor veröffentlichter „*Logik der heutigen Physik*", mit ihrer Betonung operationeller Abgrenzungskriterien.[A3]

Heisenberg hat vielleicht auch einen anderen Unterschied bemerkt, der die Institutionen betraf: In den zwanziger Jahren waren offensichtlich die jüngeren Wissenschaftler in den USA, die sich auf die neue Quantentheorie spezialisierten, nicht von der Ungläubigkeit oder dem Unmut ihrer älteren Kollegen den neueren Ideen gegenüber betroffen. Da die ältere Generation in den Vereinigten Staaten nicht nur in der klassischen Physik, sondern vor allem auch vorwiegend in der Experimentalphysik ausgebildet war, waren junge Wissenschaftler, die auf dem Gebiet der theoretischen Quantenphysik machen wollten, weitgehend sich selbst überlassen. Dennoch wurde ihnen emotionelle und finanzielle Unterstützung in weit größerem Maße zuteil, als dies in einem hierarchischer aufgebauten System möglich gewesen wäre. Es herrschte die Tendenz, Geld für jüngere Leute zu investieren, wie dies R. A. Millikan gerne ausdrückte, während man in Europa als junger Wissenschaftler oder Dozent üblicherweise über Probleme arbeiten mußte, die der Ordinarius vorschrieb.

Etwas war in diesen zwanziger Jahren geschehen – der Periode, die Robert Oppenheimer später als die „heroische Zeit" bezeichnete –, was nur wenige Europäer bemerkten: Die Physik der Vereinigten Staaten war „großjährig" geworden. Während über nationale Unterschiede üblicherweise hinweggegangen wird, ist in diesem Fall die Existenz unverkennbar amerikanischer Anstrengungen durch die Arbeit vieler Historiker dokumentiert.[14]

All dies geschah in bemerkenswert kurzer Zeit. Sicherlich hatte bereits früher die Physik in den Vereinigten Staaten durch wenige hervorragende Forscher, vor allem Experimentalphysiker, Weltruf erlangt und andere, wie beispielsweise der Theoretiker J. W. Gibbs, wurden zu Unrecht vernachlässigt. Insgesamt schien aber Amerika zu Beginn der zwanziger Jahre ein „unterentwickeltes Land" auf dem Gebiet der Theoretischen Physik, weit davon entfernt, eine Hauptrolle auf der Weltbühne der Physik zu spielen. Die Atmosphäre wurde durch einige Worte von John H. Van Vleck charakterisiert: „Die amerikanische Physikalische Gesellschaft war eine verhältnismäßig kleine Organisation, der 1921 nur etwa 1400 Mitglieder angehörten ... Nur wenige Beiträge betrafen die Theorie. Sehr wenige Physiker versuchten in diesem Lande, die gegenwärtigen Entwicklungen auf dem Gebiete der Quantentheorie zu verstehen ...

Ich versuchte damals die Bindungsenergie des Heliums durch ein Modell gekreuzter Bahnen zu erklären, das [Prof. E. C.] Kemble unabhängig von dem großen dänischen Physiker Nils Bohr vorgeschlagen hatte, der etwas später diesen Weg einschlug. Damals basierten die Berechnungen der Bahnen auf der klassischen Mechanik, ähnlich den Methoden der Astronomen im Dreikörperproblem. Das Physics Department von Harvard hatte keinerlei Rechenmaschinen und erst an der Handelsakademie fand ich einen kleinen Handrechner. Ich war sehr unglücklich, als die Ergebnisse meiner Rechnung nicht mit dem Experiment übereinstimmten."[15]

In der Mitte der zwanziger Jahre begann sich das Bild dramatisch zu verändern. „Zwar starteten wir die quantentheoretische Orgie nicht, unsere jungen Theoretiker schlossen sich ihr aber sofort an."[16] Als hätten sie in den Kulissen gewartet, kamen Carl Eckart, Robert S. Mullikan, Robert Oppenheimer, Linus Pauling, John Slater, und Van Vleck mit aufsehenerregenden Beiträgen heraus, zu einer Zeit, in der Europäer wie Heisenberg und Pauli in den Zentren der Theoretischen Physik der Verzweiflung nahe waren.

Gegen Ende des Jahrzehnts hatte die Physik in den USA – wie die Chemie ein Jahrzehnt davor – ein adäquates Gleichgewicht zwischen Experiment und Theorie erreicht, geeignete Vorsorge für die Ausbildung auf allen Niveaus getroffen, eine gestärkte physikalische Gesellschaft und ein gut organisiertes Zeitschriftenwesen hervorgebracht. Die Wechselwirkung zwischen akademischer und industrieller Wissenschaft, zwischen „reiner" und „angewandter" Forschung hatte begonnen. Im Jahre 1919 hatte R. A. Millikan kühn prophezeit: „In wenigen Jahren werden wir einen neuen Platz als wissenschaftliche Nation einnehmen und Forscher aus aller Herren Länder werden den Ideen unserer Führer folgen und die Ergebnisse unserer Entwicklungen teilen."[17] Adäquater wäre die Prophezeiung gewesen, daß nach einer langen Periode intellektueller und institutioneller Unterordnung unter Europas Beiträge und Tendenzen die amerikanischen Physiker sich die Forschungsmethodik angeeignet hatten, um sich in Quantität und Qualität ihrer Arbeiten in die vordersten Ränge europäischer Anstrengungen einzureihen.

Der Guru mit dem Lötkolben

All dies soll hier anhand einer Skizze einer anderen individuellen Karriere dargestellt werden, am Leben von Robert Oppenheimer.[18,A4] Er wurde im Jahre 1904 in New York geboren, war also drei Jahre jünger als Heisenberg, war der Sohn eines wohlhabenden Geschäftsmannes und einer ausgebildeten Künstlerin und genoß eine ausgzeichnete Ausbildung auf wissenschaftlichem und humanistischem Gebiet (er nannte sich später „einen wohlerzogenen Ästheten"). In seinen Schuljahren schrieb er Geschichten und Gedichte und lernte ohne Schwierigkeiten. Dabei entwickelte er einen barocken und übertriebenen Stil, der noch aus vielen seiner frühen Briefe deutlich wird, und auch seine ersten physikalischen Arbeiten beeinflußte. Er gestand später, daß er „wahrscheinlich noch immer von Formalismen und Komplikationen fasziniert war", bis er die Notwendigkeit von „Einfachheit und Klarheit" erkannte.

Es ist charakteristisch, daß Oppenheimer nach eigenen Darstellungen bei seinem Eintritt ins College Chemie oder Mineralogie studieren wollte „um Bergwerksingenieur zu werden". Als Kind von fünf oder sieben Jahren fühlte er sich erstmals zur Wissenschaft hingezogen, als er bei einem Besuch bei seinem Großvater in Deutschland eine „ganz gewöhnliche kleine Mineraliensammlung" erhielt. Während aber der Schwerpunkt seiner College-Studien deutlich bei Chemie, Mathematik und Physik lag, bezog er auch andere Forschungsrichtungen ein. Philosophie, Literatur und Sprachen interessierten ihn: „Ich arbeite und schreibe zahllose Thesen, Notizen, Gedichte, Geschichten und Unfug ... In drei verschiedenen Laboratorien erzeuge ich Gestank, höre mir allerart Geschwätz über Racine an, serviere Tee und rede klug mit ein paar verlorenen Seelen, gehe ins Wochenende, um niederwertige Energie in Lachen und Erschöpfung umzusetzen, lese griechisch, begehe Fauxpas, suche auf meinem Tisch nach Briefen und wünschte, daß ich tot wäre." In einem Alter, in dem Heisenberg in Göttingen mit Größen wie Niels Bohr spazieren ging, warteten die verschiedenen Fragmente von Oppenheimers Persönlichkeit noch auf ein magnetisches Zentrum, das ordnend auf sie einwirken konnte.

Dieser Magnet kam in der Person von P. W. Bridgman, dem Experimentalphysiker, der später den Nobelpreis für seine Forschungen über Hochdruckphysik erhielt und damals auch an seiner operationalistischen Wissenschaftstheorie arbeitete. Rückblickend erinnerte sich Oppenheimer später, daß, was die Wissenschaft betraf, Bridgmans Vorlesungen den Höhepunkt seiner Zeit im College bildeten, da Bridgman „philosophische Ansichten nicht nur betonte, sondern sie lebte, sowohl in der Art, in der er im Labor arbeitete, die, wie Sie wissen, sehr speziell war, als auch in der Art wie er sprach. Er war ein Mann, dessen Schüler man sein wollte".

Es gibt jedoch eine entscheidende Asymmetrie. Während der junge Heisenberg Arnold Sommerfeld mit seinen gewagten Neuerungen auf dem Gebiet der Theoretischen Physik schockierte, erlitt Oppenheimer eine schreckliche Enttäuschung mit der Art von Physik, die er als Lebenswerk geplant hatte. Bridgman erinnerte sich später amüsiert, daß Oppenheimer an einem experimentellen Problem in seinem Laboratorium arbeiten wollte, und anfänglich „ein Ende des Lötkolbens nicht vom anderen auseinander halten konnte". Die delikate Aufhängung von Galvanometern mußte nach Oppenheimers Besuchen immer ersetzt werden. Er hielt jedoch durch und führte einige recht ordentliche Messungen der Druckabhängigkeit der elektrischen Leitfähigkeit von Legierungen bei Drücken bis zu 15 000 Atmosphären aus – eine Art von Apotheose seiner anfänglichen Interessen an Mineralogie und Kristallphysik.

Für einen werdenden Physiker der frühen zwanziger Jahre waren mangelnde Talente im Laboratorium – ein Test, den Heisenberg sich niemals unterziehen mußte – eine schwere Belastung für den weiteren Weg. In Bridgmans Empfehlungsschreiben, das Oppenheimer zu einer Stelle an Ernest Rutherfords Laboratorium in Cambridge verhelfen sollte, mußte er gestehen, daß Oppenheimers „Schwäche das Experiment betrifft. Sein Geist ist analytisch, und nicht physikalisch, und er beherrscht die im Labor notwendigen Handgriffe nicht." Oppenheimer selbst schrieb damals in einem Brief, daß „was mein Talent auch sein mag, die Experimentalphysik ist es nicht". Diese Erkenntnis mag vielleicht auch die Niedergeschlagenheit und Identitätskrise erklären, die Oppenheimer nach weiteren experimentellen Mißerfolgen im Cavendish Laboratorium befiel, als er erkannte, daß er noch immer nicht die für jeden Menschen entscheidende Entdeckung gemacht hatte, nämlich den „Dämonen zu finden und zu gehorchen, der die Fasern des Lebens lebt", wie Max Weber dies am Ende seines Essays „*Wissenschaft als Beruf*" schreibt.

Wie viele andere kreative Menschen mußte auch Oppenheimer in seiner Jugend ein überwältigendes Problem lösen. Er fühlte selbst in sich die Fähigkeit, nach grundlegenden Fragen zu suchen, konnte diese aber weder klar erkennen, noch konnte er psychologisch die Enttäuschung überleben, noch immer nicht auf festen Grundlagen angekommen zu sein. Wenige Jahre später schrieb er an seinen Bruder Frank über den inneren Frieden, den er auf sicherem Grunde erreichte: „Ich weiß nun sehr sicher, daß die Physik eine innere Schönheit aufweist, der keine andere Wissenschaft gleicht, eine Schönheit der Strenge, Nüchternheit und Tiefe." Ihr Studium erfordere und führe auf eine Art geistiger Disziplin, die einem „zu Gelassenheit verhelfen kann und zu einem kleinen, aber wertvollen Maß an Freiheit von den Zufällen der Menschwerdung und der Nächstenliebe. Sie führt zu einer Loslösung von dieser Welt, die sie durch Entsagung zugleich erhält ... So kann man lernen, die Welt ohne die starken Verzerrungen persönlicher Wünsche zu sehen..."

Es gibt tatsächlich genug Hinweise darauf, daß es für Oppenheimer sowohl das Glück, als auch das Schicksal bedeutete, daß dieser labile, verwundbare und brilliante Mensch zu einer Zeit heranreifte, in der die Physik selbst eine Periode der Verzweiflung durchmachte. Die Schwierigkeit und die raschen Veränderungen der Wissenschaft in einer Zeit großer Erregung verschlimmerten offensichtlich seine ernsten Temperamentsprobleme. Zuleich stellten sie aber auch Oppenheimers „Fähigkeit, sich selbst aufzurichten und herauszufinden, was seine Schwierigkeiten waren, und sie zu lösen“ auf eine ernste Probe, wie einer seiner Freunde damals meinte. Nachdem er aber einmal die Entscheidung gefällt hatte, nicht ins Labor zurückzukehren, sondern sich den großen theoretischen Problemen zu widmen, die damals die europäischen Physiker beschäftigten, hatte er offensichtlich den Weg der Selbstheraphie eingeschlagen. Diejenigen von uns, die als Lehrer und Mentoren junger, werdender Wissenschaftler die wenigen kritischen Jahre betreuen, sehen nicht selten derartige Identitätskrisen vor ihren eigenen Augen.

Große Dinge bahnten sich an, und „am Weg in die Physik“ lösten sich die Probleme Oppenheimers, nachdem er erstmals den Erfolg verspürte. Natürlich blieb einiges ungelöst, nicht zuletzt seine Verwundbarkeit, die seine Persönlichkeit wie eine geologische Versetzung durchlief, die sich bei jedem Erdbeben offenbart. Als Oppenheimer im Jahre 1954 der geheime Prozeß durch die Atomenergiekommission gemacht wurde, zeigt der später veröffentlichte Bericht klar, wie ineffizient Oppenheimer unter Druck war und seine eigene Zerstörung förderte. Wie er später meinte, hatte er nur wenig Selbstempfindung.

Aber die Briefe des jungen Oppenheimer und die Erinnerung, die Oppenheimer und seine Freunde später aufzeichneten, zeigen, daß sich in den Jahren 1926 und 1927, die er an der Universität Göttingen verbrachte, der innere Reifungsprozeß vollzog, der ihn später schützte. Er traf gleichgesinnte und herausfordernde Geister wie Courant, Heisenberg, Wentzel und Pauli – eine Gruppe, mit der er, wie er später sagte, „einige Unterredungen begann“. Seine formelle und informelle Ausbildung ging unglaublich rasch vor sich. Wenige Monate nach seiner Ankunft konnte er seinem früheren Professor Bridgman (wahrscheinlich mit größter Zufriedenheit) erklären, warum Bridgmans klassische Theorie der metallischen Leitfähigkeit – aufgrund derer Oppenheimer seine gescheiterten Laboruntersuchungen begonnen hatte – in Einklang mit der neuen Quantentheorie verändert werden mußte. Im Alter von 23 Jahren hatte er sein Ziel im wesentlichen erreicht, sich „eine Karriere zu erobern“.

In Göttingen war Oppenheimers Betreuer Max Born – kein bequemer Lehrer. Enrico Fermi hatte er so eingeschüchtert, daß dieser die Physik aufgeben wollte, bevor er durch die wohlwollende Betreuung von Paul Ehrenfest in Holland gerettet wurde. Born war Oppenheimer während eines Besuches im Cavendish Laboratorium begegnet, und sie entdeckten, daß sie sich beide für das Spektrum angeregter Moleküle interessierten. Innerhalb weniger Monaten vollendete Oppenheimer seine Dissertation, die in einem Artikel über die Quantentheorie kontinuierlicher Spektren veröffentlicht wurde, der die *Zeitschrift für Physik* Weihnachten 1926 erreichte. Bevor er seinen Aufenthalt beendete, schrieb er noch vier weitere Artikel, darunter einen gemeinsam mit Max Born, der die „Born-Oppenheimer Näherung" behandelt, die auch heute noch, 60 Jahre später, zur Berechnung von Molekülspektren Verwendung findet.[19]

Nach dieser schweren Prüfung, die Oppenheimer in Göttingen bestand, wurde er bei seiner Rückkehr in die Vereinigten Staaten zu einer Art jungem Guru der neuen Physik. Er wurde an einer Universität tätig, wo noch niemand an der neuen Quantenmechanik arbeitete, und wo er zu einem Führer einer wichtigen Schule der Theoretischen Physik wurde. Am wesentlichsten wurde aber die von ihm gepflegte Beziehung mit den Experimentalphysikern, in der er die Früchte seiner früheren Anstrengungen im Labor erntete und die auch charakteristisch für die Möglichkeiten an amerikanischen Universitäten ist, wo die Theoretischen und Experimentellen Institute kaum jemals in der strikten Art geteilt sind, die damals noch an fast allen europäischen Forschungsinstituten üblich war.

Oppenheimer, Heisenberg und die Bombe

Die persönlichen Weltlinien von Heisenberg und Oppenheimer zeigen bemerkenswerte Symmetrien und Asymmetrien, Schnittpunkte und Divergenzen, wenn man sie detaillierter betrachtet, als dies hier geschehen kann. Beide erzielten ihre intellektuelle Reife etwa zur gleichen Zeit, beide brüteten über ähnlichen physikalischen Problemen. Auch wurden sie oft durch Begegnungen mit den gleichen Menschen beeinflußt. So traf Oppenheimer, während er noch im Cavendish Laboratorium mit den Tücken des Experimentes kämpfte, zufällig auf Niels Bohr. Diese Begegnung erwies sich als schicksalhaft für Oppenheimer, der später meinte: „Ich vergaß alles über Beryllium und Filme und beschloß mein Geschick in der Theoretischen Physik zu erproben."

Geradezu unheimlich ist es aber, daß jeder von ihnen, sowohl Heisenberg als auch Oppenheimer, schließlich in den vierziger Jahren mit einem Projekt betraut wurde, Kernwaffen für das jeweilige Land zu entwickeln.[A5]

Das Ergebnis dieser Projekte war von historischer Bedeutung. Das Schicksal dieser Welt wäre völlig anders verlaufen, wenn die Amerikaner gescheitert und die Deutschen Erfolg gehabt hätten, oder beide Projekte jeweils das gleiche Schicksal erlitten hätten. Deshalb gehören diese Kriegsprojekte zu den meist analysierten, und viele Gründe wurden für den jeweiligen Ausgang gefunden. Ein Element dieser „angewandten Wissenschaft" ist nicht vernachlässigbar, wird aber nur wenig bemerkt: Es ist der Unterschied in den wissenschaftlichen Stilen, der in den Führern der beiden Projekte zum Ausdruck kommt, und die Soziologie der wissenschaftlichen Gemeinschaften, in denen sie arbeiteten.

Kurz gesagt handelt es sich dabei um folgendes: In Heisenbergs Projekt lag die Verantwortlichkeit in den Händen eines Theoretikers, der auch die Quelle vieler wesentlicher Ideen war, der sich aber gemäß der Tradition des

Universitätssystems seines Landes von der Experimentalphysik ferngehalten hatte. Es gibt viele Hinweise darauf, daß der Entwurf des frühen deutschen Uranreaktors, der wesentlich von Heisenbergs Ideen beeinflußt war, gänzlich unpraktisch gewesen ist. Auch waren zumindest zwei entscheidende Messungen, nämlich die Diffusion von Neutronen im Graphitgitter des Reaktors und die Anzahl von Neutronen, die bei einer Spaltung entstehen, bereits sehr früh falsch durchgeführt und lange Zeit nicht in Zweifel gezogen worden – vielleicht eben wegen des hierarchischen Systems, das von der Universität auf das Waffenprojekt übertragen wurde und derartige Zweifel erschwerte.

Andererseits forderte Oppenheimer sofort nach seiner Ernennung zum Projektleiter – sogar als Bedingung um diese Ernennung anzunehmen – daß ihn ein Experimentalphysiker unterstützen solle. Auch stellte für Oppenheimer der Zugang und der Gedankenaustausch mit anderen Experimentalphysikern kein Problem dar. Die Verwebung theoretischer und experimenteller Aspekte wurde unter Oppenheimer vollständig durchgeführt und erschien allen, die mit ihm arbeiteten, als selbstverständlich. In einem Brief an John H. Manley (dem Experimentalphysiker, der ihm – bis zur Konzentrierung des Projekts im Frühjahr 1943 in Los Alamos – oft auch brieflich beistand) schreibt Oppenheimer: „Wir stecken bis über die Ohren in jeder Art von Arbeit" – und speziell in einer sorgfältigen Bestimmung der Zahl der Spaltungsneutronen, die sich bei der Bombardierung von Uran mit Neutronen ergeben.[20]

Vor der Vollendung des Projektes mußte Oppenheimer oft aus seinem reichen Reservoir an theoretischen und experimentellen Kenntnissen schöpfen, mußte seine Beherrschung der Physik ausdehnen und ergänzen auf Gebieten, die von der theoretischen Kernphysik bis zur Metallurgie und Ballistik reichten, und mußte dies durch gutes Beispiel und Ernennungen anderen ermöglichen. Alle seine Mitarbeiter scheinen darin übereinzustimmen, daß sein Gefühl und Geschick auf dem gesamten umfangreichen Arbeitsbereich dem Gesamtprojekt den wesentlichen Zusammenhalt gaben, der auch den stärksten Spannungen standhielt. Unschwer ergeben sich diese Wurzeln späterer Talente und Interessen aus den Ansätzen in früheren Lebensabschnitten, die wir bereits skizziert haben.

Dimensionen historischer Analyse

Ich habe hier in Umrissen skizziert, was ein detaillierter Bericht über zwei Personen enthalten müßte, die sich im Zentrum der Kreativität der Physik in der Mitte der zwanziger Jahre fanden. Wie könnte ein voll ausgearbeiteter, detaillierter Bericht den Mechanismus weiter klären helfen, der kreative Arbeit in der Wissenschaft hervorruft und fördert? Hierzu möchte ich abschließend einige persönliche Bemerkungen zur Methodologie machen. Nach der Zusammenstellung eines detaillierten Berichtes ist es stets notwendig, einen bestimmten, kleinen Ausschnitt davon auszuwählen, der sich in besonderer Weise als Schlüssel zum Verständnis des betrachteten Labors oder

der Persönlichkeit anbietet. Bei der eingehenden Untersuchung dieses Ausschnittes ist es zweckmäßig, einige wenige spezielle Dokumente, Veröffentlichungen, Laborbücher, Briefe, Skizzen, Photographien, Apparate und heute auch Computerausdrucke oder Tonaufnahmen auszuwählen, die in der entscheidenden Phase entstanden. Ein Dokument dieser Art könnte einer von Heisenbergs frühen Briefen sein, den er während seiner Arbeit an der Quantenmechanik schrieb[21], oder Oppenheimers erste Arbeit von bleibendem wissenschaftlichen Wert.[19] Konventionellerweise kann man dann nach Belieben eines der folgenden Themen untersuchen: (a) Die historische Lage der Wissenschaft zur Zeit der Erstellung des Dokuments. (b) Die Veränderungen der veröffentlichten wissenschaftlichen Kenntnisse bis zu (und womöglich auch nach) der gewählten Zeit, (c) das soziologische Umfeld, (d) die kulturellen Entwicklungen außerhalb der Wissenschaft und die ideologischen und politischen Ereignisse, die die Arbeit des Wissenschaftlers beeinflußt haben könnten oder (e) die erkenntnistheoretische oder logische Struktur der Untersuchung.

Seit kurzem gibt es auch ernstliche Versuche, sich mit den persönlichen Aspekten wissenschaftlicher Aktivitäten und der psycho-biographischen Entwicklung des betrachteten Wissenschaftlers auseinanderzusetzen. Die Diskussion[22] von Oppenheimers Selbsttherapie einer offensichtlichen Identitätskrise in der Mitte der zwanziger Jahre (die er durch seine wachsende Beherrschung der Quantenmechanik überwand), kann vielleicht auch für eine vollständige Erklärung der Einflüsse bei der Abfassung seiner frühen Arbeiten von Bedeutung sein. Ähnlich erscheint die Bereitschaft des jungen Heisenberg zu radikalen Neuerungen weit komplexer, wenn wir auch seine frühe Bezauberung durch Plato bedenken.

Nicht zuletzt steht auch in der „thematischen Analyse" ein anderes Werkzeug zur Untersuchung wissenschaftlicher Arbeiten zur Verfügung. Hier möchte ich nur auf das bereits erwähnte Beispiel in Heisenbergs Arbeit hinweisen, auf das Thema einer völlig diskontinuierlichen Physik – über die er in einem Brief an Pauli vom Januar 1925 schreibt, daß sie die Physik vom „Schwindel" einer Mischung von Quantenregeln und klassischen Bewegungen befreite, die Bohr und Sommerfeld noch tolerierten.

Wenn all die unterschiedlichen Methoden, die, aus verschiedenen Schulen stammend, heute der historischen Analyse zur Verfügung stehen, auf ein spezielles Problem der Wissenschaftsgeschichte angewandt werden, kann man eine wirklich detaillierte Beschreibung erwarten, eine Beschreibung die ihre eigene innere Struktur trägt. Zumindest zeigt die auffallende Unterschiedlichkeit in den Reaktionen Heisenbergs und Oppenheimers auf dasselbe System innerer Spannungen die Reichtümer auf, die weitere Studien dieser turbulenten Periode der Entstehung der modernen Physik noch aufweisen können.

Anmerkungen

1 Max Jammer, *The Conceptual Development of Quantum Mechanics* (McGraw-Hill, New York 1966), 219

2 Z.B. in den „*Archives of the Sources for the History of Quantum Physics*", 12. Sitzung, 30. November 1962–12 Juli 1963

3 *Ref. 2*, S. 5–6

4 Heisenbergs Arbeit „*Zur Quantentheorie der Linienstruktur und der anomalen Zeemann-Effekte*" erschien in der *Zeitschrift für Physik* **8**, 273–297 (1922). Bezüglich weiterer Details und einer wertvollen Diskussion von Heisenbergs „einzigartigem Stil", sowie die Reaktion darauf siehe David C. Cassidy, „*Heisenberg's First Paper*", *Physics Today* **31**, Nr. 7, 23–28 (1978), und David C. Cassidy, „*Heisenberg's First Core Model of the Atom: The Formation of a Professional Style*", *Historical Studies in the Physical Sciences* **10**, 187–224 (1979).
Wie Cassidy gezeigt hat, waren halbzahlige Quantenzahlen bereits von A. Landé und anderen benutzt worden, während Heisenbergs bewußte Herleitung aus akzeptierten Prinzipien wie halbzahliger Drehimpuls und eines magnetischen Kernes neu waren. „Nicht nur hatte Heisenberg reelle nichtganzzahlige Drehimpulse eingeführt, sondern auch [ohne explizit darauf hinzuweisen] die Sommerfeldschen Quantenbedingungen verletzt, die Drehimpuls-Auswahlregeln, Raumquantisierung, klassische Strahlungstheorie, das Larmorsche Präzessionstheorem und die halbklassischen Kriterien der Anschaulichkeit in Modellinterpretationen" (*ibid.*, S. 190–191).
Andere nützliche Artikel über diese Punkte sind:
Paul Forman, „*The Doublet Riddle and Atomic Physics circa 1924,*" *Isis* **59, 156–174** (1968); Edward McKinnon, „*Heisenberg, Models, and the Rise of Matrix Mechanics*", *Historical Studies in the Physical Science* **8**, 137–188 (1977); Daniel Serwer, „*Unmechanischer Zwang: Pauli, Heisenberg, and the Rejection of the Mechanical Atom*, 1923–1925," *ibid.*, 189–256; David Bohm, „*Heisenberg's Contribution to Physics,*" in: W. C. Price and S. S. Chissick, *The Uncertainty Principle and Foundations of Quantum Mechanics* (John Wiley, New York 1977), S. 559–563 (über Heisenbergs „Radikale mathematische und physikalische Betrachtung der Gesamtlage"); und A. Hermann, K. v. Meyenn, und V. F. Weisskopf (Hrsg.), *Wolfang Pauli: Wissenschaftlicher Briefwechsel mit Bohr, Einstein, Heisenberg, u.a.* **1, 1919–1929** (Springer, New York 1979).

5 W. Heisenberg, *Der Teil und das Ganze* (Piper, München 1968)

W. Heisenberg, *Tradition in der Wissenschaft* (Piper, München 1977). Dieses Buch enthält eine Sammlung seiner späteren Aufsätze. Siehe auch seine Artikel „*Development of Concepts in the History of Quantum Theory,*" *Am. J. Phys.* **43**, 389–394 (1975), und „*The Nature of Elementary Partickes,*" *Physics Today* **29**, Nr. 3 (1976), 32–39

7 „*Discussion with Professor Heisenberg,*" in O. Gingerich (Hrsg.), *The Nature of Scientific Discovery* (Smithsonian Institution Press, Washington, D.C. 1975), S. 556–573, besonders S. 560 und S. 565

8 W. Heisenberg, „*Über quantentheoretische Umdeutung kinematischer und mechanischer Beziehungen,*" *Zeitschrift für Physik* **33**, 879–893 (1925)

9 W. Heisenberg, „*Quantenmechanik*", *Die Naturwissenschaften* **14** (1926), 989–994

10 W. Heisenberg, „*Über den anschaulichen Inhalt der quantentheoretischen Kinematik und Mechanik*", *Zeitschrift für Physik* **43**, 172–198 (1927)

[11] Siehe A. I. Miller, „*Vizualization Lost and Regained: The Genesis of the Quantum Theory in the Period 1913–1927,*" in: Judith Wechsler (Hrsg.), *On Aesthetics in Science* (MIT Press, Cambridge 1978), S. 73–102. Ferner A. I. Miller, „*Redefining Anschaulichkeit*", in: *Festschrift für Laszlo Tisza* (MIT Press, in Druck). Dieser Artikel behandelt den Bedeutungskomplex und Bedeutungswandel der Begriffe „Anschauung" und „Anschaulichkeit" in der deutschen physikalischen Forschung in den zwanziger Jahren.

[12] Max Jammer, *The Philosophy of Quantum Mechanics* (John Wiley, New York 1974), S. 21. In den nächsten Zeilen ordnet Jammer Max Born eine relativ unbedeutende Rolle bei den weiteren Entwicklungen zu: „Wie Max Born bald erkannte, waren die ‚Mengen', mit deren Hilfe Heisenberg das Problem des anharmonischen Oszillators gelöst hatte", Größen, die aus der Theorie der Matrizen bekannt waren. „Innerhalb weniger Monate wurde Heisenbergs neuer Zugang durch Born, Jordan und Heisenberg selbst *ausgearbeitet.*" Ähnlich schätzt auch *Ref. 1*, S. 197 oben, Borns Beitrag ein.

[13] Siehe Max Born, *Zeitschrift für Physik* **37**, 863 (1926) und **38**, 803 (1926), sowie Borns Brief an Einstein vom 11. November 1926.
Heisenberg war darüber aufgebracht, daß Born den Begriff der Wahrscheinlichkeit der Quantenmechanik aufpfropfte, die Heisenberg als abgeschlossene Theorie betrachtete. Ferner benützte Born die Wellenfunktion der Schrödingerschen Wellenmechanik, die eine kontinuierliche Deutung des atomaren Bereiches zum Ziel hatte und auch Anschauungen zulassen sollte. Heisenberg sandte daraufhin sofort eine Veröffentlichung ein, in der Borns Wahrscheinlichkeitsdeutung der Wellenfunktion nicht erwähnt und Schrödinger kritisiert wird (W. Heisenberg, „*Schwankungserscheinungen und Quantenmechanik*", *Zeitschrift für Physik* **40**, 501–506 (1926).) Hier zeigte Heisenberg, daß sich eine Wahrscheinlichkeitsdeutung von selbst in natürlicher Weise aus der Quantenmechanik ergibt und als Folge der Quantensprünge verstanden werden kann.
Später distanzierte sich Heisenberg noch weiter von Born und ging so weit, Borns statistische Deutung der Welllenfunktion als Ergebnis der „Entwicklung und Ausarbeitung einer zuvor [1924] von Born, Kramers und Slater vorgeschlagener Idee zu betrachten". [Heisenberg, in: *Theoretical Physics in the Twentieth Century* (hrsg. von M. Fierz und V. F. Weisskopf) (Interscience, New York 1960), S. 40–47]. Borns ursprüngliche Wahrscheinlichkeitsdeutung versagte in ihrer Anwendung auf das Doppelspaltexperiment. Wiederum vollzog Heisenberg den kritischen Schritt, indem er die Deutung der Wellenfunktion veränderte und sie nicht „als rein mathematische Fiktion betrachtete, sondern ihr eine Art physikalischer Realität zuschrieb". (*Ref. 12*, S. 44).

[14] Siehe dazu: Stanley Coben, „*Scientific Establishment and the Transmission of Quantum Mechanics to the United States, 1919–1932,*" *American Historical Review* **76** (1971); Laura Fermi, *Illustrious Immigrants* (Univ. of Chicago Press, Chicago, 2. Auflage 1971); Daniel J. Kevles, *The Physicistis: The History of a Scientific Community in Modern America* (A. Knopf, New York 1978) (besonders die Kapitel 14–16 und S. 450–457); Katherine R. Sopka, *Quantum Physics in America, 1920–1935* (Arno Press, New York 1980); J. H. Van Vleck, „*American Physics Comes of Age,*" *Physics Today* **17**, Nr. 6 (1964); Spencer R. Weart, „*The Physics Business in America, 1919–1940: A Statistical Reconnaissance,*" in Nathan Reingold (Hrsg.), *The Sciences in the United States: A Bicentennial Perspective* (Princeton University Press, Princeton 1979); und Charles Weiner, „*A New Site for the Seminar: the Refugees and American Physics in the 1930s*", in Donald H. Fleming und Bernard Bailyn (Hrsg.), *The Intellectual Migration: Europe and America*, 1930–1960 (Harvard University Press, Cambridge 1969).

[15] J. H. Van Vleck, *Ref. 14,* S. 25

[16] *Ibid.*, S. 24

[17] Zitiert bei Kevles, *Ref. 14,* S. 169

[18] Die Zitate der Oppenheimer Briefe folgen Alice Kimball Smith und Charles Weiner (Hrsg.), *Robert Oppenheimer, Letters and Recollections* (Harvard University Press, Cambridge 1980).

[19] M. Born und R. Oppenheimer, „*Zur Quantentheorie der Molekeln*", *Annalen der Physik* **84,** 457–484 (1927) (eingegangen am 25. August). Die erste Anmerkung dieser Arbeit bezieht sich auf eine gemeinsame Arbeit von Born und Heisenberg, die drei Jahre zuvor veröffentlicht worden war.

[20] *Ref. 18,* S. 227

[21] Siehe z.B. A. Hermann et al. (*Ref. 4*)

[22] *Ref. 18*; siehe auch G. Holton, „*Young Man Oppenheimer*", *Partisan Review* **48,** Nr. 3 (Juli 1981), 380–388

Anmerkungen des Übersetzers

[A1] Zu Heisenberg siehe auch A. Hermann, *Die Jahrhundertwissenschaft, Werner Heisenberg und die Physik seiner Zeit* (Deutsche Verlags-Anstalt, Stuttgart 1977).

[A2] Siehe dazu auch K. Baumann, R. Sexl, *Die Deutungen der Quantenmechanik* (Vieweg, 1983).

[A3] P. W. Bridgman, *Die Logik der heutigen Physik* (Hueber, München 1932) (amerikanische Erstauflage 1927). Bridgman vertrat in dem von ihm begründeten „Operationalismus" die Meinung, daß die Grundbegriffe der Physik ausschließlich durch Meßvorschriften, d.h. operationell, definiert sind und daß nur derart definierte Begriffe in der Physik zulässig seien.

[A4] Zu Oppenheimer siehe Peter Goodchild, *J. Robert Oppenheimer* (Birkhäuser, Basel 1982). Diese Bildbiographie enthält das dokumentarische Material zu einer Fernsehserie.

[A5] Zur Geschichte der Deutschen Atombombe siehe Jost Herbig, *Kettenreaktion* (Hanser, München 1976).

Namen- und Sachwortverzeichnis

Facetten der Physik

herausgegeben von Prof. Dr. Roman Sexl

Band 1 Weber/Mendoza, Kabinett physikalischer Raritäten

Es ist verblüffend zu lesen, wieviel Witz, Humor und Schalk in der Physik und in den Physikern steckt, wenn man ihnen einmal im Kabinett des freischöpferischen Gedankenfluges begegnet, und nicht wie üblich im Labor, im Hörsaal oder im Lehrbuch. Physikalische Beiträge über die „Trägheit eines Besenstils" oder über das Problem des „rotierenden Hundes" sind rar. Jeder, dem die Zeit nicht zu schade ist, in aller wissenschaftlichen Strene mit-, nach- und weiterzudenken und dabei immer auch über die ernste Wissenschaft hinauszudenken, sei zu einem Lesebesuch in diesem „Kabinett" eingeladen.

(Neue Osnabrücker Zeitung)

Band 2 Boltzmann, Populäre Schriften

Im Jahre 1905 veröffentlichte Boltzmann unter dem Titel „Populäre Schriften" eine große Zahl von Vorträgen und Aufsätzen, mit denen er sich an eine breite Öffentlichkeit gewandt hatte. Es ist sehr zu begrüßen, daß mit der Herausgabe des vorliegenden Buches die wesentlichen Teile dieser sonst heute kaum noch zugänglichen, populären Schriften Boltzmanns wieder für einen großen Leserkreis zur Verfügung stehen. Man gewinnt bei der Lektüre des Buches einen Einblick in den Gedankenreichtum des großen Physikers und in die Ideenwelt einer bedeutenden Epoche der klassischen Physik . . .

(Praxis der Naturwissenschaften)

Band 3 Marder, Reisen durch die Raum-Zeit

L. Marder legt mit dem Buch „Reisen durch die Raum-Zeit" eine unmittelbar verständliche und mit vielen Abbildungen illustrierte Zusammenstellung der wichtigsten Streitfragen vor. Er schreibt vor dem Hintergrund einer emotional aufgeladenen Auseinandersetzung. Haben doch einige, sogar bedeutende Wissenschaftler behauptet, Einstein wäre in seiner Relativitätstheorie ein gravierender Fehler unterlaufen. Bei der zunehmend praktischen Bedeutung, die die Zeitdilatation in der Physik gewinnt, ist dieser Überblick besonders wichtig, zumal der Autor die Facetten des Problems in einem größeren Zusammenhang behandelt.

Facetten der Physik

herausgegeben von Prof. Dr. Roman Sexl

Band 9 Born, Physik im Wandel meiner Zeit

Band 10 Selleri, Die Debatte um die Quantentheorie

Band 11 Baumann/Sexl, Die Deutungen der Quantentheorie

Seit fast sechzig Jahren bewährt sich nunmehr die Quantentheorie als eine der wesentlichsten Grundlagen der modernen Physik. Ihre Ergebnisse stimmen mit dem Experiment oft auf acht Dezimalstellen und mehr überein. Um so überraschender ist es, daß die Diskussion um die physikalische Deutung der Quantentheorie auch heute andauert und gerade in den letzten Jahren an Intensität zugenommen hat. Denn ein mathematischer Formelapparat wird erst dann zur physikalischen Theorie, wenn jedem mathematischem Symbol seine physikalische Deutung und Bedeutung zugeordnet wird. Gerade diese Zuordnung ist aber in der Quantentheorie noch immer nicht präzise und vollständig möglich.
In diesem Band der Reihe „Facetten der Physik" geben die Autoren einen Überblick über die verschiedenen Ansätze, die zur Deutung der Quantenmechanik in den letzten fünfzig Jahren gemacht wurden. Den Hauptteil des Buches bilden zwölf Originalartikel, die hier zum Teil erstmals in deutscher Sprache wiedergegeben werden.

Band 12 Forman/von Meyenn, Quantenmechanik und Weimarer Republik (1985)

Band 13 Lichtenberg, Aphoristisches zwischen Physik und Dichtung

Georg Christoph Lichtenberg braucht man als Aphorismendichter nicht vorzustellen. Als ernsthafter Physiker ist er weniger bekannt, als sprachschöpfender Wissenschaftler ist er für die meisten neu. Eine Auswahl aus seinen Sudelbüchern, Aufsätzen und Briefen zum Thema Sprache und Naturwissenschaft/Technik überrascht auch im 20. Jahrhundert wegen der pädagogischen Klarheit, der Tiefe und dem Witz seiner Gedanken. Die hier vorliegenden Schriften sind ausgewählt und herausgegeben von Dr. Jürgen Teichmann, Oberkonservator am Deutschen Museum, München.

Facetten der Physik

herausgegeben von Prof. Dr. Roman Sexl

Band 14 Fraunberger/Teichmann, Das Experiment in der Physik

In der Tat bietet der Band genügend Stoff, um über das Wechselspiel Hypothese – Experiment nachzudenken. Aber man kann auch mit tiefer gehängten Ansprüchen an dieses Buch herangehen; man kann ganz einfach darin schmökern, sich durch die vielen Abbildungen einfangen und zum Weiterlesen verführen lassen.
Text und Illustrationen sind so allgemeinverständlich, daß der naturwissenschaftlich interessierte Laie nicht überfordert wird. Sie sind aber zugleich so präzise, daß es auch dem Physiker Vergnügen bereiten wird, die Anfänge seines Fachgebietes nachzuerleben.

(Süddeutscher Rundfunk, Wissenschaftsredaktion)

Band 15 Pauli, Physik und Erkenntnistheorie

Band 16 Schroeer, Physik verändert die Welt? Die gesellschaftliche Dimension der Naturwissenschaft

Band 17 Franks, Polywasser. Betrug oder Irrtum in der Wissenschaft?

Band 18 Trigg, Experimente der modernen Physik. Schritte zur Quantenphysik (1985)

Band 19 Holton, Themata. Zur Ideengeschichte der Physik

Batch number: 10577919

Printed by Printforce, the Netherlands